KB244358

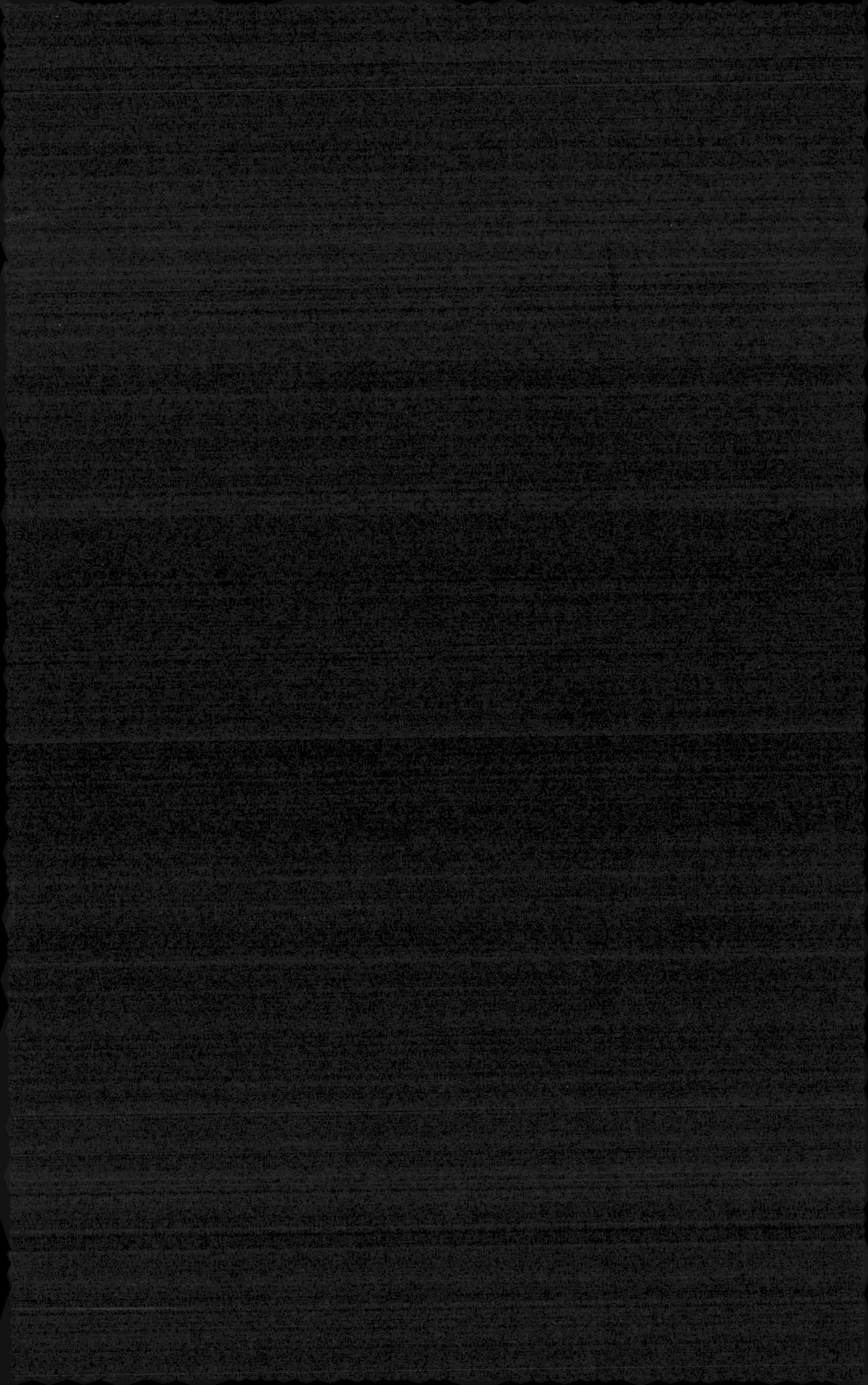

디지털에 홀리다

디지털에 홀리다

초판 1쇄 찍은 날 · 2012년 11월 15일 | 초판 1쇄 펴낸 날 · 2012년 11월 20일

지은이 · 이재용 | 펴낸이 · 김승태

등록번호 · 제2-1349호(1992. 3. 31) | 펴낸 곳 · 예영커뮤니케이션

주소 · (136-825) 서울시 성북구 성북1동 179-56 | 홈페이지 www.jeyoung.com

출판사업부 · T. (02)766-8931 F. (02)766-8934 e-mail: edit1@jeyoung.com

출판유통사업부 · T. (02)766-7912 F. (02)766-8934 e-mail: sales@jeyoung.com

ISBN 978-89-8350-820-1 (03590)

디지털에 홀리다

디지털/스마트 혁명, 과연 삶의 혁명인가? 아니면 삶의 붕괴인가?

이재용 지음

"실제와 가상세계의 경계가 허물어진

현실의 혼돈에

해법을 제시한다."

예영커뮤니케이션

차례

2부 당신이 사는 도시는 디지털이다　　85

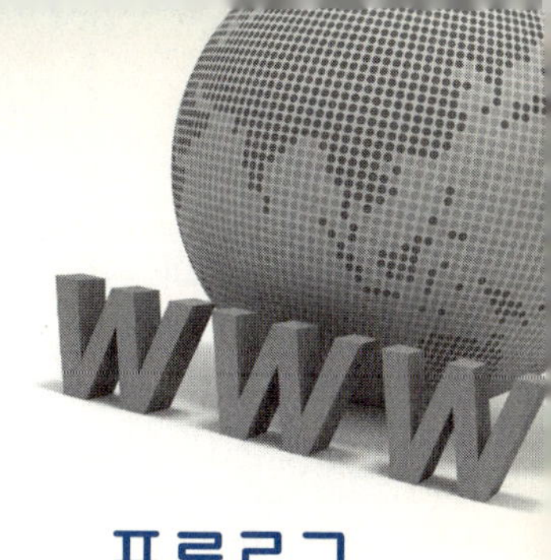

프롤로그

사람들은 지금 사이버 공간이라는 레일 위를 한없이 질주하는 롤러코스터를 타고 있다. 엄청난 속도와 스릴, 온 육체의 에너지와 정신을 빼앗는 무한쾌감 속에서 바라보는 레일의 끝은 아득하기만 하다. 그 가운데서 우리는 제각기 자기자신을 적응하느라 분주하기만 하다. 한마디로 난리가 났다. 누군가 레일의 궤도를 바르게 잡아 주고 그 속도를 조종해야 하지만 아무도 선뜻 나서지 못하고 또 그럴 여유도 없다. 왜 그럴까? 그 대답은 간단하다.

"아 놔, 재미있잖아!!!"

그 한마디에 모두 골로 갔다. 스마트폰과 게임, 채팅, 소셜 네트워크, 사이버 미디어 정치와 무한 웹 서핑과 성적 유혹 가운데 나도, 당신도, 우리 모두는 사이버 공간이 만든 이 놀라운 세계에 빠져 들고 있다. 나의 사이버 공간은 당신의 현실보다 아름답기 때문이다. 이것은 진정 새로운 유토피아이다. 이 유토피아는 지금까지 인류 역사에 없었던 전대미문의 놀라운 세계를 인간에게 보여 주고 있다. 엄청난 지식의 폭발, 무한 개방성, 전 세계 사람들을 한 자리에 모으는 현존성과 시공간성, 끝없는 오락성 ……. 이 모든 것이 사이버 공간이 제공하는 경이의 세계이다. 그렇게 이 세계는 우리의 삶의 양태를 바꾸고 또 엄청난 패러다임의 전환을 요구하고 있다. 따라서 이 사이버 공간에서 어떤 모습으로 사는지는 정말 중요한 문제이다. 현세대가 어떻게 사이버 세상을 사느냐에 따라 다음 세대의 삶의 모습이 결정되기 때문이다. 어쩌면 기성세대들은 이미 기회를 잃어버린듯이 보인다. 대부분의 젊은 이들과 어린 세대들이 이미 사이버 공간에서 기성세대보다 월등히 많은 활동을 하고 있기 때문이다. 따라서 만약 지금 현세대가 이 사이버 공간에 대해 무지하거나 혹 어설프게 대응한다면 조만간 엄청난 충돌을 각오해야만 한다. 이 충돌은 이전 역사에서는 결코 존재하지 않았던 세대와 세대 간의 격돌이며 소통의 단절 때문에 생기는 것이다.

지금 이 순간에도 이 사이버 공간에서 우리의 젊은 후세대와 자녀들이 그들만의 인생을 만들고 있다. 그들의 영혼과 삶이 스마트폰의 카카오톡 채팅과 페이스 북 담벼락 낙서로, 블로그 포스팅으로, 게임 속 아바타로 역동적으로 표출되고 그들 삶의 축이 사이버 공간을 중심으로 돌아가고 있다.

하지만 개방된 정보, 무한 인적·물적 네트워크의 공유와 현존하는 모든 사회 인프라의 융합 같은 엄청난 순기능에도 불구하고 유감스럽게도 사이버 공간은 인간의 실질적인 삶의 모습에서 많은 역기능을 또한 보여 주고 있다. 온라인 게임 중독, 스마트폰 중독, 사이버 섹스, SNS(소셜 네트워크 서비스) 관계성 중독, 온라인 포르노그라피 등과 같은 사이버 중독이 바로 그런 것들이다. 이 책은 바로 이러한 현실 인식에서 출발하여 어떻게 하면 사이버 공간에서의 올바른 삶을 영위할까라는 고민으로 쓰여졌다.

이 책의 전개는 두 사람의 작업을 본떠 이루어진다. 한 사람은 빌 브라이슨(Bill Bryson)이라는 미국의 여행작가 겸 기자(정말 부러운 직업 아닌가?)이고, 또 한 사람은 하비 콕스(Harvey Cox)라는 미국의 신학자이다.

빌 브라이슨은 『거의 모든 것의 역사(A Short History of Nearly Everything)』라는 책에서 책 제목이 보여 주는 그대로 거의 모든 만물에 대해 탐구해 보려는 무모하고도 용감한 시도를 한 적이 있다. 이 책을 읽을 때 독자는 자신이 여지껏 어렴풋이 알기만 하던 상식이 명확하게 되는 지적 즐거움을 누리게 될 것이다. 우주의 출발부터 시작하여 지구과학, 물리학, 우주론과 생물학을 종횡무진하며 세상에 존재하는 물질에 대한 지적 탐구를 벌이는 저자의 안내에 독서의 즐거움을 누리는 것이다.

하비콕스는 1965년에 출판된 『세속도시(The Secular City)』라는 기념비적인 저서에서 그 당시 기독교인들이 자신이 속한 세상과 동떨어져 사는 모습에 대해 신랄하게 비판한 적이 있다. ― 이 책은 14개국에서 100만 부 이상 판매되었다. ― 그는 이 책에서 세상이 어떻게 바뀌고 있는지도 모르거나 혹 외면한 채 교회당과 자신들만의 울타리 속에서 안주하고 사는 기독교인들을 가차없이 비판했다. 어쩌면 하비 콕스의 눈에, 지금 현세대의 사람들이 그 시대의 – 비록 한 세대 전밖에 안 되지만 – 기독교인들과 같아 보일 수 있다고 필자는 생각했다. 바로 컴퓨터와 디지털 기술이 만들어 낸 사이버 공간에 대해 지금 우리가 속수무책으로 동화되고 흡수되는 모습을 보이기 때문이다. 세속에 속했건 기독교인이건 혹은 어떤 종교를 가졌건 상관없다. 이것은 또한 남녀노소, 동서양을 가리지 않는다. 이것은 좋지 않은 현상이다. 뻔한 말이지만, 내가 살아가는 세상에 대한 책임과 봉사와 헌신은 현실 삶의 모든 영역을 포함하고, 사이버 공간 역시 이 영역에서 예외가 될 수 없기 때문이다.

따라서 이 책은 빌 브라이슨이 보여 준 지적 탐구와 현실적 감각을 본뜨고, 하비 콕스의 세속도시를 사이버 공간으로 옮겨 놓고 보는 시도를 한다. 이제 사람들은 현실의 사이버 공간이 더 이상 단순한 가상 세계가 아니라는 것을 눈치챘다. SNS를 통한 선거 운동과 트위터를 통한 여론 형성과 페이스 북을 통한 모임이 실질적으로 현실과 같이 맞물려 돌아가고, 세상의 모든 정보와 경제 활동이 인터넷을 통해 이루어진다. 교육과 사회의 모든 인프라는 이미 이 공간에 들어왔다. 이 확장된, 혹은 이전된 새로운 세속도시에서 어떻게 살아야 하고 어떻게 적응해야 하는가? 무엇보다 어떻게 하면 이 세계를 올바르게 즐기고 그 가운데서 행여나 길을 잃고 헤매지 않을 것인가? 이것은 하비 콕스가 책임을 묻던 기독교인 뿐만 아니라 모든 사람들에게 적용되는 질문이다.

글의 표현에 있어서 나는 A. J. 제이콥스(Arnold Stephen Jacobs Jr.)의 입담(보다 정확히 말하자면 *Know-it-All*에서 보여 준 그의 글 전개방식. 한국에서는 『한 권으로 읽는 브리태니커』라는 제목으로 소개되었다.)을 또한 나름대로 흉내내 보았다. 그리고 그 위에 하비 콕스가 보여 준 것과 같은 견해를 접목해 보았다. 자유분방하고 솔직한 제이콥스의 글쓰기와 다소 딱딱한 하비 콕스의 글은 솔직히 극과 극 같이 보이지만, 이 둘을 결합하는 방식을 이용하면 내가 말하고자 하는 주제를 읽기에 부담이 없으면서도, 한편으로는 진지하게 독자들에게 전달할 수 있을 것 같았다.

결국 이 책은 신학적인 관점을 저변에 깔면서 지극히 세속적이며 현실적인 문제들을 다룬다. 그리고 기독교인과 일반대중 모두를 표적으로 한다. 오지랖이 넓다고나 할까. 마지막 장에서는 기독교적 세계관이 다소 강하게 나타나는데 이것은 필자의 신념과 세계관이 기독교적인 바탕에 있기 때문이니 부디 일반 독자의 양해를 깊이 구한다. 전체적인 글흐름에 있어서는 되도록 긍정적인 면과 부정적인 면을 골고루 살펴보고자 하였으나 혹 그렇지 못한 부분도 군데군데 발견할 수 있을 것이다. 모쪼록 그런 부분 또한 깊은 이해를 바란다. 하지만 간절히 소망하는 것은 지금 현세대가 만든 이 새로운 사이버 공간에서 과연 어떻게 사는 것이 바람직한 것인가를 진지하게 고민하고 또 해법을 찾는 일에 모두 함께 동참하기를 기대한다.

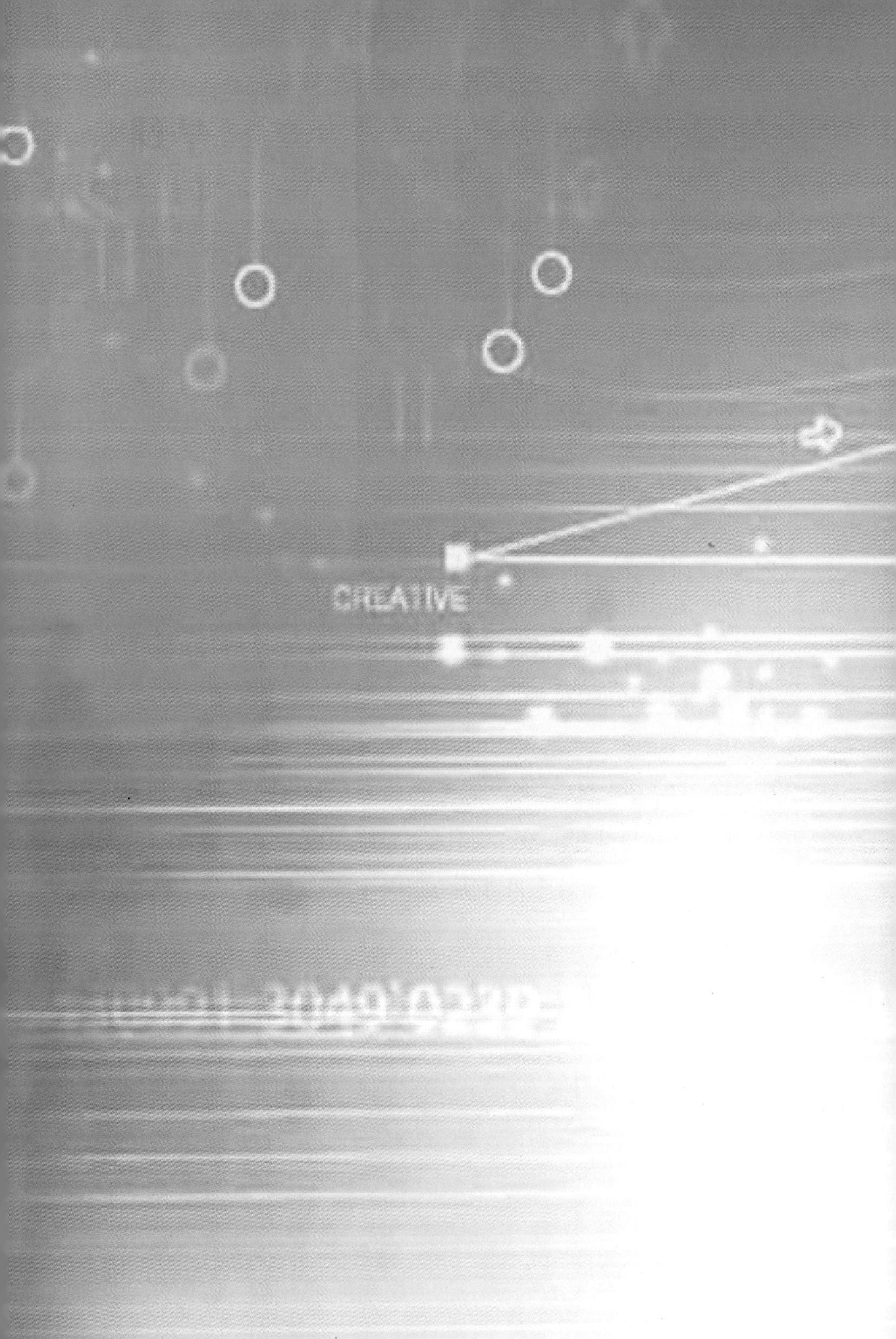

CREATIVE

제1부
나는 더 이상 땅에 살지 않는다

제인 맥고니걸이 조사한 바에 의하면
2010년 현재 전 세계에서 게이머들이
온라인 게임에 소비하는 시간을 모두 합하면
일주일에 30억 시간이 된다.
이 말을 고쳐 말하자면
1천7백8십5만7천142명의 사람이
밥도 먹지 않고 잠도 자지 않으며
일주일 내내 24시간씩
꼬박 온라인 게임에 열중한다는 말과 같다.
최소한 밥은 먹고 잠도 자고
하루 12시간만 게임을 한다고 치면
약 3천5백7십1만4천284명이 필요하다.
2010년의 캐나다 인구가 34,108,752명이니
캐나다에 거주하는 모든 사람들이
매일 12시간씩 일도 하지 않고
오직 온라인 게임에 열중한다는 말이 된다.

1. 그곳에는
나의 또 다른 인생이 숨쉰다

디아블로 3를 아시나요?

블리자드사(Blizzard Entertainment)는 세계적인 컴퓨터 게임업체 중의 하나이다. 한때 온 동네 PC방 컴퓨터 화면을 차지했던 〈스타크 래프트(StarCraft)〉나 지금 전 세계적인 인기를 끌고 있는 〈월드오브워 크래프트(World of WarCraft)〉와 같은 게임도 블리자드사의 제품이고 2012년에 뉴스에 자주 등장한 〈디아블로(Diablo)〉 시리즈 역시 블리자 드사의 게임이다. 이 회사의 〈디아블로3〉는 2012년 5월에 전 세계적 인 관심과 화제 속에 출시되었다.

'PC 게임 하나가 무엇이 그리 대단하다고 전 세계적인 주목까지 받았을까?'라고 딴지를 건다면 딱히 반박할 만한 말은 별로 없다. 자그 마한 일에 온통 호들갑을 떨지만 실상은 그저 그런 뉴스들밖에 없다는 것을 잘 알고 또 그런 낚시성 기사에 우리는 이미 많이 속아 보았다. 그리고 그런 뉴스의 대부분이 주는 실망감과 그에 반응하는 대중의 냄비같은 속성을 잘 안다. 하지만 이미 게임이 이 시대의 중요한 문화의 한 축으로 인정받고 있는 현실 속에서 〈디아블로〉에 대한 관심과 열풍은 그저 단순히 지나가는 현상으로만 넘길 수는 없는 것 같다.

조금이라도 게임을 즐겨 본 사람이라면 알만한 이 〈디아블로〉 게임은 유수한 PC 게임 역사 가운데 중요한 상징성과 위상을 갖고 있다. 예를 하나 들자면 이 게임은 "세계 최초로 배틀넷(Battle.net)이라는 게임서버를 사용한 컴퓨터 온라인 게임"이었다. 배틀넷이란 컴퓨터를 통해서 사람과 사람 사이의 싸움으로 이루어지는 컴퓨터 게임 방식을 의미한다. 지금은 당연한 것이 되었지만 〈디아블로〉 이전까지의 컴퓨터 게임은 사람과 기계 사이의 싸움 방식이 주를 이루었다. 인터넷이 대중화되고 활성화되면서 배틀넷이라는 방식을 최초로 도입하였던 게임이 바로 〈디아블로〉였다.[1] 그래서인지 게임이 출시된 연수만큼이나 이 게임을 즐기는 층은 나이를 초월하여 존재한다. 3탄이 나오면서 그토록 굉장한 열풍이 생긴 이유도 그런 까닭이 크고 이러한 현상은 게임에 대한 사람들의 남다른 열정을 증명하는 것이었다. 그리고 이제 이러한 열정은 사람들로 하여금 게임 사랑을 사회문화적 현상으로 인식하게 만들었다.

숫자로 이 〈디아블로3〉라는 게임의 인기를 잠시 살펴보자. 이 게임은 출시 하루만에 즉 24시간 동안 전 세계에서 350만 장 이상이 팔렸다. 그리고 일주일 누적 판매량만 해도 자그마치 630만 장 이상이 되었다. 그리고 이 게임의 한정판(소장판)은 99,000원이라는 만만찮은 가격에 출시되었지만 그 희귀성과 소장가치에 대한 기대로 부르는

게 값이 되어 버렸다. 단순히 게임의 일반판 가격인 55,000원으로 계산해 볼 때 일주일 안에 최소 3천4백6십오억 원의 매출이 발생했다. 게임 판매 가격은 결코 주머니를 쉽게 열 만한 수준이 아닌데도 불구하고 말이다. 한국에서도 게임 패키지의 "한정판을 사려는 사람들이 밤을 새우며 줄을 설 정도로 뜨거운 반응을 얻어 연일 뉴스거리를 만들었다".[2] 이 게임이 기록한 판매치는 유명가수의 음반이나 대중성 있는 여름철 헐리우드 블록버스터 영화개봉 관람객 수와 비교해도 하등 손색이 없다. 적어도 그러한 것들보다 훨씬 비싼 가격이지 않는가? 생필품이나 아이폰 같은 획기적인 혁신 제품도 아닌 단순한 PC 게임이 이렇듯 큰 관심과 반응을 일으킨 것은 놀라운 현상이었고 그렇기 때문에 사회적 관심을 불러 일으켰다. 게임이 청소년 이용불가 등급이기 때문에 공식적으로는 성인층만을 대상으로 위와 같은 매출을 기록했다고 볼 수 있다. - 청소년 관람불가라고 해도 어떻게든 성인영화를 보는 십대들이 있듯이, 청소년 구매층도 상당수 판매증진에 기여했을 것이지만, 게임 구매를 위해 대부분 성인들이 지갑을 연 것은 부인할 수 없는 사실이다.

2009년 한국인터넷진흥원이 조사 발표한 것에 따르면 한국의 만 3세 이상 인터넷 이용자들(이제 한국에서는 공식적인 인터넷 이용 조사를 할 때 만 3세 이상부터 적용한다. 놀라운 현실이다.)의 인터넷 이용 목적 가운데 80% 이상(복수 응답 가능)을 차지한 영역이 세 가지가 있었다.

그 세 가지는 "첫째. 자료 및 정보획득, 둘째. 여가활동, 셋째. 커뮤니케이션 용도"였다.[3] 여기서 인터넷 사용 목적의 88.4%를 차지한 여가 활동은 게임, 음악, 영화와 같은 오락 분야라고 판단할 수 있고, 현실적으로 그 대부분은 게임이라고 보아야 한다. 인터넷에서 이루어지는 게임이니만큼 당연히 이 게임 영역은 온라인 게임을 의미한다. 위의 〈디아블로3〉를 비롯하여 〈스타크래프트〉, 〈월드오브워크래프트〉, 〈리니지(Lineage)〉, 〈서든어택(Sudden Attack)〉. 〈리그오브레전드(Leage of Legends)〉 등 인기 있는 수많은 게임들은 모두 온라인 게임이다. 그리고 앞에서 언급한 〈디아블로〉에 대한 사람들의 게임 열정은 향후 다른 게임에 대해서도 동일한 열정으로 지속될 듯하다. 지금 3세 이상 인터넷 이용자들의 주된 사용 목적이 온라인 게임과 같은 오락이라는 것은 그들이 자라서 성인이 되면, 역시 지금 성인들이 갖는 향수와 열정을 간직할 듯이 보이기 때문이다.

현실은 절망적이다? – Reality is Broken

게임 디자이너이자 게임연구가인 제인 맥고니걸(Jane McGonigal)은 그녀의 책 *Reality is Broken*(한국에서는 『누구나 게임을 한다』라는 다소 생뚱맞은 제목으로 번역되어 나왔다.)에서 굉장한 게임 예찬론을 폈다. 그녀 자신도 이미 열렬한 게임메니아이지만, 그녀는 이 책에서 현시대의 게임 문화와 컴퓨터 온라인 게임의 사회적 파급 효과에 대해 지나치게 낙관하고 있다. 그래서 그녀는 "사람들이 게임을 정말 열심히 하게 되면 그 열정과 힘으로 현실에서도 많은 문제를 개선시키고 변혁하며 해결할 수 있다"고 믿게 되었다. 그렇기 때문에 그녀만의 독특하고도 기발한 게임 주도적인 라이프 스타일을 책에서 주장하였다. 오!

정말 그럴싸하지 않은가? 현실을 개선시키고 바꾸는 게임이라……. "13층"이라는 SF영화가 생각난다. 영화 속에서 주인공이 자동차로 달려가 본 황야의 끝은 지평선이 녹색 그리드 선으로 만들어진 매트릭스 벽과 맞닿아 있었다. 그 영화 장면은 매우 충격적인 동시에 충분히 의미심장했으며 나름대로 깊은 인상을 관객에게 심어 주었었다. 이 "13층"이라는 영화에서는 가상현실 게임 속 캐릭터가 실제 현실의 인물과 종국에는 대체된다. "매트릭스(Metrix)"라는 영화보다 조금 더 일찍 만들어진 이 영화는 "매트릭스"의 주인공 네오(Neo)와는 다르게 사이버 공간 속의 프로그램된 인물이 현실의 육체적 인간을 극복한다는 설정을 보여 준다. 제인은 아마도 이 영화를 보고 나서 책을 집필했는지도 모른다. 그녀의 직업이 바로 게임 디자이너가 아닌가? 그녀는 영화처럼 현실의 부조리를 게임의 정의로운 설정과 충분히 맞바꾸고 어쩌면 디자인 할 수 있다고 믿는다. 적어도 그녀 자신의 삶에 대해서는 그렇게 추구하고, 자신만의 신념으로 게임주도적인 삶을 영위하고 또 실험해 나가고 있는 듯이 보인다.

제인 맥고니걸의 주장은 이렇다.

"사람들은 현실 세계에서는 세심하게 디자인된 쾌락이나 짜릿한 도전, 강력한 결속감을 가상 세계만큼 쉽게 누릴 수가 없다. 또 가상 세계만큼 의욕이 생기지도 않는다. 왜냐하면 현실이란 우리가 가진 잠재력을 극대화하도록 만들어지지 않았기 때문이며 애당초 현실이 설계될 때부터 우리의 행복과는 아무런 상관이 없었다."

이렇게 말한다고 그녀가 지독한 염세주의자인 것은 결코 아니다. 오히려 낙관주의자에 가깝다. 그녀는 단지 "게임과 비교한다면 현실은 망가져 있다"라고 말한다.[4]

얼핏 들으면 그럴 듯한 이야기이다. 하지만 나는 그녀의 말에 선뜻 동의하기에는 뭔가 부족하다는 것을 느낀다. 예컨대 나 같이 현실 세계에서 골프를 잘 치지 못하는 사람이 가상 세계에서 골프를 잘 치리라는 보장은 없다. 그리고 설령 잘 친다 하더라도 컴퓨터 게임 속에서 나의 잠재력은 골프를 잘 치기 위해 '어떤 근육을 숙련시킬 것인가'라는 실제적 효용과는 상관없다. 또한 과연 무슨 능력이 극대화 되는지 – 계산? 퍼팅 감각? 바람을 읽는법? – 잘 알 수 없다. 설령 〈Xbox〉의 '모두의 게임'과 같은 컴퓨터 골프 게임에서 내가 퍼팅을 아무리 잘한들, 현실에 나오면 컨트롤 패드를 만지던 때처럼 손가락만으로 퍼팅을 하지는 못한다. 혹은 그 반대 경우, 가상 세계의 게임력이 현실의 게임 능력보다 못할 수도 있다. RPG 게임이나 슈팅 게임, 그리고 스포츠 게임에서 나는 젬뱅이가 될 때가 많다. 그러니 가상 세계에서 의욕과 성취가 꼭 현실보다 더 좋다고 말할 수는 없다. 스포츠 게임에 있어서는 아무래도 그녀는 나 같이 운동 감각이 부족한 사람은 고려하지 않은 듯이 보이기도 한다. 혹 가상 게임을 너무 잘해 게임 속 점수가 현실보다 늘 좋다면, 현실의 골프 게임을 아예 포기하고 〈Xbox〉 콘트롤 패드만 쥐고서 매일 TV 스크린 속으로 돌진할지도 모른다.

어쨌든 그녀의 책 제목에서 보듯이 제인 맥고니걸이 생각하기에 사람들의 현실에 대한 만족과 인식은 게임의 그것보다 낮은 자리를 차지한다. 그래서 누구나 게임을 한다고 생각하고 게임 속에서 만족을 경험한다고 믿는다. 모든 게이머들이 그녀의 말에 동의한다고 생각하지 않지만, 상당수의 게임매니아들이 그녀의 말에 어느 정도 공감할 수도 있다. - 게임을 즐기는 우리 자신들이나 혹은 우리 자녀들과 이웃의 십대들 모두를 포함해서 - 그렇기 때문에 제인 맥고니걸은 게임의 긍정적 효과로 현실을 변화시키는 방법에 대해 나름대로 많은 연구를 했고 그 이론을 정립해서 전파하고자 노력하고 있다.

그렇지만 그녀 역시 많은 게이머들이 가상 게임으로부터 실제적인 현실의 벽이 예상외로 크기에 그 벽을 쉽게 뛰어 넘지 못하는 것을 인식한다. 그렇기 때문에 그녀는 사람들이 게임에 몰입했을 때 발휘하는 자신의 감정, 지성, 사고력의 증대에 대해 주목하고, 이러한 낙관적인 견해로 잘만 무장할 수 있다면 현실의 어려움을 해결할 수 있을 것이라고 기대했다. 사실 게임이 문화로 인식되고 인정받는 현실 상황에서 앞에 언급한 〈디아블로〉 열풍 같은 현상은 이와 같은 그녀의 이론을 뒷받침하는 강력한 근거가 된다. 그녀는 게임을 사려고 밤새워 줄을 서는 사람들의 열망과 관심, 인내력 등을 현실에 적용하고 싶은 것이다.

낙관적 열중의 힘

그녀가 보기에 큰 성공을 거둔 컴퓨터·비디오 게임이 그토록 "중독성과 자극성이 강한 이유는 바로 게임에 몰입했을 때 인간의 감정이 극도로 활성화되기 때문"이다. 이름하여 '낙관적 열중(Optimistic Engagement)'이라고 불리는 상태에 들어가는 순간 "게이머의 몸에서 생물학적 변화가 일어나 긍정적인 사고, 사회적 교류성, 강점 개발이 훨

썬 수월해진다"고 그녀는 분석한다. 이때 "사람들은 일종의 만족감과 행복감을 가진다."[5] 오 그렇다. 이것은 분명히 타당한 견해이다. 게임을 하면 재미있고 흥분되고 또한 퀘스트(Quest: 게임 속의 임무)를 수행해 나가면 성취감에 기쁜 마음이 드는 것은 사실이다.

왜 사람들은 게임에 몰입하는가? 게임만큼 즉각적인 보상과 성취가 나타나는 활동이 드물기 때문이다. 온라인 게임이든 현실의 게임이든 정해진 시간 혹은 한정된 시간 안에 승부가 명확히 판가름 난다. 호흡이 긴 게임이라도 시간과 정력을 쏟아 붓는 만큼 수준과 종목은 분명히 늘어난다. 현실에서 불가능한 꿈의 성취도 게임에서는 얼마든지 가능하다. 독재자가 되고 장군이 되며 만능인도 된다. 그러니 제인의 말처럼 만족감과 행복감을 느낀다. 당연히 재미도 있고 흥분되고 기쁘다. 그러나 이런 현상의 이면에는 뇌에서 분비되는 도파민(dopamine) 때문에 일종의 자아도취 현상이 생기는 것 또한 엄연한 사실(fact)로 존재한다. 필자의 첫 번째 책, 『사이버 중독 탈출기』에서도 밝힌 바 있듯이 게임에 열중하면 뇌에서 도파민의 활성화가 굉장히 많이 일어난다. 그래서 사람들은 시간도 잊고 현실도 잊은 채 게임에 빠져 든다. 마치 마약 중독처럼 만족감과 성취감 속에 무아지경으로 빠져 들어가는 것이다.

사실 사랑의 감정에 빠져도, 자신이 좋아하는 운동에 열중해도, 마약을 먹어도, 뇌에서 도파민이 분비되면서 이런 행복감이 나타날 수 있다. 즉 현실 세계에 나타나는 일련의 자연스런 중독 현상들이다. 마약의 경우는 체험해 보지도 않았지만 결코 시도할 생각을 말아야 할 케이스이고 사랑이나 취미 활동, 어떤 활동의 몰입은 현실의 환경적, 시간적 제약 때문에 나름 그 경계가 구분되는 것이 가능하다. 하지만 게임 중독의 경우는 그 몰입 정도가 시간의 경과에 따라 심하게 일어나고 혼자서 방해만 받지 않는다면 그리고 일단 현실과 고립되기 시작한다면 끝없이 그 사이버 세계에 머물 수 있기 때문에 우리는 이 부분을 염두에 두고 접근해야 한다.

그렇지만 제인은 이러한 열중의 힘이 현실에서도 똑같이 발휘될 수는 없을까 고민하기 시작했다. 이것은 긍정적인 고민이다. 제인은 10년 넘게 온라인 게임을 만들어 왔으며 앞으로의 10년 역시 온라인 게임에서 세상을 구하는 것을 목표로 삼고 살아가는 사람이다. 그녀의 직업이 프로페셔널 게임 디자이너가 아닌가? 따라서 그녀의 직업적 사명 역시 앞으로 더 많은 사람들이 궁극적으로는 더 좋은 게임을 할 수 있게 한다.

그녀가 조사한 바에 의하면 2010년 현재 전 세계에서 게이머들이 온라인 게임에 소비하는 시간을 모두 합하면 일주일에 30억 시간이 된다.[6] 이것은 모든 온라인 게임 서버에서 측정되고 기록된 시간이니 나름대로 정확한 자료로 볼 수 있다. 일주일에 30억 시간이라는 수치는 현실적으로 느끼기에는 좀 감이 오지 않는 너무 덩치가 큰 시간 같다. 그래서 이 말을 고쳐 말하자면 1천7백8십5만7천142명의 사람이 밥도 먹지 않고 잠도 자지 않으며 일주일 내내 24시간씩 꼬박 온라인 게임에 열중한다는 말과 같다. 와우! 그렇다면 최소한 밥은 먹고 잠도 자고 하루 12시간만 게임을 한다고 치면 약 3천5백7십1만4천284명이 필요하다. 2010년의 캐나다 인구가 3천4백십만8천752명이니[7] 캐나다에 거주하는 모든 사람들이 − 어른, 아이, 유아, 젖먹이 구분 없이 − 매일 12시간씩 일도 하지 않고 오직 온라인 게임에 열중한다는 말이 된다. 또 다시 와우!! 이것은 결코 가상의 숫자가 아니다. 게임 서버에 의해 측정된 시간이지 않는가? 우리는 여기서 지극히 놀라운 현실적 숫자의 압박을 느낄 수 있다. 또한 이 숫자를 보면 결코 어느 누구도 제인이 주목하고 있는 '게이머의 열정'을 무시할 수 없는 근거가 된다. 이 무시무시한 숫자를 보며 제인은 게이머들의 열중의 힘을 '낙관적'으로 또한 바라본다. 게임에 몰입했을 때의 그 행복감과 만족감을 현실에서도 적용하고 싶은 것이다. 일주일에 30억 시간이라니! 당신이 엄청난 게임매니아라고 할지라도 놀랄 만한 수치이지 않는가?

1만 시간의 성공법칙

제인은 여기서 한발 더 나아가 '주당 30억 시간 동안 게임을 즐기는 힘'으로 현실에 적용하는 것은 다소 부족하다고 생각하기 시작했다. 그리고 최소 주당 210억 시간은 온라인 게임에 사람들이 시간을 쏟아부어야 한다고 주장한다. 흠! 그렇다면 최소한 일곱 배의 노동력(Man Power)이 필요하다는 이야기이다. 그녀의 주장대로 하기 위해서 계산해 보니 2억4천9백9십만 명의 사람이 일주일 내내 하루 열두 시간씩을 온라인 게임에 몰입해야 한다. 세상에나! 그녀의 말은 정말 엉뚱하고 미친 소리같다. 하지만 제인처럼 게임업계에 종사하는 비중 있는 전문가(적어도 게임 산업의 방향과 그 여파를 연구하는 사람의 입장에서)의 입에서 나온 견해에 우리는 남다른 주의를 기울여야 한다. 그녀의 생각과 바램대로 게임업계 사람들은 세상 모든 사람들을 게임에 몰입시키기 위해 더욱 좋은(즉 중독성 있고 재미있는) 게임을 개발하고자 노력하고 있기 때문이다.

　　그녀가 이렇게 주장할 수 있는 근거는 말콤 글래드웰(Malcolm Gladwell)이 소개한 성공 법칙에 따른 추론에서 출발한다. '1만 시간의 성공법칙'이라 불리는 이 이론은 어느 누구든지 스물한 살이 되기 전까지 1만 시간 동안만 어떤 한 분야에 집중적인 노력을 한다면 그 분야의 대가가 될 수 있다는 인지과학적 이론이다. 이 시간을 쉽게 이해하자면, 현재 미국의 아이들이 초등학교 5학년부터 고등학교를 졸업할 때까지 하루도 빠짐없이 학교 수업에 참여하는 시간이 약 10,080시간이다. 이렇게 볼 때 성공 법칙 자체는 매우 설득력 있는 이론이다. 만약 우리의 자녀가 매일같이 학교에 출석해서 초등학교 5학년부터 고등학교 졸업시까지 8년을 한 과목만을 죽어라 공부한다면 분명 그 분야의 대가가 될 것이다. 피아노나 기타에 소질이 별로라고 하더라도 8년 동안 학교에서 공부시간 내내 피아노나 기타를 친다면 세기의 천재는 아니더라도 일정 수준의 대가(Master)는 당연히 될 것이다. ― 한국의 경우 방과 후 학원이나 과외에 쏟아 붓는 시간이 학교 공부시간만큼 된다고 생각할 때, 정말 우리는 시간을 잘못 운용하고 있다. 학교에서 주입식으로 배운 과목을 또 반복해서 외우고, 단지 대학을 가기 위해 우리의 자녀들에게 이 1만 시간의 기회를 국·영·수와 같은 과목에 몰아넣다니 말이다. 아니면 게임을 해야만 하나?

　　그녀의 경우 1만 시간의 투자 대상은 온라인 게임이다. 마케팅 연구기관으로도 유명한 "카네기멜론대학이 연구한 자료에 의하면, 강한 게임 문화를 가진 국가의 젊은이(어디서 많이 들어보지 않았는가? 바로 대한민국을 지칭하는 말이라고 추호도 의심이 들지 않는 것은 왜일까?)

가 스물한 살이 되기 전까지 평균 만 시간을 게임에 투자한다"고 발표했다.[8] 헉! 한국의 자녀들이 학교 공부 시간만큼 게임을 한다고?(이때 자율 학습 같은 억지 공부 시간은 제외한다), 한국이든 다른 어떤 나라가 되었든간에 강한 게임 문화를 가진 나라의 자녀들, 결국 우리 자녀들이 이미 그만큼의 시간을 게임하는 데 공을 들인다는 충격적인 현실은 이것이 비록 과외공부에 쏟아 붓는 시간이라고 할지라도 아까운 것은 마찬가지이다. 어쨌든 제인도 시인하듯 우리의 젊은 세대는 거의 다 게임의 대가들이며 또한 사실 그만큼의 시간을 공들이는 것이 현실인 것 같다.

그녀가 밝힌 또 다른 자료에 의하면 하루에 한 시간 정도만 온라인 게임에 몰두하는 사람은 2010년 현재 전 세계적으로 5억 명에 이른다. 그중 한국은 1천7백만 명이다. 한국인터넷진흥원의 2009년 보고서에 의하면 한국의 만 3세 이상 일주일 평균 인터넷 이용 시간이 13.9시간[9]이라는 통계가 이 숫자의 신뢰성을 충분히 뒷받침한다. 이것은 다만 공식적인 통계치에서 그렇다는 것이기 때문에 그렇다면 실질적인 이용 시간은 더 많다고 생각할 수 있다. 그녀에 의하면 지금 게임업계에서는 이 숫자를 10억 명으로 늘리기 위해 에너지도 적게 쓰고 광대역 인터넷과 같은 인프라가 갖추어진 나라가 아니더라도 유/무선전화선을 이용해 즐길 수 있는 기술을 개발해 "중국, 브라질, 인도의 오지에도 게임에 접속할 수 있도록 계획하고 있다"고 한다.[10]

1만 시간의 성공 법칙을 조금만 더 구체화시켜 보자. 1만 시간이란 당신이나 당신의 자녀가 하루에 약 세 시간, 일주일에 스무 시간 정도를 십 년 동안 꼬박 투자하면 달성되는 시간이다. 흠~ 사실 만만한 숫자는 아니지만, 2009년 현재 한국인 가운데 일주일 동안 인터넷을 이용하는 시간이 14~21시간 정도인 사람이 약 24.2%이고, 21~35시간을 쓰는 사람이 16.7%라는 것은 이 숫자에 대한 새로운 시각을 갖게 한다.[11] 그렇다면 어림잡아 한국에서 인터넷을 이용하는 사람의 40.9% 정도가 일주일에 스무 시간 정도 모니터 앞에 매달려 있다는 추론이 가능하다. 스마트폰이 대중화된 지금은 솔직히 그보다 월등히 더 많이 투자한다고 보아야 한다. 인터넷 이용 목적의 대부분이 음악, 게임의 여가 활동(88.4%) 혹은 문자나 SNS와 같은 커뮤니케이션(87%)이라는 것이 앞에서 밝혀진 상황에서 게임이나 인터넷에 일만 시간을 투자하는 것은 감당하지 못할 시간이 결코 아니다. 짜투리 시간의 합산이든 혹은 한 곳에 진득이 앉아서 감당하는 시간이든 일주일에 스무 시간 정도를 인터넷이나 게임에 사용하는 현실 상황에서 충분한 결단과 실행이 이루어진다면 누구든지 1만 시간의 성공 법칙을 자신의 것으로 만들 수 있을 것이다. 제인이 바라는 것처럼 게임에 몰빵을 하든지 아니면 기타나 피아노를 배우든지 혹은 자신의 전공을 살리든지 그것은 오직 개인의 선택 문제이다.

에피소드 하나 – IP우회기

내가 저녁때 퇴근을 하면 가끔 큰 아들 유빈이는 내다 보지 않은 채 2층에서 목소리로 인사만 할 때가 많다. 그럴 때면 둘째녀석도 그냥 곁다리 끼는 식으로 "저두요"라고 말하곤 한다. 그리곤 두 녀석 모두 식사시간에만 잠깐 얼굴을 보이고는 자기 방에서 나오지 않는다. 십대 아들을 둔 가정의 아버지들은 나의 경우와 마음을 충분히 알 것이다.

아이들이 공부(정말 공부였을까?)하는 중간에 후다닥 나와서 인사하는 것은 자신이 하던 일이 중단되는 것을 의미하고 이것을 아이들이 싫어한다. 그래서 그러려니 하고 가끔은 넘어간다. 그러던 어느 날 저녁이었다. 늦은 밤시간에 녀석들이 무엇을 하나 궁금해 조용히 올라가 나는 큰 애의 방문을 열어 보았다. 그리고 그 순간, 평화 모드였던 나의 마음은 순식간에 전투 모드로 급하게 바뀌고 말았다. 그리고 파워 레벨도 덩달아 높아지고 말았다.

"이기~ 지금 뭐하노~!!"

나는 한 발을 번쩍 들어 공간 이동을 하며 휙~ 녀석의 옆으로 다가갔다.

"왜~요?~"

녀석은 45도 각도로 목을 젖히는 동시에 제 몸과 의자를 대각선으로 재빨리 물렸다. 그리고 만약에 있을지도 모를 나의 일격에 대비하는 것이었다. 그리고는 되려 큰소리까지 쳤다. 그러한 중에도 녀석의 시선은 컴퓨터 모니터에서 떨어지지 않고 양손은 키보드와 같이 끼이이익~ 책상모서리로 갔다. 나는 아들의 이 "왜요?"라는 말과 재빠르게 바뀐 아들의 자세에 화가 치밀러 올랐다. 풀 컴뱃 모드(Full combat mode)로 전투력이 증가! 조금 더 지나면 아이템을 바꿔야 한다. 난 이 "왜요?"라는 말만 들으면 참기 힘이 든다. 이 "왜요?"는 시도 때도 없이 요즘 십대들의 입에서 그냥 튀어나오는 말이다. 이것은 정말 상대방에 대한 예의도 없고 적당한 대화의 간격마저 없애 버리는 표현이다. "왜요?"라니? 그렇게 말하면 나는 즉시 대답을 해 주어야 하고 이는 자신의 행위에 대해 정당성을 깔고 들어오는 아이를 일단 받아 주는 상황이 먼저 되고 만다. 그래서 나의 전투 모드 파워가 최고치로 올라가 버렸다.

"지금 몇 신데 게임을 하냐? 밤 10시가 넘었잖아?"

나의 목소리가 더 커졌다.

"아~ 방금 켰어요!!!"

목소리를 한 음 높여 녀석이 재빠르게 받아친다.

"아~. 맨날 방금 켰대."

나의 억양도 한 톤 더 높아졌다.

"Oh my gosh! Give me a break…. Man~"

"어쭈~ 이젠 영어로 나오네…. Man? 내가 니 친구냐? 임마."

드디어 알밤이 녀석의 머리 위로 한 방 날라 갔다. 마땅한 아이템을 녀석의 방에서 찾지 못해 육탄 주먹이 그대로 돌진한 것이다.

"Don't hit me, Please, I can manage my schedule well enough."

녀석은 침대로 훌쩍 뛰어들며 반항했다. 그래도 게임은 흘낏 계속 쳐다본다. 띵~ 예상하지 못한 각도로 튕긴 녀석의 행동에 나는 잠시 침묵할 수밖에 없었다.

"뭐? 니 스스로 잘 관리한다고? 진짜지? 너 거짓말 하면…. 없어! 그냥 컴퓨터 사용 기록 추적해 봐?"

"Believe me!"

녀석은 한마디 툭 내뱉고는 다시 모니터 앞으로 엉금거리며 다가 앉았다.

흠, 일단 작전상 후퇴가 필요한 시점이다. 더 몰아 붙이면 역효과일 것 같았다. 나의 머릿속에서 경고등이 요란하게 번쩍번쩍 돌아갔다. 전투 모드에서 평화 모드로 급하게 변환했다.

"근데 OOO이(게임 이름은 그 회사의 프라이버시를 고려해 밝히지 않겠다.) 이제 잘 되네?"

난 모니터에서 쌩쌩 잘 돌아가는 한국 게임 화면에 놀라며 녀석의 옆으로 은근히 다가섰다. 이럴 리가 없는데, 공식적이지는 않지만 한국에 있는 이 게임의 서버는 해외에서의 접속을 지금 막고 있는 것으로 알고 있다. 여러 가지 이유가 있겠지만 어쨌든 수시로 업데이트되어야만 하는 게임 패치(patch)가 해외에서는 거의 불가능에 가깝다. 패치가 되지 않으면 게임 접속 자체가 불가능하기에 해외 이용자들은 부득불 이 게임의 해외 서버를 사용할 수밖에 없게 된다. 솔직히 게임회사의 고도의 장삿속이 보이는 부분이다. 그들이 미국 시장에 진출한 후 북미 게이머 고객들을 그쪽으로 모으는 전략같다.

"흐흐~."

녀석이 갑자기 음흉한 웃음을 지으며 말했다.

"IP를 도용했지요~. 핫핫핫!"

게임 말고는 아직은 컴치에 가까운 아들이 그런 고단수를 개발했다고는 볼 수 없었다. 궁금해하는 나에게 녀석이 화면 뒷편에서 자그마한 창을 끌어 내어 보여 주었다. 오~ 새까만 창에 한국 IP 주소가 적혀 있었다. IP 우회기였다! 친구가 알려 준 프로그램이라고 한다. 시꺼먼 안경 낀 사람이 양복을 입고 있는 모습이 프로그램 아이콘으로 녀석의 바탕 화면에 또한 깔려 있다. 재주 좋은 아이들이 한둘이 아니다. 아이들은 이런 프로그램을 통해 해외에서 자신의 컴퓨터를 한국 IP 주소로 위장하고 들어간다. 그리고 한국게임사로부터 프로그램을 패치다운받고 게임을 즐긴다. 당연히 한국에 있는 이 게임의 서버는 해외에서 접속해 들어온 줄 모르고 문을 열어 준다. 솔직히 불법이라고 하면 불법이고, 인터넷의 근본 취지를 들먹인다면 불법이 아닐 수도 있다.

"으이그~ 공부나 열심히 그렇게 파고들어라. 이눔아~."

핀잔 주는 나에게 녀석은 이것도 지혜라고 대구한다.

"어쭈구리~ 이런 것은 잔머리야~. 그리고 나름대로 사정이 있어서 그쪽에서 막는데, 억지로 뚫고 들어가는 것은 그쪽 입장에서는 무단 침입이고 불법이니까…. 사용하지 말고 끊어!"

"뭔 머리? What the~, 아~ 패치만 받고 끊을려고 그랬어요. 이건 깜빡 잊고 끄지 않은 것뿐이예요. 패치되고 난 후에는 IP 주소에 상관없이 접속되거든요."

음… 그것도 말이 되네. 그러나 일단 사이버 공간상의 규칙과 예의는 알려 줄 필요성이 있었다.

녀석에게 사이버 공간도 사람들이 만든 하나의 사회 조직이라는 것과 그 조직에는 나름대로의 규칙이 있고 지켜야 할 예의가 있다는 사실, 즉 그 안에서 사업을 하는 회사도 마찬가지고 이용하는 사람도 서로가 지켜 주어야 하는 규범이 있다는 이야기를 해 주었다. 만약에 아들 자신이 자신만의 홈페이지를 개설하고 나름대로 규범을 만들고 접속하는 방법에 대해 공지했는데 방문하는 사람들이 자기들 멋대로 접속한다면 어떻게 되겠는지 입장을 바꾸어 놓고 생각해 보라고 말했다. 그런 예를 들면서 어떤 사이트든 강제로 규칙을 벗어나 뚫고 들어가면 안 되는 이유를 차근차근 설명해 주었다.

"그래도 이건 다르잖아요? 공지 사항도 없도 또 그런 규칙도 없는데요?"

녀석은 대꾸했다.

"글쎄, 일단 너의 모습을 감추는 것은 떳떳하지 못한 행동 같다. 아빠도 뭐라고 지금 결론 지을 수는 없지만, 그 회사의 방침에 네가 반기를 들면서도 그 회사의 서비스를 여전히 사용한다는 것은 뭔가 모순이 되는 것 같지 않니? 그럴 바엔 사용하지 않는 편이 낫겠다."

비록 게임 중독 증세는 많이 없어졌지만, 게임을 즐기기 위해서는 물불을 가리지 않고, 모든 가능한 수단을 동원하는 열성을 보이는 아들은 아직 게임 체질에서 완전히 벗어날 수 없어 보인다.

〈스타크래프트2〉가 새로 출시되었을 적에도 결코 만만하지 않은 가격에도 불구하고 녀석은 게임 패키지를 과감하게 사 버렸다. 자신이 가진 컴퓨터가 〈스타크래프트2〉를 돌리기에는 성능이 부족하다고 내가 누차 이야기했지만 믿지 않고 덜렁 샀다. 그리고는 결국 나중에 컴퓨터도 바꾸고야 말았다. 누구를 탓하랴! 그런 환경을 용인한 나 자신의 잘못도 큰 것 같다.

게임은 녀석의 일상 가운데 필수적인 부분으로 자리 잡은지 오래되었다. 내 눈에는 다소 유치하게 보이는 〈메이플스토리(Maple story)〉라는 게임을 녀석은 초등학생 때부터 고등학생이 된 지금까지도 즐기고 있다. 그리고 다른 유명한 게임들 역시 즐겨 보고 난 후 자신의 취향에 맞는 게임으로 하나씩 정착했다. 〈Xbox〉와 같은 콘솔 게임기의 게임 타이틀은 대부분 피가 난무하며 만나는 사람마다 이유 여하를 막론하고 자신이 살기 위해 무조건 죽여야만 하는 서바이벌 게임들이 많은데, 녀석이 그러한 것을 즐기지 않는 것도 나름 다행스럽기까지 하다. 온라인 게임 중 〈스타크래프트〉와 〈리그오브레전드〉, 〈서든 어택〉이 녀석이 즐겨 하는 게임이다. 이들 역시 잔인성과 폭력성이 크기 때문에 나는 여전히 일정한 수준의 제재를 가한다. 그러나 온라인 게임을 너무 많이 한다고 제재를 가하면 녀석은 이제 모바일폰 게임으로 옮겨 간다. 스마트폰에 대한 제재를 가하면 그때는 〈Xbox〉 같은 콘솔 게임을 한다. 그리고 마침내 게임 자체에 대한 제재를 가하면 결국 인터넷 동영상 시청으로 또한 옮겨 간다. 맙소사~.

결국 자발적인 통제가 가장 중요하다고 여겨 충격요법(협박과 으박지름)과 상담(가족 대화를 통한 양해와 이해를 이끌어 내는 것)으로 이제 어느 정도 스스로 제어가 가능하지만, 이러한 컴퓨터 게임이 아들 생활의 한 축을 차지하게 된 것만은 부인할 수 없는 현실이다. 그렇기 때문에 나는 제인이 제시한 이론 중 게이머들이 갖는 네 가지 강점이라는 것을 혹 유빈이에게서 이끌어 낼 수 없을까 나름 고심해 보았었다.

게이머들의 네 가지 강점

앞에서 언급한 1만 시간의 성공 법칙과 제인 맥고니걸이 파악한 게이머들의 네 가지 강점은 불가분의 관계로 그녀의 게임 예찬론을 지지하는 이론적 근거가 된다. 제인은 게이머들이 게임에 열중할 때 다음의 네 가지 강점을 드러낸다고 파악했다.

첫째는 '즉각적인 낙관주의'이다. 제인은 게임에 참여하는 게이머들이 어떤 현실의 어려움(?) 속에서도 게임에 자발적으로 참여해 승리를 향해 매진하는 열정으로 가득 차 있다는 사실을 발견했다. 그리고 대부분의 경우, 그러한 열정은 나이 여하를 막론하고 공통적으로 나타나며 그들은 그런 정신으로 똘똘 무장되어 있다. 유빈이를 포함해서 10대 아이들이 게임하는 모습은 정말 그렇다. 아무리 현실 속에서 공부할 과제가 있어도 시간이 별로 많지도 않은데 그들은 게임에 할애하는 시간은 절대로 아까워하지 않는다. 부모의 간섭도, 선생님의 핀잔도 별로 어려운 장애가 아니다. 2012년 5월 어느날 〈디아블로3〉가 한국에서 판매를 시작했을 때 사람들은 전례 없는 장사진을 이루고 한정판을 구매했다. 그리고 게임제작사인 블리자드사가 아무리 빨라도 2~3개월, 혹은 최소 6개월은 걸린다고 예측한 게임 끝판왕과의 접전을 단 6시간만에 끝냈다. 그 신화를 만든 주인공은 바로 한국인이었다. 이러한 현실에 게임 관련 사이트들은 당시 난리가 났었다. 오죽하면 한국판은 따로 난이도를 높게 만들어야 된다는 말까지 나왔었다.

둘째는 '게이머 간에 존재하는 사회성'이다. 현실은 어떨지 몰라도 게임 속에만 들어가면 사람들은 기꺼이 서로를 도와주고 격려하며 협력한다. 일종의 강제성도 자연스럽게 녹아든다. 모두 퀘스트(quest)라고 불리는 게임 속 미션과 역할 임무를 수행하기 위해서이다. 적과 아군이 갈라서 싸우기도 하지만 게임전·후에 참여자들 사이의 사회성이 나름대로 존재하고 그러한 관계성은 게임 밖으로까지 이어지기도 한다. 쉬운 예로 친구를 만나러 가야 한다고 말하면서 실외로 나가는 것이 아니라 오히려 모니터를 뚫어져라 쳐다보며 키보드 위를 날라 다니는 것이 요즘 게이머들이다. 그들의 친구는 현실이 아닌 게임 속에서 미팅을 가진다.

셋째는 '만족스러우며 기쁜 생산성'이다. 제인이 발견한 통계에 의하면 "〈월드오브워크래프트(WOW)〉를 즐기는 게이머는 평균 일주일에 22시간씩 게임에 열중한다"고 한다. 이것은 마치 하프타임직(half-time job, 비정규 근로직처럼 혹은 파트타임 노동자처럼 하루 4시간 정도 일하는 것)에 투자하는 시간과 같은 분량이며 1만 시간의 성공 법칙에 필요한 숫자이기도 하다. 그렇게 열중하는 이유는 다른 그 어떤 일들, 즉 직장 일이나 바깥놀이 혹은 친구들과 어울려 노는 것보다 WOW 게임을 즐길 때 행복감을 더 느끼기 때문이다. 행복감이 있기에 그만큼의 생산성을 내는 시간 자체를 투자하고 이러한 생산성이 현실성과 결합만 한다면 금상첨화라 생각할 수 있다.

마지막 네 번째로는 뭔가 그럴듯한 '임무를 수행했다는 데에서 오는 만족감'이다. 게임 속에서 개인은 현실과는 다른 영웅적 역사적 임무를 수행하고 만족감을 느낀다. 이것은 현실 세계에서는 이룰 수 없는 꿈의 실현이며 자기 역할 만족이기도 하다.

제인은 이 네 가지 강점 현상이 결국 게이머로 하여금 초능력적인 능력을 지닌, 하나의 긍정적인 자아상을 개인에게 심어 준다고 믿는다. 단, 아직은 온라인 게임이라는 한정된 세계에서 그렇지만 말이다.

제인 역시 현실과 게임이라는 가상 세계의 괴리를 잘 알고 있다. 그녀 역시 에드워드 카스트로노바(Edward Castronova)가 언급했듯이 "사람들이 게임에 몰두하는 것이 아직은 가상 세계와 온라인 게임으로 현실에서 벗어나 대량 탈출하는 것에 불과하다"는 것을 부인하지 못한다. 그렇기 때문에 그녀는 게임 속의 강점을 현실 세계로 가져오고 싶어한다. 그녀는 고대로부터 있어 온 인간 사회에서 게임의 의미와 역할을 생각해 내고 역사가 헤르도토스(Herodotos)의 말과 로마 제국의 부흥과 기아를 해결하기 위한 방책으로서 게임을 강조한다. 또한 이러한 현실의 어려움을 승화하기 위해 만든 게임의 역할을 긍적적으로 가져와 게임의 현실 참여를 주장한다.

잠깐, 그 게임들은 온라인 컴퓨터 게임이 아니라는 것은 어떻게 하나? 결국 그녀의 대안은 현실 세계에서 살아가는 법을 가르쳐 줄 수 있는 학습용 온라인 게임의 개발로 귀착된다. 그녀의 전공 분야가 대체 현실 게임(Alternate Reality Game)과 설득적 게임(Pervasive Game)이기 때문에 이해할 수 있는 부분이다. 결국 인간의 지혜를 개발시키고 문제 해결을 위한 가상 시뮬레이션 온라인 게임 형식이 그녀가 제시하는 미래의 창조적이며 역동적인 현실을 위한 그녀만의 솔루션이 된다.

여기서 나는 일단 그녀의 입장을 이해한다. 그리고 그녀의 긍정적인 견해를 또한 어느 정도 지지한다. 게임을 할 때 우리가 책에서 경험하는 것과 같은 메타인지[12]가 시각적으로 아주 사실처럼 펼쳐질 수 있다. 〈PS3〉나 〈Xbox〉에서 모험(Adventure)이나 폭력(Action) 게임을 할 때는 마치 자신이 그 주인공이 되어 미지의 세계를 탐험하고 개척해 나가는 것처럼 실감나게 느낀다. 비록 남자라 하더라도 '툼레이더(Tomb Raider)'의 라라가 곧 자신이 되어 버리는 것이다. 이런 측면에서는 게임은 개인에게 모험심과 용기, 진취성을 키워 준다. 나 역시 그랬었다. 단, 악당과 싸울 때 콘트롤러의 미숙한 조작으로 무한 반복되는 단순 작업은 대단한 인내심을 요구한다. 하지만 손가락으로 아무리 행동을 취해도 현실 세계의 진짜 격투술의 향상은 아닌 것이 못내 아쉽다. 이 때는 정말 네오(Neo)가 되고 싶은 마음이 굴뚝같다.

온라인 게임과 현실 게임의 차이

그러나 제인의 접근법에서 게임의 역사성과 온라인 게임의 연계는 근본적인 출발이 다르다는 점을 발견했다. 그렇기 때문에 그녀의 주장은 다소 억지가 된다. 자, 예를 들어 보자. 우리는 오랜 옛날부터 많은 게임을 즐겨 왔다. 생각나는 대로 적어 보아도 씨름과 고싸움, 박투, 택견과 같이 몸으로 하는 게임들과 구슬치기, 딱지치기, 땅따먹기와 같이 도구를 사용하는 게임, 전차놀이, 눈싸움, 이병놀이와 같은 단체로 전쟁놀이 하는 것 등등 무수한 게임이 존재했다. 현대적인 게임이야 말할 것도 없이 무수히 많다. 야구, 축구, 배구, 배트민턴 등등. 그리고 이 모든 게임들은 현실과 동떨어진 것이 아니라 현실을 축소화 해 실질적인 롤 모델(Role Model) 역할과 현장감을 익힘으로써 미래를 대비하고 - 전쟁놀이, 재테크 등의 성격을 지닌 것 - 영역에 대한 공부를 하며 살아가는 모든 지혜를 가르친다. 심지어 도박의 성격을 가진 카드놀이 가운데서도 인생을 배운다지 않는가? - 포커페이스는 대인관계와 사회생활의 실제적 적용에 나름 쓰일 수 있다.

게임은 동서고금을 무론하고 인간의 현실을 반영하여 앞으로 닥칠지 모르는 미래 상황에 대비하는 것, 혹은 협동 정신과 육체적 능력과 지력을 배양하는 지극히 건전한 놀이 문화였다. 문제는 그녀가 주장하는 것과 같이 온라인 게임이 예전의 모든 게임을 대체해 나가는 현실의 동향과 거기에 빠져 드는 사람이 받는 게임의 역기능과 피해이다. 현실적인 게임과 달리 컴퓨터 온라인 게임은 - 육체적 활동이 배제된 - 중독성이 매우 강하다. 그러한 물리적 · 정신적 역기능이 사회 문제가 되어 현재 많은 연구가 이루어지고 있다. 『사이버 중독 탈출기』에서 소개한 바 있지만 지금 이 사회에서 발생하는 수많은 온라인 게임 중독으로 인한 사건·사고들은 제인과 같은 온라인 게임 개발자들과 게임 회사들을 굉장히 당혹하게 만든다. 이 사실에 대해서 일본의 '모리 아키오(森昭雄)' 교수는 자신의 저서인 『게임 뇌의 공포』에서 게임과 뇌의 상관 관계를 연구하여 게임 중독이 뇌 전두엽에 심각한 피해를 준다고 또한 역설한 적이 있었다. 비록 그의 연구가 과학적인 정당성이나 객관성이 부족해 그 당시 학계의 정설로 받아들여지지는 못했지만, 그의 주장은 그 후 한국과 여러 나라에서 이루어지는 게임과 뇌의 상관 관계 연구를 촉진시켰고 또 그의 연구 역시 나름 발전하여 다양한 객관적인 자료를 만들고 있다.

여기에서 잠깐 짚고 넘어갈 점은 〈테트리스(Tetris)〉 게임과 같은 지력, 사고력, 공감각력 등을 요구하는 교육·학습·퍼즐식 컴퓨터 게임은 일단 다른 측면을 가진다는 사실이다. 〈테트리스〉와 같은 게임은 대뇌의 감각기관과 복잡한 기능을 담당하는 두뇌 피질에 좋은 영향을 끼친다는 기사를 예전에 읽은 적이 있다. 이것은 비록 컴퓨터와 스크린을 통한 게임이지만 온라인 게임과는 분야와 인터페이스(Interface) 방식에서 다른 차원이 된다. 컴퓨터 게임을 게임의 성격·분야와 게임 방식의 구분없이 일괄적인 잣대를 들이대면 안 된다. 이러한 두뇌 계발 게임이 가지는 순기능으로 다른 온라인 게임의 역기능을 희석하는 실수를 범할 수 있다. 대부분의 온라인 게임은 그 게임이 가진 세계관과 시나리오, 플레이 하는 방식이 가장 중요한 핵심 요소가 된다. 여기서 말하는 세계관이란 가상 현실 세계가 만든 게임 세계의 존재 방식을 의미하고 또 그 속에 존재하는 인간의 정신·문화·행동 방식 등등을 의미한다. 폭력적이고 정신없이 빠른 대응과 시각적인 집중과 육체(손가락)의 즉각적인 대응을 요구하는 온라인 게임과, 느리면서 생각하는 사고력과 논리력―제인이 연구하는 대체 현실 게임, 교육적 게임―을 요구하는 게임과 단순 비교는 엉뚱한 결과를 도출할 수 있다.

분당 서울대병원 핵의학과 김상은 교수팀의 연구에서는 온라인 게임에 중독이 되면 전두엽의 뇌활성화 부분이 마약 중독자의 그것과 같아진다고 밝힌 적이 있다. 또한 게임을 오래하는 청소년의 뇌 속 보상계 중추인 줄무늬체(ventral striatum) 영역이 그렇지 않은 사람들보다 더 크게 나타났다는 보고도 있다.[13] "이 줄무늬체 영역은 흔히 약물 중독과 관련되어 있고 이런 뇌를 가진 사람이 마약에 빠질 가능성이 클 수 있어 두 가지가 함께 작용하는 것으로 보인다"고 연구진 가운데 루크 클라크(Luke Clark) 케임브리지대 교수는 말했었다.

『아이브레인(IBrain)』이라는 자신의 책에서 게임과 뇌의 상관 관계를 밝힌 게리 스몰(Gary Small) 박사 역시 게임 중독이 뇌의 전두엽 발달에 장애를 가져온다는 점을 자세히 소개한 바 있다. 이들은 모두 뇌의 전두엽이 사고 기능과 인지 기능, 참을성, 인내심 등을 관장한다고 강조한다. 따라서 "전두엽 피질에 이상이 생길 경우, 사고와 판단을 관장하는 부분이 퇴화되면서 치매 환자의 뇌와 유사해지고 장래의 계획, 선악의 판단, 도덕성 등은 작용하기 어렵다"고 모리 아키오 교수가 한 TV 방송국과의 인터뷰에서 자신의 연구 견해를 변함없이 주장한 것은 [14] 나름 타당성에 있어서 다른 연구 결과의 지원을 받고 있다고 볼 수 있다.

학자들의 영역과 논쟁은 그들에게 맡겨 두고라도 지금 온라인 게임에 몰입하는 청소년들의 눈과 손은 상상도 못할 속도로 모니터와 마우스·키보드로 서로 상호 반응한다. 그러한 게임은 전통적인 게임에서 요구하는 생각의 시간과 틈을 절대로 허락하지 않는다. 즉 온라인 게임 대부분은 눈으로 들어온 신호를 전두엽에서 몇 초라도 깊이 생각하고 전략을 짜거나, 상대방과 쌍방향으로 상호작용하는 시간은 거의 없게 만든다. 오직 본능에 가까운 반사신경과 손가락의 움직임이 대부분이다. 현실 게임은 그것이 구기 종목이든 투기 종목 혹은 홀로 하는 육상 게임이든지간에, 몸과 정신의 조화 그리고 전략과 응대의 시간 속에서 뇌의 모든 기능이 골고루 작용한다. 하지만 컴퓨터 온라인 게임은 육체의 균형된 운동은 전무하며, 속성상 대부분 시각과 극히 제한된 신체의 일부만 반응하므로 그 근본 구조가 다르다. 따라서 전두엽이 활동할 시간이 전혀 없을 뿐더러 그럴 필요도 없다. 그렇기 때문에 게리 스몰이나 모리 아키오, 김상은 교수의 말에 근거해 본다면, 제인의 접근 방식에 이의를 제기할 수밖에 없다.

밖에서 친구들과 야구와 같은 운동성 게임을 하거나, 가만히 앉아 수다를 떠는 것보다 온라인 게임이 더 재미 있다고 요즘 세대는 말한다. 애써 중독이 아니라고 말하고 싶어도 뇌에서 분비되는 도파민은 온라인 게임을 마약 중독과 비슷한 정신적 경험으로 인도한다. 여기에 육체적인 현실 게임을 할 때의 운동 능력 향상과 협동심, 조직력, 적과의 물리적인 부딪힘에서 오는 역동성과 그에 따른 유익은 전혀 없다. 그러나 이런 온라인 게임에서 만족을 느낀 게이머들이 느끼는 현실은 아쉽게도 재미가 없으며 절망적이다.(Reality is Broken.) 이러한 젊은 세대 혹은 게이머들이 느끼는 현실에서의 삶의 만족도가 오늘 우리가 당면한 문제이다. 현실은 피 터지게 힘들다. 솔직히 모든 것이 뜻대로 되지 않는다. 프로그래밍 된 어떤 결과가 있는 것도 아니고, 제3자의 개입뿐 아니라 자연 재해와 같은 환경적 변화도 일어난다. 모든 것이 예측이 가능하지 않은 현실의 삶은 심지어 부조리하게 느껴진다. 제인이 말하는 것처럼 경험치와 출력 레벨이 살아온 만큼, 그리고 경험한 만큼 올라가지 않는 곳이 바로 현실 세계이다. 그렇기 때문에 어쩌면 게이머들은 더욱 더 게임에 몰두하며 현실을 벗어나려고 하는지도 모른다.

그러나 미국이나 한국, 또는 전 세계의 젊은이들이 스물한 살이 될 때까지 무려 1만여 시간 이상을 컴퓨터 · 비디오 게임으로 보내자는 그녀의 제안, 아니 이미 '진행된 현실 상황'을 이제부터라도 만약 거꾸로 하면 어떨까? 지금 현실적으로 2~3천 시간 정도만 독서나 공부에 할당하는 이들 젊은이들의 경우, 2~3천 시간 정도만 게임을 즐기고 1만여 시간을 자신의 역량을 키우는 데 쏟아 붓는다면 스물한 살이 되기까지 1만 시간을 들였으니 그냥 능력 있는 사람이 아니라 기가 막히게 유능한 그 분야의 전문가로 사회에 배출될 것이다. 1만 시간 수련은 그냥 잘하는 것과 비범한 것을 가르는 임계점이라고 다니엘 레비틴(Daniel Levitin)이나 말콤 글래드웰(Malcolm Gladwell)이 지적하듯이, 현재의 '한 세대 전체'가 자신의 역량을 기르는데 1만 시간을 쓰는 것과 게임에 1만 시간을 쓰는 것에 대해, 우리는 무엇을 권고하는 것이 옳은가는 생각할 필요도 없을 것이다.

제인이 기대하는 것은 사실 게이머들이 게임 속에서 보여 주는 열정, 부지런함, 협동심, 긍정적 사고, 낙관적인 사고 등을 현실로 가져오는 것이다. 하지만 게이머들이 게임에 열중할 때 보여 주는 그러한 모습이 현실에서 게임하는 가운데 보여 주는 실제 모습이 아니다. PC 방의 자욱한 담배연기 가운데 찌푸린 얼굴로 모니터에 몰입된 사람들, 죽어라 자판을 두드리며 욕설을 퍼부으며 게임 속의 파트너들을 욕하는 사람들을 제인은 보았는지 모르겠다. 그러나 한 가지 분명한 사실은 제인이 스스로 밝혔듯이 무려 1만 시간 정도의 시간을 게임에 투자하는 우리의 젊은이들의 열정과 노력이 게임이 아니라, 게임을 만드는 것도 아니고 단순히 게임을 하고 노는 것이 아니라, 다른 일에 쏟아 부을 수만 있다면 이것은 그 개인을 위해서뿐만 아니라 가족과 사회 전체에 큰 유익이 될 것이다.

셧다운제 - 최소한 잠은 자라!

앞에서 살펴본 제인의 통계에서 보듯이 현재 전 세계에서 5억 명 정도 되는 사람이 하루 한 시간 이상 온라인 게임에 열중한다. 따라서 각 나라의 가정과 사회는 나름대로 이 문제의 심각성을 인지하여야만 한다. 어떤 경우에는 문제의 심각성을 인식은 하지만 아직 깊은 관심을 쏟을 여유가 없거나 방법을 모르고 있는 듯 보인다. 하지만 한국의 상황은 외국과 조금 다르게 흥미롭다. 게임의 폐해에 대한 각성과 사회 문제로 전례 없는 게임 통제 방법이 법제화로까지 번졌다. 바로 셧다운제(Shut Down)와 쿨링오프(Cooling Off)제로 나타나는 사회의 공감과 강제성 의지이다. 이 제도는 일정 시간, 즉 밤 12시가 되면 16세 미만의 청소년은 심야 시간에 게임을 접속하지 못하게 되는 제도와 두 시간 이상 연속으로 게임을 할 때 저절로 종료되는 제도이다. 셧다운제는 시행

되었지만 쿨링오프제는 아직 논란이 많아 시행이 되지 않고 있다.

솔직히 말하자면, 원칙적으로 둘 다 바람직한 법은 결코 아니라고 본다. 자유민주주의 국가에서 개인의 자유를 억압한다는 점에서 근본적으로 그렇다. 하지만 셧다운제에 한해서는 나름 효과가 있을 것이라고 생각한다. 솔직히 아이들이 마음만 먹으면 주민등록번호를 도용하는 것은 일도 아닐 수 있기 때문에 실효성에 의문을 가질 수 있지만, 사회 구성원들의 공론이 법으로까지 만들어진 것은 굉장한 의미가 있고 또한 법은 법으로서 존중되어야 하기에 실효성은 분명히 존재한다. 청소년의 입장에서는 둘 다 결코 있을 수 없는 악법이지만, 셧다운제란 결국 "게임을 즐기더라도 제발 잠은 좀 자라!"는 말로 해석하면 덜 억울할 것 같다. 잘 알다시피 청소년에게 있어서 잠은 건강을 위해 무엇보다 중요한 굉장한 요소이다. 만약 제때에 자지도 않고 충분한 휴식을 취하지 않으면 성장에 장애가 온다. 무엇보다 밤 10시와 새벽 2시 사이는 키가 크는 시간이며 면역력이 가장 활성화 되는 시간이라고 현대의학이 밝힌 상식에 가까운 의학 지식인데, 그 시간에 게임을 한다고 잠을 자지 않으면 이는 개인뿐 아니라 국가적인 손실이 아닐 수 없다.

한국의 입시 경쟁과 학업 환경에서 밤 12시를 전후해 잠을 자지 않는 청소년이 많은 것은 사실이지만 이러한 현실은 이미 청소년들의 정서에 큰 악영향을 충분히 주었다고 생각한다. 거기에 더해 만약 게임을 한다고 잠을 더 자지 않으면, 그 역시 십대들을 예민하게 만들고 신경질적으로 몰 것이며 결국 큰 부작용을 가져올 것이다. 그 시간에 어차피 학원에서 공부하거나 자습한다고 잠을 자지 않는다고 말하면 할 말 없지만 말이다. 한국의 부모들이여, 제발 자녀들이 잠은 자도록 배려하기 바란다. 오죽하면 국가적인 제도로 입법할 정도인가? 깊이 자성해 볼 필요가 있다. 하지만 쿨링오프제는 솔직히 조금 너무 한다고 생각되는 법이다. 사람이 어떤 일에 몰두하다가 강제로 종료하게 되면 분노가 치민다. 좌절감과 당혹감에 역효과를 낼 것이다. 이것은 너무 나갔다는 느낌을 지울 수가 없다.

여기서 게임업계의 입장은 재미있다. 솔직히 예전에는 게임 산업을 국가에서 장려했었고 또 그만큼의 효과와 이득도 보았다. 누구나 다 콘텐츠, 지식 산업 등의 구호로 너도 나도 뛰어들었다. 정부의 지원을 등에 업고 또 나름 치열한 경쟁과 노력 가운데 한국의 게임 산업이 발달했다. 그러나 솔직해지자. 이것은 모두 자본의 논리에 따라 만들어진 환경이다. 인간 정서나 교육적 목적 때문에 게임 산업이 만들어지고 격려된 것은 결코 아니다. 그런데 지금 와서 게임을 규제하니 게임업계는 자신들의 잘못은 전혀 없는데 정부와 사회가 마녀 사냥을 한다고 볼멘 소리를 한다. 게임과 폭력의 상관 관계에 대한 증거가 없다고 말하고 청소년 탈선과 정신적 중독의 의학적 증거도 없다고 주장한다. 자, 또 솔직해지자. 폭력과 게임의 상관 관계가 없다는 증거도 없다. 또한 게임 중독이 개인의 삶을 피폐하게 만드는 사례도 있다. 중독이 없게 게임을 만들어 달라는 사회 일각의 요구에 게임업계는 "그것은 곧 게임을 재미없게 만들어 달라는 요구"라 하며 난색을 표명한다.[15] 중독성을 일부러 집어 넣는 것이 게임 설계의 기본이다.

젊은이들과 십대들은 간혹 기성세대들이 즐기던 게임은 아케이드 게임과 독립형 콘솔 게임 같은 것이기에, 지금 자신이 즐기는 게임을 이해 못한다고 폄하한다. 그런데 나의 경우를 예로 들어 보자. 나는…… 전부 다 해 보았다. 밤샘도 무지 많이 했다. 중학생 시절부터 나이 들어 흰머리가 날 때도……. 결론? 충분히 이해하고 있다. 게임? 솔직히 중독성이 많다! 그리고 분명 온라인 게임이 더 중독성이 심하다. 〈에버플레닛〉, 〈월드오브워크래프트〉와 같은 대규모 다중 사용자 온라인 롤플레잉 게임(MMORPG)은 아이템(Item: 온라인 게임상의 갑옷이나 무기)과 길드(Guild: 같은 게임을 즐기는 사람들의 모임), 다중 롤 플레이, 끊임없는 패치(patch: 컴퓨터 프로그램 수정용 소프트웨어), 업그레이드, 무한 확장 가능성, 게임 시간과 공간의 자유로움, 모바일 가능성 등등 무한 제약 환경이다. 그리고 피부에 금새 와 닿지 않는 금전적 투자도 들어간다. 같이 게임을 하다가 중간에 나오면 욕을 먹는다. 현실 도피가 가능하다. 도박, 취미, 심지어 공부에 이르기까지 어느 것이나 현실 도피성이 없겠는가만은, 게임은 그 피해가 당장 나타나지 않는다는 점에서 잘 드러나지 않는 것처럼 보일 뿐이다.

　　말콤 글래드웰의 1만 시간의 성공 법칙이 맞다면, 적어도 우리의 아이들이 투자해야 할 1만 시간의 노력과 투자는 온라인 게임만 되어서는 안 된다. 게임은 여흥이며 오락이다. 사람들은 오락에 돈과 시간을 들여 자신을 즐기며 휴식을 취한다. 그런 의미에서 게임은 휴식이 되어야 하는 시간이지 1만 시간을 투자해 자신의 정력을 쏟아 붓는 오락이 되어서는 안 된다. 하물며 배우고 익히고 많은 것을 경험하며 자신만의 성품을 만들어 가는 청소년 시기에 한 자리에 가만히 앉아 자연도 잊고, 친구도 잊고, 자신도 잊은 채 가상의 공간에, 현실에는 없는 공상에 단지 몰입해 있을 수는 없다. 문제는 어느 정도의 선인가 하는 것인데, 이것은 극히 개인적이기도 하지만 일반 사회적인 통념도 무시할 수는 없다.

　자신만의 셧다운제, 이 지침을 설정하는 것이 바로 올바른 열쇠가
될 수 있다.

그런데 게임은 이제 문화가 되었다

　앞에서 이야기한 〈디아블로〉 게임 시리즈는 "10대와 20대 시절
게임을 즐겼던 3040 세대에게 레코드판과 같은 컬렉션이 되는 존재"
라고 볼 수 있다. 그래서 2012년 5월에 〈디아블로3〉가 출시되자마자
"그들은 예전에 플레이 하던 〈디아블로2〉의 추억을 떠올렸다. 이 패키
지를 구매하기 위해 3040 직장인 부대가 움직이니 게임 시장도 함께
들썩거렸다. 게임 패키지 매진 행렬은 물론이고 밤 10시 이후에는 한
꺼번에 많은 사람들이 온라인 게임에 접속하는 바람에 서버가 감당하
지 못해 접속하기조차 힘들었다"고 한다.[16] 이 게임의 배급을 맡은 블
리자드 엔터테인먼트 코리아의 백영재 사장은 말하기를 "이것은 단순
히 게임 콘텐츠를 넘어 문화 현상이 되었다"고 스스로도 평가했다. 그
는 예일대학교 문화인류학 박사학위를 가지고 있다. 공학도가 아닌 인
문학자의 배경을 가진 것이다. 게임회사의 책임자가 문화인류학 박사
라는 이 현실 상황만 보더라도 게임이 문화 상품에 속한다는 것과 음
악·영화와 더불어 오락 산업에서 차지하는 위상을 절감할 수 있다.

　게임은 오락성 콘텐츠이다. 오락성 콘텐츠가 어떻게 문화에 속하
겠냐고 어떤 이들은 폄하할지 모르겠지만, 그렇게 보면 영화도 오락이
며 음악, 연극 역시 마찬가지이다. 흔히 종합 예술이라 칭하는 영화에

예술적인 모든 요소가 들어가듯이 게임 역시 그 나름대로의 세계관을 가지고 스토리를 전개해 나가기 때문에 영화 연출과 하등 다를 바가 없다. 굳이 큰 차이점 하나를 들자면 인간이 직접 출연하여 연기(Acting)하지 않는다는 점이 될 수도 있겠지만, 요즘 영화는 인간이 나오지 않는 애니메이션도 꽤 많기에 이것은 차별점이 되지 못한다. 오히려 쌍방향(Interactive)으로 인간의 참여가 이루어지는 것은 영화보다는 대작 게임이 더 강하다. 그것도 자발적으로 잠도 자지 않고, 밥도 먹지 않고, 온갖 에너지를 모두 쏟아 붓는 일에 게임을 따를 것이 없다. 영화도 가끔 사람들로 하여금 밤새워 보게 만드는 힘이 있지만, 게임처럼 능동적이고 열정적으로 만들지는 못한다.

〈디아블로3〉는 인터넷을 통한 다운로드 구매가 가능했지만 사람들은 굳이 발품을 팔면서까지 밤새워 기다리면서 패키지를 샀다. 마치 "LP나 CD를 모으듯 열성 게이머들이 패키지 구입에 열광"하는 것이다. 〈디아블로〉라는 게임은 2012년 5월 현재 "시리즈 누적 총판매 수가 2천만 장 이상을 돌파했고, 〈디아블로2〉는 출시 2주 만에 판매 100만 장을 돌파(역대 가장 빨리 판매된 PC게임으로 2000년 『기네스북』에 등재되었다.)했으며, 〈디아블로3〉는 사전 예약 판매 200만 장 돌파"[17]한 것만 보아도 그 인기와 신드롬을 파악할 수 있다. 세계적인 어느 가수의 음반 CD나 블록버스터 영화가 이런 신드롬을 만들겠는가?

게임 콘텐츠에 대해서 이렇게 팬덤 문화(Fandom Culture)가 생긴 것은 결코 더 이상 생경스러운 현상은 아니다. 팬덤이란 "어떤 대중적인 특정 인물이나 분야에 지나치게 편향된 사람들을 하나의 큰 틀로 묶어 정의한 개념"이다. 팬덤 문화는 텔레비전과 함께 대중 문화가 확산

되면서 나타난 현상의 하나로서, 팬덤 즉 열성적이며 광적이기까지 한 다수의 무리진 사람들이 문화적 영향력을 행사하면서 팬덤 문화라는 말이 널리 퍼지게 되었다.[18]

팬덤이 나타날 때 "특정 인물이나 분야를 광적으로 몰입하는 부정적 현상"이 많아지면서 이것을 단순 하위문화로 취급하기도 한다. 그렇지만 이것은 현시대의 청소년들뿐만 아니라 성인들에게도 많이 나타나는 대중 문화에 대한 열성적 현상 가운데 하나이며 "부정적인 현상(스토킹, 과몰입, 사이버 테러 등)과 편견만 없다면 나름 건전한 사회 문화 현상 중 하나로 정착"될 수도 있다. 어쨌든 이번 〈디아블로3〉는 명백히 팬덤 문화 현상을 한국 사회에 보여 주었다.

이미 많은 젊은이들이 게임 속 캐릭터를 흉내 내고 게임 속 세계관이 때로는 현실 상황을 설명하는 잣대로 도입되기도 한다. 만화와 영화나 소설 속 이야기가 그대로 게임으로 반영되고 또 그 반대의 경우도 비일비재하다. 헐리우드 영화사들은 영화와 게임·만화를 하나의 통합된 콘텐츠로 생산하고 사람들은 그것을 소비하고 있다. 전통적인 콘솔 게임이든 온라인 게임이든 구분이 이제는 없어졌다.

〈디아블로〉의 경우에서 보듯이 세대 간의 틈새도 없어지고 있다. 성인은 성인대로 옛적 십대에 소비하던 PC나 오락실 게임을 지금의 기술에 맞추어 업그레이드해서 즐기고 십대는 십대 나름대로 게임을 하나의 문화로 즐긴다. 한 세대에 한정된 문화가 아니라 세대와 세대 간을 연결하는 콘텐츠와 세계관의 공유는 감히 문화 현상이라고 할 만하다. 그렇다. 이제 게임은 정말 문화가 되었다.

게임과 현실의 조화

　제인이 앞서 말한 게이머들의 네 가지 강점을 현실에 그대로 가져올 수만 있다면 이것은 긍정적인 사회를 만들고 개인의 성공적인 삶에 기여하게 될 것이다. 다시 말해서 게임에 적극적으로 매진하는 즉각적인 낙관주의적 삶의 태도, 게임 가운데 나타난 활발한 사회성, 게임으로 인한 만족스러우며 행복한 생산성, 개인 삶의 만족감, 이 네 가지를 현실 생활 가운데 제대로 실현해 낼 수만 있다면 우리 사회는 보다 살맛나고 행복한 사회로 바뀔 것이다.

　그런데 한편으로는 만약 현실 생활이 이렇게 만족스럽고 활발하다면, 아마 개인이 온라인 게임에 몰입하는 실제적인 시간은 급격히 줄어들 것 같다. 오! 이런 딜레마가 없다. 제인 맥고니걸 본인도 이 점을 알았을까? 그녀는 캐나다 전체 인구가 매일 열두 시간씩 쉬지 않고 게임하는 것도 모자라 그 일곱 배에 달하는 사람이 매일 게임을 하면서 이런 생산성과 만족감을 배워 현실에 적용할 수 있다고 생각했다. 그 정도로 많은 사람들이 현실 세계로 나와서 네 가지 강점으로 현실을 변혁시킬 수 있다고 상상한 것이다. 이것이 지나친 논리의 비약인 것은 분명하다. 그녀의 제안대로라면 제한된 24시간 안에 우리는 현실에 쏟아 붓는 시간과 노력 대신에 게임에 온 힘을 투자하고 지불해야만 한다. 지금도 3천5백만 명 정도의 사람이 매일 열두 시간씩 온라인 게임에 몰두하고 있다. 그 일곱배인 2억4천9백만 명의 사람이 매일 게임에 몰두한다면, 누가 과연 제인이 바라는 것처럼 현실에 그대로 적용할 수 있을까?

　게이머들이 온라인 게임을 하는 가운데 발휘하는, 혹은 배운, 이 네 가지의 강점들이 아직 현실에 투입되지 않고 있다. 게이머들 대부분이 아직 사회에 진출하지 않은 10대들이나 20대 초반이라서 그럴까? 그렇다면 사회면을 장식하는 수많은 게임 중독의 폐해는 또 어떻게 설명해야 할까? 그들은 단순히 낙오자들이라서 그런가? 하지만 그들은 현실에서는 어떨지 몰라도, 온라인 게임의 세계에서는 나름대로 지존의 경지에 올라 있는 고수들일 것이다. 게임은 현실에 지친 마음을 위로해 줄 수 있다. 게임은 상상력을 극대화한 판타지의 세계이다. 현실에서는 불가능한 일을 가능하게 함으로써 대리 만족을 극대화한다. 스트레스 해소의 장으로서도 가능하다. 적당히만 한다면 말이다. 반면에 나 자신도 그랬던 것처럼 매일 업무를 마친 후 밤새워 게임만 한다면, 쉬는 날에는 다른 모든 것은 제쳐 두고 게임만 즐긴다면 문제가 생긴다. 학생의 입장에서도 그렇고 직장인이든 가정주부든 마찬가지이다. 콘솔 게임과 같은 독립(Stand alone)형 게임도 그 중독성이 심각하지만, 온라인 게임과 같이 여러 사람이 어울려 하는 게임은 다수의 사람들과의 협업 형태이기 때문에 중간에 끊고 나오기도 쉽지 않다.

한국콘텐츠진흥원이 발간한 『2010 한·일 게임 이용자 조사보고서』에서 한국은 설문 대상자의 절반이 넘는 사람들(53.9%)이 게임을 즐기고 있다고 나타난다. 또 그 질문의 응답자 가운데 28.3%는 여가 수단으로 게임을 즐긴다고 답했다. 이것은 TV 시청이나 영화 관람보다 많은 수치였다. 결국 "한국인 제1의 대중적인 취미는 바로 게임"이라고 말할 수 있는 지경에 이르렀다.[19] 누구보다도 먼저 〈디아블로3〉 한정판을 구입했던 게이머는 한 잡지와의 인터뷰에서 "사회적으로 게임을 바라보는 시선이 바뀌었으면 좋겠다. 모두가 즐기는 문화니, 더욱 당당하게 즐기고 싶다"고 말했다고 한다. 또 어떤 한국 게이머는 "사는 게 재미없다. 힘든 건 아닌데, 특별히 성공을 위해 노력할 생각도 없고, 그게 가능하리라 생각지도 않는다. 사실 게임만큼 건전하고 돈 안 드는 취미가 어디 있나. 너무 부정적으로 게임을 바라보지 않았으면 좋겠다"라고 말했다.[20]

소설가이자 게임마니아로 유명한 이인화 이화여자대학교 디지털미디어학부 교수는 게임문화재단이 발간하는 한 월간지에 기고한 글에서 게임에 몰입하는 이유를 다음과 같이 말한 적이 있다.[21]

"현대인은 끊임없이 실질적인 성과에 의해서 계측되고 평가받는다. 아무리 평화주의적인 사회 활동도 그것의 성과를 목표로 삼는 순간, 그는 내면화된 전쟁의 영역에 발을 들여놓게 된다. 전략과 전술의 냉혹한 논리 아래 준비하고 싸우고 승패가 갈리는 생활이 기다리고 있는 것이다. …(중략)… 현대인이 게임을 하는 이유는 이와 같은 무의미한 전쟁 상태를 자각하기 위해서이다. 그는 컴퓨터 그래픽으로 만들어진 전쟁 상태의 의도적인 묘사를 보면서 현실의 직접적인 힘을 극복하며 일상생활의 짐이 빼앗아 간 자기 자신의 결핍 부분을 이해하는 것이다. 게임을 통해 현대인은 사신이 고립된 개인임에 만족하지 않고 자신의 외부에 있으면서도 자신에게 필수불가결한 세계의 힘을 인식한다."

이 교수는 이 글에서 "게임은 사회의 거울이며, 사람들은 비현실을 마치 강렬한 현실인 양 몰입하는 행위를 통해 예술적 사실주의의 인식을 경험한다. 게임은 문학과 영화의 사실주의보다도 더 사회적이고 전체적"이라고 강조했다. 우리는 이 교수의 글 가운데 게이머들이 자기 자신의 결핍 부분을 이해한다는 대목에 주목할 필요가 있다. 이것은 바로 제인 맥고니걸의 주장과 일맥상통하기 때문이다. 제인의 말처럼 현실은 망가져 있고 개인은 이 망가진 현실에서 결핍을 경험하기 때문에 어쩌면 게임에 몰입한다. 이 교수의 말은 또한 소통에 대한 갈망을 내포하고 있다. 망가진 현실 가운데 개인은 고립되어 있기 때문에 자신과 바깥 세계의 소통을 현실이 아닌 가상 세계에서 또한 완성하고자 노력할 수 있다. 〈디아블로3〉라는 게임의 열기 그리고 지금도 온라인 게임에 하루 12시간씩 몰두하는 3천5백만 명이라는 게이머들의 뒤편에는 이러한 욕구가 요동치고 있다는 것을 안다. 그렇기 때문에 사람들은 현실 대체품을 원한다. 이제까지는 그 대체품이 운동이나 전통적인 게임의 영역에서 이루어졌지만 이제 컴퓨터 '온라인 게임 문화'가 나온 이후 급격히 이전의 것들을 물리치기 시작했다. 현실이 망가졌다고 느껴질 때 우리는 과연 현실 회복을 위해 무엇을 어떻게 노력해야 할까?

어떤 방식으로든 현실이 먼저 회복되고 현실 그 자체가 충분하게 개인에게 결핍이 아닌 만족과 올바른 소통의 통로를 제공할 때, 제인이 의도한 네 가지 강점은 사람들의 삶에서 이루어질 것이다. 그렇게 될 때 게임(온라인 게임)의 세계로 이 강점들은 전파되는 것이 아닐까? 어쩌면 사실 이미 그렇게 전파되었기에 가상 세계가 만들어진 것이 아닐까? 그리고 지금 우리는 거꾸로 그 역기능에 물들고 있는지도 모른다. 분명한 것은 게임 속의 삶과 현실의 실제적 삶은 조화를 이루어야 하

는 것이지 어느 한편이 지나치게 극대화된다면 한쪽은 찌그러진 형상
이 될 것이라는 점이다. 온라인 게임·컴퓨터 게임은 사이버 공간이 만
든 가상 세계의 절정을 보여 준다고 할 수 있다. 현실적으로는 존재할
수 없는 세계이지만, 또한 엄연히 현실에 존재하는 또 다른 세계가 바
로 온라인 게임 혹은 컴퓨터 게임의 세계다.

그리고 그곳에 오늘의 아담(Adam)이 살고 있다.

 주

1. 네이버 백과사전, http://100.naver.com/100.nhn?docid=769032
2. 디스이즈게임닷컴, "신기록! 디아블로3, 일주일 만에 630만 장 돌파", 2012.5.23.
   http://www.thisisgame.com/board/view.php?id=1202121&category=102
3. 한국인터넷진흥원, "2009 인터넷 이용 실태 조사" 보고서, p33.
4. 제인 맥고니걸, 『누구나 게임을 한다』, 랜덤하우스코리아, 2012, p19.
5. Ibid, p52.
6. 제인 맥고니걸, TED conference, Feb. 2010. http://www.ted.com/talks/lang/ko/jane_
   mcgonigal gaming can make a better world.html?
7. 출처 : 세계은행.
   http://www.google.com/publicdata/explore?ds=d5bncppjof8f9_&met_y=sp_pop_totl&idim
   =country:CAN&dl=ko&hl=ko&q-캐나다인구
8. 제인 맥고니걸, TED conference, Feb. 2010.
9. 한국인터넷진흥원, "2009 인터넷이용실태보고서", p31.
10. 제인 맥고니걸, TED conference, Feb. 2010.

11. Ibid.

12. 자신의 생각에 대해 비판적 사고를 하고, 한 차원 높게 자신을 객관적으로 바라보
는 능력. '한 단계 고차원'을 의미하는 메타(meta)와 어떤 사실을 안다는 뜻의 인지
(recognition)를 합친 용어.

13. 《코리아타임즈》, "게임 많이 하는 청소년 뇌가 다르다", 2011.11.18.
http://www.koreatimes.co.kr/www/news/tech/2011/11/325_99049.html

14. KBS-TV, "추적 60분, 살인을 부른 게임 중독, 누구의 책임인가", 2011.1.5.

15. 「PC 사랑」, "긴급진단, 이것이 다 게임 때문이다", 2012.3. p102~108.

16. 《전자신문》, "디아블로3는 게임? 이제는 문화현상", 2012.5.20. http://www.etnews.
com/news/contents/game/2592471_1489.html

17. Ibid.

18. 네이버 백과사전 참조 http://100.naver.com/100.nhn?docid=780600

19. 《프레시안》, "악마의 게임 〈디아블로3〉 한국사회 뒤흔들다", 2012.5.18.
http://www.pressian.com/article/article_facebook.asp?article_num=30120517171434

20. Ibid.

21. Ibid.

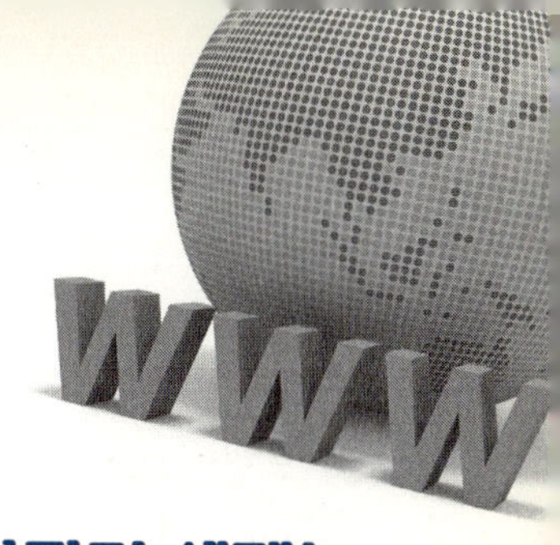

2. 나의 디지털 세계는
당신의 아날로그 현실보다 아름답다

페이스북 – 소셜 네트워크 서비스 전성기를 열다

아이폰(iPhone)과 아이패드(iPad), 맥북(MacBook)으로 누구도 넘볼 수 없는 세계 IT계의 거인이 된 스티브 잡스(Steve Jobs)의 애플(Apple Inc.)은 전통적으로 소프트웨어보다는 하드웨어를 기반으로 한 사업체이다. 지금 전 세계적인 유행을 만드는 아이튠즈(iTunes), 아이클라우드(iCloud) 등과 같은 소프트웨어적인 서비스로도 물론 유명하지만 말이다. 그와 달리 빌 게이츠(Bill Gates)의 마이크로소프트사(Microsoft)는 소프트웨어를 기반으로 하는 사업체이다. 어떤 물건을 만들고 조립하는 공장이 없이 무형의 제품을 CD에 찍거나 인터넷 다운로드 방식으로 판매한다. IT 산업계에서 빌 게이츠처럼 젊은 나이에 달랑 맨손과 두뇌 하나로 무형의 제품과 서비스로 인터넷 시대에 거목이 된 사람을 몇몇 꼽아 본다면 야후(Yahoo)의 제리 양(Jerry Yang), 아마존 닷컴(Amazon.com)의 제프 베조스(Jeff Bezos), 구글(Google)의 세르게이 브린(Sergey Brin)과 래리 페이지(Larry Page) 등 적지 않은 사람들을 생각할 수 있다. 한국에서는 네이버(Naver)의 이해진, 넥슨(Nexon)의 김정주, 엔씨소프트(ncsoft) 김택진 등도 그러한 경우라고 볼 수 있다. 그리고 최근 그러한 스타들 가운데 세계적으로 가장 많은 주목을 받고 있는 젊은 스타는 단연 마크 주커버그(Mark Zuckerberg)일 것이다. 그 역시 기존의 소프트웨어적인 서비스와 비슷하지만 약간 생각을 달리하는 독특한 서비스로 성공한 사람이다. 제품이나 서비스 판매가 아닌, 그리고 일대일 서비스가 아닌 사람과 사람 사이의 관계성을 만들고 연결해 주는 서비스로 성공한 것이다. 이름하여 페이스북(Facebook)이라는 소셜 네트워크 서비스(Social Network Service)이다.

마크 주커버그의 페이스북과 같은 소셜 네트워크 서비스(SNS)는 2000년을 전후로 인터넷 상에 모습을 드러냈었다. 하지만 그 진가를 발휘하기 시작한 시점은 2007년을 넘어서면서부터라고 대부분의 전문가들은 생각한다. 왜냐하면 그때에 스마트폰 혁명이 전 세계적으로 일어났기 때문이다. 스마트폰의 혁명에 있어서도 스티브 잡스의 역할은 또한 엄청나다. 사실 SNS 서비스는 그 이전에도 존재했었고, 그 나름대로의 영역을 키워 가고 있었다. 하지만 아이폰을 선두로 PC 기반의 소셜 서비스가 모바일 기기로 급속도로 확장되었을 때에, 비로소 SNS는 고정된 장소에서 벗어나 어디든지 움직이는 힘을 얻게 되었다. 사람들은 스마트폰을 본격적으로 사용하면서 어쩌면 잠자는 시간을 제외하고는 스마트폰과 SNS를 늘 함께할 수 있게 되었다. 그리고 이에 따라

SNS의 종류 역시 점점 다양해지고 파워가 커졌다. 뿐만 아니라 아이패드와 같은 태블릿 PC들, 그리고 아이팟과 같은 멀티미디어 재생기기의 다양성은 하루가 다르게 업그레이드 되었고, 와이파이가 연결된 곳에서는 어디든지 네트워크에 접속하는 무한 접속성은 스마트폰과 함께 SNS를 무한 확장시키는 도구가 되었다. 이제 SNS를 스마트 네트워크 서비스(Smart Network Service)라고 말해도 손색이 없을 정도이다.

SNS란 "인터넷상에서 친구, 동료, 지인들과의 인맥 관계를 강화시키고 또 새로운 사람들과의 폭넓은 교제와 관계를 새로 만들어 주는 모든 서비스들을 포함한다. 이 서비스는 개인의 정보를 공유할 수 있게 하고 의사소통을 도와주는 1인 미디어, 1인 커뮤니티"라 말할 수 있다.[1] 넓게 보면 블로그나 개인 홈페이지 활동 또한 SNS에 포함할 수 있다. 그렇게 생각하면 사실 그 역사는 매우 길다. 사람들은 인터넷에 자신의 의견을 자유롭게 표출하고 서로 쉽게 연결되면서 더욱 더 개인적인 표현과 욕구를 강하게 드러냈다. 그 가운데 온라인 상에서 서로 사회적인 관계를 맺고 친분을 유지시키는 일에 실생활 못지않은 재미를 느끼게 되었다. 기존 인터넷에서 카페나 커뮤니티 모임이 특정 주제에 대해 관심을 가진 한정된 사람들의 그룹이었고 다소 폐쇄적인 성격을 지녔다면, 이 SNS 서비스는 개인이 중심이 되어 정치, 경제, 사회, 문화, 예술 등등의 모든 분야에 대해 독특한 자신의 관심사를 자신만의 개성으로 풀어 공유한다는 점에서 그 스펙트럼이 다르다. 일반적으로 SNS에서는 불특정 다수가 접근할 수 있지만, 페이스북과 같은 서비스는 대부분 친구 네트워크를 통해 또한 그 친구의 친구를 통해 서로 인맥을 쌓아가기 때문에 나름대로의 검증된 절차와 보안 시스템을 가질 수 있다. 이러한 안정성 때문에 사람들은 더욱 흥미를 가지게 된다.

　　현재 소셜 네트워크(SNS)의 지존은 단연 페이스북으로 인식한다. 한국에서는 싸이월드, 미투데이, 카카오톡 등 많은 서비스가 있지만 전 세계적인 인지도에서는 페이스북이 SNS의 대세를 이룬다. 단문 메시지 서비스인 트위터 서비스와는 다른 성격의 친밀성과 개방성으로 페이스북은 사람들에게 다가간다. 또한 폭넓은 확장성과 어느 정도 자신이 직접 통제할 수 있는 편리성으로 스마트폰 혁명과 더불어 무한 접속의 인맥 네트워트를 전 세계의 이용자들에게 개방했다. 그리고 사람들은 여기서 더욱 더 많은 Add-on, 즉 부가적인 서비스를 연결하며 확장하고 있다. 한 가지 흥미로운 점은 한국의 상황이다. 한국은 한국 고유의 서비스를 만드는 데 탁월한 재능이 있다. 많은 장점에도 불구하고 외국과 달리 페이스북이 아직 큰 힘을 발휘하지 못하고 있다. 바로 카카오톡이라는 전 국민적 서비스가 대중의 전폭적인 사랑과 지지를 받고 있기 때문이다. 카카오톡은 문자를 기반으로 하는 채팅 서비스이지만 다양한 부가 기능으로 한국인의 성향을 맞춰 가기에 페이스북이 힘을 잘 쓰지 못하고 있다. 한국은 카카오톡이, 전 세계는 페이스북이 SNS를 선도하고 있다.

소셜, 소셜, 시대의 화두 - 개나 소나 다 붙인다

　　SNS 서비스를 타고 사람들의 인기를 얻는 소셜 서비스가 몇 가지 있다. 그 가운데 소셜 네트워크 게임(Social Network Game- SNG) 서비스는 말 그대로 페이스북, 마이스페이스, 카카오톡, 싸이월드 등과 같은 SNS 플랫폼을 기반으로 등장한 온라인 게임 서비스이다. 이 SNG 게임은 일반 PC게임보다 쉽고 무게(H/W나 S/W상으로)가 가벼운 특성을 지녔다. 그렇기 때문에 손쉬운 구성과 화면으로 모든 연령층을 대상으로 급속히 영역을 확대해 나가며 막대한 이익을 거두고 있다. 특징은 SNS 상에서 함께 게임을 하게 만들기 때문에 SNS 이용자끼리 더욱 친밀감을 형성해 갈 수 있는 장점을 가졌다.

"2011년 현재 약 8억 명이 넘는 이용자를 가진 페이스북의 경우, 전체 이용자의 30%가 게임을 하기 위해 페이스북에 접속할 지경이며, 한해 매출만 16억 달러"에 이르렀다고 한다. 그리고 이런 추세는 더욱 증가할 것 같다.[2] 한 예로 "징가(zinga)라는 개발사에서 내놓은 〈팜빌(FarmVille)〉이라는 게임 속에 존재하는 농장의 수는 실제의 미국 농장 수보다 15배가 더 많다"고 한다. 카카오톡 역시 자신들의 SNS 서비스에 〈애니팡〉을 비롯하여 더 많은 소셜 게임을 올리고자 노력한다. 그래야만 안정적인 수익원이 나오기 때문이다.

소셜의 열풍은 사회 기금(Social Funding)이라는 새로운 재정 후원 체제도 만들었다. 이것은 "창작자에 대한 불특정 다수의 재정적 지원 체제"를 일컫는 말이다. 해외에서는 클라우드 펀딩(Cloud funding)이라는 이름으로 알려진 재정 후원 시스템이 같은 의미로 쓰이고 있다. 대표적인 예를 들자면 영화 제작과 같은 창작 예술에 대한 불특정 다수를 대상으로 하는 모금 프로모션(funding promotion)을 들 수 있다. 과거에는 영화 제작에 필요한 자금을 특정인이나 영화 관련회사들이 모으는 것이 주류였다. 하지만 이러한 영화 제작도 이제 공개적으로 인터넷을 통해 불특정 다수로부터 모금 참여를 유발한다. 이것이 바로 사회 기금이다. 이것은 비단 예술뿐 아니라 모든 창작 활동이 다 포함될 수도 있다. 아직은 성공적인 사례가 많이 나오지는 않았는데, 아쉽게도 금융 신탁(money funding)과 같은 대출 프로그램 등이 아류 서비스로 나오면서 벌써부터 대중화 되기도 전에 이른 부작용을 발생할 가능성도 보이고 있다.

소셜 커머스(Social Commerce)라는 서비스도 있다. 그루폰(groupon), 쿠팡(coupang), 위메이크프라이스(wemakeprice) 등으로도 잘 알려진 이 서비스는 공동 구매나 할인 구매를 하는 서비스이다. 이것의 장점은 불특정 다수의 사람이 짧은 판촉 기간 동안 참가하여 파격적인 가격 혜택을 누리는 데 있다. 대부분 공동 마케팅을 통해서 대규모 제품 구매와 판매를 하기 때문에 오프라인에서 만날 수 없는 가격을 만든다. 이러한 소셜 커머스는 인터넷 문화만이 만들 수 있는 유통 과정의 혁명이다. 이제까지의 전통적인 구매와는 전혀 다른 사이버 상에서 새로운 상권과 서비스를 만드는 소셜 커머스는 신종 유통 트랜드이다. 하지만 이 서비스의 성공 여부는 가격 장점도 중요하지만 현실적인 소비자 보호 체제가 뒷받침되어야만 비로소 온전한 성공을 기대할 수 있다. 반품이 자주 발생하거나 고객 불만이 제대로 처리되지 않는 판매 시스템은 결코 수명이 길지 못하기 때문이다. 그러나 강력한 구매력과 마케팅이 결합한 이 소셜 커머스는 분명 가까운 장래에 유통 구조의 변화를 가져올 것이다. 모든 것이 온라인으로 연결되고 소비자는 점점 더 가격 정보에 민감해질 것이기 때문이다.

소셜 데이팅(Social dating) 서비스도 있다. 이것은 말 그대로 독신 남녀의 만남을 목적으로 이루어지는 온라인 미팅 네트워크(Online

Meeting Network)이다. 한국의 경우 네이버에서 검색을 하면 많은 사이트들이 소셜 데이팅이라는 이름을 걸고 나온다. 하지만 무분별한 베끼기로 어떤 특성이 없는 비슷한 서비스들이 우후죽순처럼 나오는 단계이다 보니 SNG처럼 정착화 되기에는 시간이 필요한 것 같다. 이 서비스는 이성 간의 만남을 다루다 보니 필연적으로 성적인 코드가 숨어 있을 수 있다. 성매매나 건전하지 못한 문화를 퍼뜨리기 쉬운 약점이 있어 나름 검증된 체계와 통제가 필요하다. 그렇지만 남여 사이의 만남이라는 원초적 코드가 중심인 이 서비스는 일인 기업으로 얼마든지 창업·운영이 가능한 영역이기 때문에 무한 시장 가능성과 발전 가능성이 열려 있다고 본다. 이렇듯 모든 서비스에 '소셜(Social)'이라는 이름을 붙여 등장하는 열풍이 사이버 공간에 나타나고 있지만, 진정 소셜이라는 이름을 가질 만한 서비스는 과연 무엇이고, 또 어떤 성격을 띠어야만 하는지에 대한 것은 아직 검증 단계에 있다고 볼 수 있다.

페이스북 - 소통의 창구

낯선 이국땅인 캐나다는 한국과 달리 목욕탕이 없다. 비슷한 것으로 온천은 있지만 땅이 넓다 보니 적어도 하루를 꼬박 가야 하는 거리에 있고 그 비용도 만만하지가 않다. 무엇보다 이민 생활 가운데 온천을 하러 그 먼 곳까지 가는 시간적·경제적 여유도 없기 때문에 그림의 떡이었다. 외국 땅에 사는 나는 한국의 목욕탕과 찜질방이 그리울 때가 많다. 가끔 온 몸이 찌뿌둥하면 미칠 지경이다. 그래서 궁여지책으로 생각해 낸 것은 바로 수영장이었다! 이곳은 사회 체육 시설이 잘 구비되어 있다 보니, 도시마다 수영장과 헬스장이 주거 지역 근처에 몇 개씩 지어져 있다. 그 수영장 안에는 운동하다가 차가워진 몸을 데우기 위해 사우나와 거품욕(Zacuji) 시설을 만들어 놓았다. 이 거품욕 시설을 갖춘 온탕을 흔히 '핫텁(Hot tub)'이라 부른다. 그리고 사우나는 친절하게도 대부분 건식과 습식 두 가지 다 갖추어 놓는다. 오호! 이건 정말 대단한 배려이다. 그래서 수영장의 사우나는 나에게 최선의 선택이 되었다. 비록 때는 벗기지 못하지만 말이다.

제프는 내가 이렇게 수영장에서 핫텁과 사우나를 즐기던 중에 사귄 이웃이다. 그는 특이하게도 일본인 3세 혈통을 지닌 남자이다. 이제 막 중년을 향해 가는 평범한 가장이지만 키도 크고 잘생겼으며 무엇보다 배에 복부근육(six pack)까지 있어 은근히 타인의 기를 죽이는 면이 있었다. 나는 총각 때나 지금이나 변함 없는 크기의 똥배를 – 물론 지금은 좀더 커졌지만 – 가졌기에 그의 복부근육이 은근히 기분 나빴지만, 같은 동양인의 피가 흐른다는 점에서 그와 친밀감이 쉽게 형성되었다. 어느날 우리 둘은 사우나에서 같이 땀을 흘리다 자연스레 아이들에 대한 이야기를 하게 되었다. 그런데 제프가 어쩐 일인지 나의 큰 아들 유빈이의 친구인 알렉스에 대해 잘 알고 있는 것이었다. 이유를 캐보니 그 원인이 자기 딸과 알렉스가 페이스북 친구라는 사실에서 밝혀졌다. 제프의 딸과 알렉스와 유빈이는 같은 학교에 다니고 있었고, 제프는 딸의 페이스북을 통해 알렉스의 일상, 가령 그의 이소룡같은 근육이나 체형 관리에 대해 훤히 알고 있었다. 그렇다고 딸과 알렉스가 서로 친구로 지내는 것은 아니었다. 그냥 같은 학교를 다니고 페이스북으로만 알게 된, 단지 SNS 상의 친구였던 것이다.

그도 나처럼 페이스북을 통해 자녀들 세대를 이해하려고 나름 애쓰는 점이 비슷했다. 나는 유빈이의 페이스북에 자주 들러 아이들이 어떤 이야기를 하는지, 누구랑 친하게 지내는지, 어떤 이슈가 요즘 아이들 사이에서 떠들석한 것인지 그런 정보를 캐낸다. 그러면 유빈이에게 직접 묻지 않아도 요즘 녀석의 관심사와 교우 관계, 아이들의 고민이 뭔지 대충 감이 온다. 아이들의 페이스북을 볼 때 주의할 점 한 가지는 페이스북에 쓰여진 그들의 대화 내용에 쉽게 흥분하면 안 된다는 것이다. 그들의 대화에는 의례히 욕도 많고, 말도 안 되는 허접한 논쟁도 부지기수이고, '도대체 왜 이러나?' 하는 억지들이 많다. 그런 것은 그냥 대부분 지나가는 바람 같은 것이기에 그려려니 하고 넘어간다. 가끔 나의 페이스북에도 아들 친구들과 교회 학생들이 페이스북 친구 요청을 하는 경우가 있다. 그래서 녀석들과 친구가 되어 관심사를 나누며 조금이나마 서로를 이해하는 통로로 사용한다. 페이스북은 이렇게 세대 사이의 경계를 좁히고 서로를 이해하는 좋은 도구가 된다.

페친과 자아도취

페이스북 친구를 흔히 '페친'이라고 줄여 부른다. 제프나 나나 사이버 공간에서 페친의 수가 그리 많지는 않다. 둘 다 직장 다니는 중년의 남자이기 때문에 형편상 페친이 많을 리도 없지만 현실적으로 페친을 만들고 시간을 투자하여 페이스북에 매일 들어가는 시간적 여유가 별로 없기 때문이다. 그런데 이 페친의 숫자에 대해서 최근 미국에서 흥미로운 연구결과 하나가 나왔다. 그 내용은 "페이스북 상 친구가 많은 사람일 경우에 자아도취가 심한 경우가 많다"는 것이다.[3] 오호! 정말 다행이다. 나나 제프는 페친이 별로 없으니 간혹 자뻑에 빠져도 자아도취가 심하다는 오해는 받지 않겠다. 뿐만 아니라, "많은 페친을 소유하고 페이스북에 열중하는 사람들 가운데 반사회적인 행동을 할 가능성이 잠재적으로 많다"는 의혹이 나오므로 페북 활동에 대한 네거티브한 염려를 자아내게 했다. 이런~ 페이스북을 열심히 하는 사람들은 무척 기분 나빠 해야 할 연구가 아닌가?

이 연구는 미국 웨스트 일리노이스 대학의 크리스토퍼 카펜터(Christopher Carpenter) 교수 연구팀에 의해 이루어졌다. 그들은 "18세에서 65세까지의 대상자를 상대로 먼저 자기애(narcissim) 성향을 조사하고 이것을 그들의 페이스북 이용 실태와 면밀히 비교"하는 방식으로 이루어졌다. 조사 대상자 중에 "심한 자아도취 심리를 가진 한 학생은 페친이 800명"이나 되었다. 그런데 가만, 내가 알기로는 연예인이나 사회적으로 인기 있는 사람들은 대부분 친구 수가 한계점인 5,000명이 된 사람이 꽤 있는데, 그럼 그들은 아주 심각한 자아도취 환자일까? 글쎄 꼭 그렇지만은 않은 것 같다. 그런 사람들은 팬 서비스나 기타 사회적 역할을 사이버 공간으로 당겨온 사람들이기에 어쩔 수 없는 경우로 제외하는 것이 맞는 것 같다. 그리고 연예인은 대중의 관심과 사랑을 받고 사니 어느 정도의 자기애는 생활 습관상(?) 필요할 것도 같다. 그러니 이 연구는 "일반인의 경우에 페친의 수가 필요 이상으로 많다면…"이라고 가정하고 읽는 것이 옳을 듯 하다. 800명은 확실히 많은 것 같다. 그 많은 사람들이랑 일일히 사적인 교제를 한다는 것은 무리이다. 한 개인이 그렇게 많은 친구가 있을 때, 솔직히 그가 그 많은 사람들과 심도 있는 교제나 대화를 나눌 수는 없을 것이다.

연구에 의하면 자아도취 증상은 "자발적으로 프로필을 자주 바꾸고 글을 지속적으로 과다하게 많이 올리는 행동과 같이 필요 이상의 관심과 시간을 페이스북에 투자할 때 의심할 만하다"고 한다. 이런 사람들은 다른 사람들이 "자신의 글에 아무 반응을 보이지 않거나 혹은 부정적인 댓글을 달 때, 쉽게 분노하거나 아니면 못 견뎌 하는 경향이 강하다"고 한다. 사람들이 "자신의 글에 무관심한 것을 못 견뎌 하기 때문에 때때로 부적절하거나 혹은 사회적으로 논란이 될 만한 글들을 충동적으로 올리는 것"으로 페친들의 관심을 끌려고 한다는 것이다.[4]

아하, 이 말은 어느 정도 설득력이 있는 것 같다. 솔직히 나 자신도 페이스북을 시작한지 얼마 후부터는 컴퓨터만 키면 페이스북을 먼저 점검하는 버릇이 생겼었다. 내가 남긴 글에 페친들이 어떻게 반응했는지, 또 민감한 문제들에 대해 내가 단 댓글에 다른 사람은 어떻게 반응했는지도 궁금했다. 페친들의 다양한 생각들과 세상을 보는 안목은 나에게 신선한 재미와 함께 새로운 각도로 현상을 분석할 수 있는 관점을 제공하기도 한다. 현실 세계의 일들은 짜증나고 힘든 일들이 많은데 페친들의 글을 보면 슬기롭게 어려움을 극복하고 있고 또한 그들의 고통은 한층 고차원적으로 느껴지기도 한다. 가끔은 현실에서 힘들 일을 겪는 사람은 유독 나밖에 없는가 하는 열등감이 들기고 한다. 그럴 때마다 사이버 세계가 현실보다 아름답게 보이는 것은 나만의 착각일까? 아니면 이것도 자기애의 일종이 아닌가 하고 가끔 의심해 볼 만한 것은 아닐까?

사이버 정체성

흔히 사이버 공간이라는 세계의 특징으로는 익명성, 비대면성, 개방성, 자율성, 쌍방향적 상호작용, 다중적 관계성 등을 손꼽는다.[5] 다시 말해 사이버 공간 안에서 개인은 자신의 이름과 존재를 숨기거나 별개의 아바타(avatar)로 나타낼 수 있고(익명성), 자신의 얼굴도 숨기지만 또한 건너편의 상대방의 실재를 굳이 보지 않아도 되는 속성(비대면성) 가운데 통신할 수 있다. 뿐만 아니라 어떤 사이트에 접속하거나 혹은 클릭하고 엔터키를 치는 순간, 자신은 그 공간에 즉시 드러날 뿐 아니라 어느 누구와도 신분·환경에 막힘 없이 자유롭게 소통을 할 수 있다(개방성). 사이버 공간은 어떤 강제적인 제재도 원칙적으로 불허하며 누군가의 전제적인 통제도 태생적으로 부정한다(자율성). 그리고 언제나 나의 저편에 존재―그것이 기계이든 혹은 사람이든―하는 그 무엇인가가 나를 상대하고(쌍방향적 상호작용) 일대 일뿐 아니라 일대 다수의 무한 관계성(다중적 관계성)을 가능하게 한다.

이러한 사이버 공간에서 개인이 자신을 드러내 보이는 것은 '사이버 정체성(Cyber Identity)'을 통해서 가능하다. 이 '사이버 정체성'이란 "개인이 현실 공간에 존재하는 실재 모습 그대로가 결코 아니다." 다시 말해 개인이 사이버 공간에서 드러나는 '사이버 자아(cyber-self)'라는 존재는 자신의 현실 모습을 어느 정도는 반영할 수는 있어도 자신 실체 전부를 '진정성' 있는 그대로의 모습으로 결코 보여 주지 못한다. 결국 "텍스트와 이미지로 가공되어 모니터 안에 드러나는 '사이버 자아'는 모니터 바깥에서 그것을 지켜보는 실제의 나, 즉 현실의 나와 분리되어 모니터 안에서 존재한다." 따라서 여기에 피할 수 없는 가공과 왜곡이 일어날 수밖에 없다. 이 약간은 '왜곡'된 사이버 정체성은 그 사람의 실재도 아니면서 또 전혀 다른 사람도 아닌, 그러한 이중성을 지닌다. 어쩌면 자신의 모습 중 하나를 마치 자신인 것인양 드러낼 때도 많다. 그러다 보니 "개인은 사이버 공간에서 자신도 모르는 사이에 이중적인 정체성"으로 나타난다.[6] 그렇다고 사이코패스(Psychopath)라는 공포스런 단어를 떠올릴 필요는 없다. 그것과 이 사이버 정체성은 전혀 다른 성격이다.

포스터(Poster, M.)는 사이버 공간이라는 세계에서 개인의 정체성과 관련한 특징을 다음과 같이 이야기했었다.

> "첫째, 개인의 사이버 정체성은 자유자재로 역할을 바꿀 수 있다. 둘째, 성별의 영향을 별로 받지 않는 의사소통의 탈성별화 기능을 가졌다. 셋째, 현실에 존재하던 기존 관계의 위계질서를 교란시킬 수 있는 힘을 갖고 있으며, 예전에는 합리적이지 않던 기준을 적용해 의사소통을 다시 배열할 수 있는 능력을 가지고 있다. 넷째, 시공간에 구애받지 않고 오히려 주체와 객체를 시공간적으로 뒤바꾸어 놓을 수 있기 때문에 주체의 분산을 가능하게 한다."

그는 또한 사이버 정체성이 가지는 언어의 혼동에 주목했다. 사이버 공간에서 변형된 정체성이 사용하는 언어는 "현실 속 개인의 실제적 정체성과는 근본적으로 분리되어 사용되는 경우"가 많다. 사이버 정체성은 현실보다 더욱 대담하게 자기 표현을 하고 지적 유희를 즐기며 자유롭게 인용된 문구로 자기 자신을 포장할 수 있다. 간혹 젠체하며 자신을 과시하기도 하고 악의적인 표현과 폭력적인 언어를 스스럼 없이 사용한다. 그 반대의 경우로 과장된 친절로 자기자신을 포장하기도 한다. 이것은 결국 "개인으로 하여금 온라인 상에서 현실과는 독립된 별개의 정체성으로 자기자신을 포장하는" 결정적인 도구가 된다.[7]

현실 세계에서 사람은 "자신의 육체와 사회적 역할이라는 물리적 단일성에 고정되고 통합된 자기만의 정체성"을 가지고 살아간다. 다시 말해 자신의 "육체가 가진 특징 및 한계와 가족, 사회, 단체에 속한 자신만의 유일한 정체성에 지배"를 받는다는 말이다. 하지만 사이버 공간에서는 현실 세계의 물리적 단일성이 포스터가 위에서 말한 네 가지 특징에 의해 사라지고 개인은 전혀 새로운 정체성과 사회적 역할을 경험하게 된다. 따라서 사이버 공간에서 개인의 자아의식과 정체성에 대한 변화 가능성은 현실과 다르게 매우 높다. 이 말은 사이버 공간에 접속한다고 해서 모든 사람이 그렇게 된다는 뜻은 결코 아니다. 하지만 자신이 의식하든 못하든 간에 사이버 공간이 내재한 특성 때문에 개인은 "그 공간이 주는 특권"에 의해 자신도 모르는 사이에 많은 경우에 그렇게 변하고 만다.

사이버 정체성의 폭주

현실 세계에서는 육체라는 틀 혹은 물리적인 한계성이 사람들로 하여금 자기 자신의 정체성을 인식하고 규정짓게 만든다. 그래서 "강제적이면서도 편리한 정의를 내릴 수 있도록 안정적인 닻"과 같은 역할을 했다. 그러나 사이버 공간은 "물질(matter)이 아닌 텍스트와 이미지, 소리와 같은 정보들이 육체를 대신하여 개인의 정체성을 구성"해 나타낸다. 여기서는 육체라는 통일된 혹은 빼도 박도 못 하는 "정형화된 닻이 없기 때문에 자아와 육체의 필연적인 연결성은 없어질 뿐만 아니라 고정적이며 안정적인 마음과 정신에 따르는 현실 세계 본연의 정체성 또한 어느덧 사라진다."[8]

그래서 사람들로 하여금 때때로 현실에서 일어날 수 없는 많은 일들을 사이버 상에서 스스럼 없이 자행할 수 있게 만든다. 친구들을 사이버 공간에서 왕따시키고 입에 담을 수 없는 욕설을 아무 거리낌없이 내뱉는다. 사이버 공간이라는 비대면적 특성 때문이다. 이처럼 한 개인에 대한 집단 이지메와 사이버 폭력이 가능하다. 더구나 환상적인 게임 캐릭터의 실체가 현실에서 존재할 수 없기에 더욱 게임에 몰입해 그 세계를 동경한다. 얌전한 아이가 페이스북이나 카카오톡과 같은 SNS에서 돌연 대담해진다. 사람들은 자신도 모르게 사이버 정체성의 덫에 걸려 포악해진다. 아니 어쩌면 현실의 가면을 그곳에서 벗는 것일 수도 있다.

페이스북이나 카카오톡에서 자신의 정체성은 자신이 올려놓은 이미지와 텍스트에 의해 규정되고 표현된다. 그 모습이 현실과 똑같을 수도 있지만, 한번 정제되고 걸러진 이미지와 편집된 텍스트는 단일하고 일관된 현실적 캐릭터와는 다른 별개의 자아로 변형되기 쉽다. 바로 이러한 경우에 본질적 자아는 현실과 분열되고, 사이버 공간에서 단절된 인격으로 독립해서 타인들과 교제하게 된다. 결국 현실의 나와 페이스북·카카오톡의 나는 다른 정체성을 갖게 되는 것이다. 앞의 연구에서 밝힌 페이스북에 나타난 자기애는 이와 같은 사이버 공간에서의 자아 특성 때문에 심해질 수 있다. 그래서 흔히 이중인격 혹은 다중인격이라는 개념이 자신도 모르는 사이에 고착화 될 수 있다. 만약 의식적으로 주의하지 않는다면 부지불식간에 변화된 채 남아 있게 된다.

사이버 중독에 걸린 사람들의 경우, 이러한 사이버 정체성은 실제 현실에서 본연의 자아와 부지불식간에 충돌한다. 그러다 본연의 현실 자아가 사이버 자아의 지배를 받게 되는 순간, 사이버 상의 욕구와 절제되지 않는 분노가 현실에서도 무섭게 폭주할 수 있다. 사이버 공간에서 두려움 없던 자신의 모습이 현실 세계에서는 위축되고 빈약하기 그지없다. 때로는 사이버 공간 속에서 친구의 모습이 현실에서 그렇지 못함을 보고 실망하고 배신감을 느낀다. 그러다 엉뚱한 폭력으로 나타난다. 이것이 우리 사회의 이해하지 못할 범죄의 모습으로 나타나기도 한다.

사이버 네트워크에서의 친구 확장

너무 심각하게 사이버 정체성을 분석했지만, - 하지만 이것은 중요한 사실이다. - 여하간 위의 페이스북 연구에서 드러난 것과 같이 자기애는 모두가 조심해야 할 부분이다. 비록 개인에 따라 조금씩 다르겠지만 이제 현실에서 만나는 친구보다 SNS 상에서 만나는 친구들이 많을 수 있다. 바쁜 일상 때문에, 그리고 현실에서 만나는 시간과 공간이 한정되어 있기에 사람들의 대면적 접촉 시간이 줄어들고 있다. 하지만 페이스북·카카오톡 안에서 그 영역은 현실과 비교도 안 될 정도로 넓어진다. 이럴 때 좋은 점은 현실 친구들과의 접촉이 사이버 공간 덕분에 끊김이 없다는 것이다. 이것은 원래 페이스북이나 카카오톡이 생긴 이유라고 볼 수 있다. 내가 알고 있는 모든 사람과의 연결! 그리고 내가 알고자 하는 모든 사람과의 연결과 교제는 페이스북과 같은 SNS의 존재 목적이자 이유였다. 한 가지 아쉽거나 조심해야 할 점은 아무래도 페북처럼 개방된 공간에서는 마음 속 깊은 이야기를 잘 표출할 수 없다는 것이다. 하지만 선택권을 걸고 뷰(view)를 한정지을 때 – 즉 읽는 사람의 자격을 한정지을 때 – 현실에서 잘 표출하지 못하던 것을 페북에서 오히려 잘 나타낼 수 있다. 그런 경우 나의 생각, 나의 감정, 나의 의견이 현실에서보다 사이버 공간에서 더 스스럼없이 표출되고 나타난다. 그런 것들은 날 것 그대로일 때도 있고 정제된 것일 수도 있다. 그렇기 때문에 분열된 자아를 만들지 않는 정체성의 통일은 정말로 중요한 문제가 된다.

나는 가급적이면 페이스북에서 친구 관계도 현실 친구 중심으로 만들려고 하지만, 페이스북의 특징상 이전에 모르던 사람들이 페이스북을 통해 비로소 친구가 된 경우도 꽤 많다. 때로는 놀랍게도 현실의 친구보다 사이버 친구와의 대화가 더 많다. 단순히 판단하자면 현실 친구는 오랜 생활 가운데 서로가 잘 알고 있고 비록 접촉이 뜸하더라도 굳이 서로의 내면을 다시 더듬을 필요가 없기 때문에 그렇다고 볼 수 있다. 반면에 사이버 상에서 만나 알게 된 새로운 페이스북 친구들은 현실에서 볼 수 있는 기회가 마련되기 전까지는 사이버 상에서 서로를 알아가는 과정이 필요하기 때문에 많은 대화와 소통을 필요로 한다. 정도의 차이는 있을지라도 대부분의 사람들은 나와 비슷한 경험을 통해 서로를 알아간다. 통일된 정체성은 여기서도 역시 필요하다.

　　현실의 친구와 사이버 관계로 맺어진 친구는 깊이가 다르다. 만약 페이스북을 통해서 먼저 알고 현실의 친구가 되는 경우, 그 관계성의 깊이는 필연적으로 현실적인 실제적 만남의 시간과 깊이에 좌우된다. 어쩌면 페이스북에서 만난 친구의 모습은 현실에서 확연히 다르게 나타날 수도 있다. 여기서 디지털 원주민(Digital Native)[9]과 디지털 이주민(Digital Immigrant)[10]이 인지하고 경험하는 정체성의 괴리는 다르게 나타날 것이다. 정도의 차이는 있겠지만 디지털 이주민보다는 디지털 원주민이 상대방으로부터 정체성의 괴리를 발견했을 때 이에 대한 민감도는 적을 것이다. 왜냐하면 디지털 원주민은 이미 사이버 상에서 관계를 맺는 것과 그러한 관계성 속에 사는 것이 훨씬 익숙하기 때문이다. 또한 어렸을 적부터 사이버 공간에 적응하며 살아온 세월 동안 자신의 현실 정체성과 사이버 정체성에 대한 고민이 어느 정도 면역성을 지녔다고 볼 수도 있다. 그 면역성이 정체성의 분열에 면죄부를 주는 것은 아니지만 말이다.

　　하지만 페이스북이 무한대의 놀라운 관계성을 가능하게 해 준 것만은 틀림없다. 이 관계성이란 결국 사람과 사람 사이의 소통 영역 확대를 의미한다. 우리는 소통하고 싶어한다. 페이스북은 실명제로 이루어진 SNS 서비스이기 때문에 내가 알고 있는, 그리고 알고자 하는 모든 사람과의 진실된 연결을 기본적으로는 가능하게 한다. (여기서 실명제는 한국에서 논란이 되는 인터넷 본인 확인 실명제와는 다른 차원이다. 법적인 의미의 실명제가 아니라 나 자신의 진실됨을 내어 보이는 실명제를 의미한다.) 이 실명제라는 정책은 인터넷 상에서 실제 사람들 사이의 만남과 소통을 가능하게 하는 근본적이며 최소한의 기본적인 원동력이다. 비록 앞에서 잠시 언급한 사이버 공간의 특성 때문에 생기는 정체성의 혼돈은 있을지 몰라도, 실명제 때문에 자신의 글이나 의견에 책임과 의무가 따르고, 너와 나의 대화가 서비스명(페이스북) 그대로 '어느 정도 대면적(face to face)'일 수 있는 가능성을 열어 준다. 온라인 상에서 만나 알게 된 사람일지라도 실체가 현실에 존재하는 사람이기 때문에, 또 같은 관심사와 취향을 가진 사람과의 만남이기 때문에 개인은 현실과 비슷한 소통을 경험한다. 온라인 상에 존재하던 이전의 여타 서비스에 보던 가상적이며 피상적인 만남과는 다르다. 소통은 이 복잡한 사회를 살아가는 현대인의 궁극적인 관심사이기 때문에 페이스북의 실명제 정책은 올바른 판단이다. 페이스북 서비스가 이 근본정신만 잊지 않는다면 더욱 더 많은 발전을 할 것이다.

나의 디지털 세계는 당신의 아날로그 현실보다 아름답다

세상의 모든 것이 다 이곳에 들어 있다. 사이버 공간이 만든 디지털 세계! 이 세계는 놀이터인 동시에 일터이며 정보의 원천인 동시에 모든 소통의 통로이다. 이곳에서 세상의 모든 뉴스를 보고 듣는다. 실시간이건 과거의 자료건 상관없다. 또한 무한 오락으로 영화를 즐기고 음악을 내려 받는다. 레스토랑을 예약하고, 여행을 계획하며, 친구들과 때가 되면 모여 수다도 떤다. 학교도, 정부도, 은행도, 회사도 모두 다 이곳에 있다. 나에게 더 이상 모르는 것은 존재하지 않는다. Just google it! 검색하면 된다. 심지어 폭탄도 만들 수 있고, 어떻게 몸매를 바꾸고 얼굴을 고치는지 조언해 준다. 아름다운 미녀가 육감적인 몸매로 언제든지 당신을 반기고, 부드러운 언어로 유혹한다. 돈이 없어도 좋다. 나에게 불가능은 없다. 나의 지성은 이곳에서는 마치 보석처럼 아름답게 빛난다. 낮과 밤도 없다. 세상의 모든 아침이 이곳에 존재한다. 해가 지지 않는 제국의 열정이 여기서는 가능하다. LA에서 바다를 건너 서울로 오고, 다시 홍콩으로, 터키로, 유럽으로, 그리고 다시 뉴욕으로 끊임없이 건너 뛰며 사이버 친구들을 만난다. 심지어 우리는 전지전능한 무소불위의 힘을 가진다. 머나먼 태고의 세계를 창조하고 중세의 기사가 되며 대항해 시대를 연다. 키보드 위를 비상하는 손가락은 시간과 공간을 점령한다. 그렇다. 나의 디지털 세계는 당신의 아날로그 현실보다 확실히 아름답다. 나의 기억과 당신의 아름다운 추억은 페이스북에 언제나 존재가 가능하다.

현실의 지친 마음과 정신이 사이버 공간에서 쉼을 얻는 것은 어떤 의미에서는 바람직한 현상이다. 지금의 사이버 공간은 이미 현실과 뗄레야 뗄 수 없도록 연결되어 있기 때문에 사람들이 여기서 충전을 받는 것은 과거처럼 얼토당토않은 가상의 위로가 아니다. 『사이버 중독 탈출기』에서 밝힌 바 있듯이 기계가 주는 위로, 사이버 지능과의 소통 가운데 인간은 현실과 다른 위로와 안식을 얻고 있다. 게임 속에서, 채팅 속에서, SNS의 모임에서, 그리고 무한대의 오락에서 얻는 그러한 쉼과 안식은 충전을 위해 도움이 될 수도 있다.

컴퓨터 모니터는 이제 과거의 유산이 되어 버렸다. 태블릿 PC로, 스마트폰으로, 이제는 곧 안경과 같이 몸에 붙는 부속품의 세계로 사이버 공간은 들어온다. 사이버 공간은 육체와 한시도 떨어지지 않게 될 것이다. 사람들은 서로 연결된(connected) 상태에서 결코 소외되지 않는다고 생각한다. 끊임없는 업데이트와 수정이 이루어지는 이 세계는 무엇이 과연 진실인지 이제 모를 지경이 되었고, 그 진실의 얼굴은 보기조차 두렵기도 하다.

이곳에서 개인의 정체성은 시간을 따라 형성되거나 성숙한다기보다는 수시로 새롭게 창조된다. 그리고 삭제되기도 한다. 이미지와 문자, 정보와 검색이 만든 세계에서 사람들을 끊임없이 스스로를 업데이트한다. 기억과 이미지는 무한히 업·다운로드되고 수정된다. '아아! 가장 아름답고 오랜 것은 꿈속에만 있으라!'라고 말한 이상화의 말처럼 이곳은 마치 꿈과 같은 세계로 인간들을 이끈다. 현실은 피 터지게 힘들지만 나의 정신과 영혼은 여기서 위로와 안식을 얻는다. 나의 디지털 세계는 당신의 아날로그 현실보다 아름다운 곳이다.

SNS와 개인정보

"Fact Zone with Brooke Alvarez"라는 프로그램은 미국 ONN의 대표적인 인기 패러디 뉴스 프로그램이다. 지금 유튜브에 가서 이 타이틀을 쳐 보면 무척 재미있는 동영상들을 발견할 것이다. 이 ONN이라는 약어는 '어니언 뉴스 네트워크(Onion News Network)'를 뜻하는 말로서 '오하이오 뉴스 네트워크(Ohio News Network)'라는 정규 방송국과 혼동하면 안 된다. 오하이오에 있는 것은 진짜 정규 방송국이고, 어니언(Onion)은 나꼼수와 같은 현실 풍자 방송을 만들어 내는 패러디 방송국이다. 오하이오 방송국과 어니언 방송국을 구별하는 차이점은 어니언 방송국의 회사 로고에 나타나는데, 이름이 뜻하는 그대로 양파 모양을 알파벳 O 대신에 그려 넣었다. 한국의 '나는 꼼수다'가 작은 규모의 오디오(Audio) 팟캐스팅 서비스인데 비해 이 ONN은 규모가 큰 비디오 팟캐스팅 서비스라고 이해하면 된다. 물론 서비스 내용이나 다루는 주제는 많은 격차가 있다.

이 Fact Zone 프로그램에서 한번은 페이스북의 마크 주커버그를 CIA의 페이스북 프로젝트의 책임자(Director)로 소개한 적이 있다. 그 내용인즉 "코드네임 오버로드(Overload)인 마크 주커버그가 정부의 비밀요원으로서 CIA의 업무 수행을 위해 페이스북을 만들었다"는 것이다. 흠~ 이것 정말 기발한 풍자이다. 실제로 페이스북을 통해 마크 주커버그는 역사상 그 누구도 하지 못했던 꿈의 개인 정보 수집 경로를 만든 것은 어떤 의미에서는 - 아무도 부인 못할 - 인정할 만한 사실이다.[11] 2004년에 주커버그가 페이스북 서비스를 시작한 후, 전 세계에서 수많은 사람들이 자발적으로 자신의 신상 정보, 즉 자신의 E-메일과 집주소, 전화번호, 취미, 학력, 직장 정보, 정치적 색깔, 종교, 친구 관계 등등 거의 전부를 드러내 보였다.

이것은 그전까지 어느 누구도 해 내지 못한 기상천외한 사건이었다. "수백 장의 증거 사진까지 자발적으로 제시해 보이면서 자신이 무엇을 하는지, 활동 내역을 거의 매일 보고하게 만들었다"고 이 프로그램은 열렬히 소개했다. 이것은 어느 국가, 어느 정보기관도 이룬 적이 없는 전무후무한 개인 프로파일 추적 프로그램으로서 역사적인 개가라고 게거품을 물며 방송 앵커들은 보도했다. 그들은 또한 페이스북의 대표적인 SNG 게임인 〈팜빌(farmVille)〉이 극적인 실업률 하락(사이버 농장이든 뭐든 간에 어쨌든 농장에서 일을 하고 있으니까)에 일조를 했다고 풍자의 화룡점정을 찍기까지 했다. 이 기사를 보도한 후 전문 패널(물론 가짜 역할)들이 등장해서 CIA 예산 절감에 도움이 되었다는 둥 알카에다가 어쨌다는 둥, 재미있게 입담을 과시하는 모습을 보여 주었다. 정말로 재치 있는 방송이 아닐 수 없다.

여기서 우리가 단지 웃어넘기지 못하는 점은 이 방송이 말한 그대로의 개인 정보 유출 사실이다. 실제로 CIA나 FBI와 같은 정보기관이 마음만 먹으면 페이스북에 있는 개인 정보를 얼마든지 활용할 수 있을 뿐 아니라 일반인도 잘만 추리하고 유추하면 페이스북에서 특정 개인에 대한 인적 사항과 취향, 그리고 가족 배경 등을 얼마든지 모을 수 있다는 것을 깨닫게 된다. 어떤 불순한 의도를 가진 기관이나 개인이 페이스북과 같은 SNS를 잘 이용하면 얼마든지 악용이 가능하다. 그런 행동을 할 사람이 없다거나 단지 그래서는 안 된다는 원론적인 말은 여기서 소용없다. 왜냐하면 이러한 정보가 드러나는 현장이 사이버 공간이기 때문이다. 이것은 뒷부분에서 다룰 필터버블(filter bubble)과 일맥상통하면서 또 다른 성격의 정보 수집 알고리즘(algorism)이 될 수 있다. 일례로 한국에서 자신의 근무지를 '기무사'라고 페이스북에 소개한 군인과 카톡으로 "핵 안보회의 때문에 휴가 못가"라든지 훈련 일정을 공개한 경우가 예전에 발생한 적이 있다.[13] 그들은 자신들의 훈련 사진도 SNS에 올리고 스마트폰으로 군소집 사항도 알리는 실수를 저질렀다. 이 모든 행동들은 사이버 공간의 취약성을 모르기 때문에 벌어지는 실제 상황이다. 따라서 SNS와 같은 서비스를 사용할 때, 개인이 주의할 점은 자신의 사이버 공간 정보가 의도하지 않은 개인 정보의 개방뿐만 아니라 나아가 국가 정보 혹은 회사 기밀과 같은 보안 문제를 건

드린다는 점을 깊이 인식하는 것이 매우 중요하다. 인터넷에서 개인의 사생활은 과거와는 비교도 할 수 없을 정도로 취약하다. 수시로 찍히는 익명의 휴대폰 카메라와 다양한 사진 업로드는 부지불식간에 의도하지 않은 개인 사생활을 노출시킨다. 재미로, 무심결에 찍어 올린 SNS의 사진 공유는 자신과 친구 그리고 이웃의 정보를 불특정 다수에게 노출시킬 뿐아니라 부메랑처럼 자기 자신에게 되돌아 오기도 한다.

말 나온 김에 해킹에 대해서······ 이젠 누구나 할 수 있다

이미 사이버 공간의 보안은 아무리 철저히 준비하고 조심한다고 해도 전문가에게는 크게 걸림이 없게 된지 오래다. 뿐만 아니라 비록 컴맹이라고 할지라도 누구든지 인터넷 상에서 해킹툴을 내려받아 한 시간 정도만 매뉴얼을 따라하면 간단하게, 그렇지만 심각한 해킹 범죄를 저지를 수 있는 것이 지금의 인터넷 세상이다. 전설적인 해커로서 보안 컨설턴트가 된 길버트 아라베디언(Gilbert Alaverdian)에 의하면 해커는 다섯 개의 등급으로 구분짓는다고 한다.

먼저 가장 아래의 등급은 5등급으로 레이머(Lamer)라고 불린다. 이들은 해킹 의욕은 넘치지만 자의반 타의반(지적 호기심이 약하거나 혹은 진짜 컴맹)으로 실력이 아직 모자라는 해커들이다. 그 다음 4등급은 스크립트 키드(Script Kid: 단순 모방자라는 의미)라 불리는 사람들로서 비록 해킹에 대한 전문 지식이 많이 부족하지만 해킹 프로그램의 사용법을 알고 매뉴얼을 따라서 해킹을 할 줄 아는 사람들을 일컫는다. 그리고 3등급은 디벨럽트 키드(Developed Kid)들로서 그들은 "특정 사이트의 취약점을 발견할 때까지 해킹을 시도해 침투에 성공"하는 나름대로 해커로서의 실력을 갖춘 사람들이다. 2등급 세미 엘리트(Semi Elite)에 속하는 사람은 "가장 높은 단계의 해커가 되기 위해 다양한 시도"를 하지만 실수와 실력 부족이 드러나는 계층이다. 그래서 아직은 해킹 후 흔적을 남기는 경우가 종종 있는 완벽하지 않은 수준이다. 그리고 마침내 1등급인 엘리트(Elite)는 '마법사'로 불리는 존재들로서 해킹에 따른 "어떤 흔적도 남기지 않는 최고 수준의 해커"를 의미한다.[13]

일반인들의 입장에서 보면 1, 2등급과 같은 전문 해커가 대단히 위협적인 존재로 생각할 수도 있다. 물론 이들이 악의적인 의도를 가지고 있다면 가장 위험하다. 하지만 IT 보안전문가들뿐만 아니라 해커들도 가장 통제하기 무서운 존재로서 '스크립트 키드'를 지목한다. 이 4등급의 해커들은 비록 "해킹에 대한 기술과 지식은 부족하지만 자신의 실력을 과시하거나 시험하기 위해 무분별한 해킹을 시도"할 수 있기 때문이다.

2012년 3월에 《한국경제신문》은 일반인이 스크립트 키드가 되는 과정을 다음과 같이 간단히 소개한 적이 있다. 먼저 해커의 역할을 한 사람이 "리버스셸(Reverse shell: 해커가 상대 컴퓨터를 침입할 수 있는 경로를 만들어 주는 프로그램)을 포함한 해킹 프로그램 패키지를 첨부"하여 이메일이나 메신저로 공격 대상자에게 보낸다. 상대방이 이것을 "클릭하고 다운로드하는 순간 해커의 침입은 바로 시작"된다. 이때 해커는 자신의 컴퓨터에서 몇 개의 명령어를 재빠르게 입력해야 한다. 또한 상대방 컴퓨터의 비밀번호를 알아내기 위한 프로그램과 같은 것을 동시에 실행한다. 그러면 즉시 자신이 조작하는 "컴퓨터 화면에 상대방의 컴퓨터 화면이 복제한듯" 똑같이 올라오게 된다. 단순히 "해킹 프로그램 패키지 전달 → 해킹 명령어 3개 입력 → 비밀번호 해킹 프로그램 실행"이라는 3단계 과정을 통해 해커는 상대 컴퓨터 화면을 자신의 컴퓨터에서 그대로 들여다 볼 수 있게 되는 것이다. 이런 과정을 거치면 프로그램에 따라 상대방의 컴퓨터 안에 있는 모든 파일도 마음대로 복제하거나 공인인증서와 같은 금융거래 암호나 이메일 비밀번호 등 개인정보를 알아낼 수 있다.[14]

이 기사에서는 이렇게 스크립트 키드로의 변신을 시도한 평범한 50대 컴맹의 경험을 소개해 보였다. '밤에 게임을 못하게 하는 여성가족부가 미워서', '해킹을 통해 본인이 인터넷 포털의 실시간 검색 순위에 오르기 위해', '호기심 때문에' 등의 "사소한 동기로 정부기관의 홈페이지를 공격하는 10대의 초보해커(스크립트 키드)들 역시 이와 마찬가지의 경로"를 밟는다.[15] 사이버 공간에서 누구나 쉽게 해커로 변신할 수 있다는 사실은 일반 사용자들에게도 윤리의식을 재점검할 필요성을 정당화한다. 모든 개인 정보를 네트워크 상에서 손쉽게 접근할 수 있게 되고 자신이 속한 조직과 단체 역시 무한 개방되는 현실 상황 가운데 사이버 공간이라는 세계를 살아가기 위한 올바른 규범이 우리 모두에게는 필요하다.

1. 네이버 백과 사전 http://100.naver.com/100.nhn?docid=922657

2. 《PC 사랑》, "소셜 2011년을 달구다", 2011.12. p102.

3. 《한겨레》, "페친 많은 당신, 심한 자아도취?" 2012.03.22.
   http://www.hani.co.kr/arti/international/international_general/524812.html

4. Ibid.

5. 윤혜성, "사이버공간에서 소통이 갖는 교육적 의미", 인하대학교, 2009.8. p83~86.

6. 홍성주, "포스트모던 시대의 사이버공간문화에 대한 기독교적 이해", 숭실대학교, 2008.12.

7. 권상희, 방경화, '온라인커뮤니케이션 내의 커뮤니케이션에 관한 연구— 자아성향에 따른 관계중심으로", 재인용, 한국언론정보학보 36. 한국언론정보학회, p423~464.

8. 홍성주, "포스트모던 시대의 사이버공간문화에 대한 기독교적 이해", 숭실대학교, 2008.12. p45, 재인용.

9. Digital Native : 미국의 교육학자인 마크 프렌스키(Marc Prensky)가 2001년 그의 논문 "Digital Native, Digital Immigrants"를 통해 처음 사용한 용어로 1980년대 개인용 컴퓨터의 대중화, 1990년대 휴대전화와 인터넷의 확산에 따른 디지털 혁명기 한복판에서 성장기를 보낸 30세 미만의 세대를 지칭한다. 개인용 컴퓨터, 휴대전화, 인터넷, MP3와 같은 디지털 환경을 태어나면서부터 생활처럼 사용하는 세대(Generation)를 말한다: 위키백과 참조.

10. Digital Immigrant : Digital Native에 반대되는 개념으로 후천적으로 컴퓨터와 인터넷 등 디지털 기기에 적응하는 사람들을 지칭하는 말.

11. ONN은 수준 있는 패러디 방송국이다. 짜임새가 있고 나름 상업성도 강하다. 이 패러디 방송은 http://www.youtube.com/watch?v=3sThcwmx3rs&feature=share에서 볼 수 있다.

12. 《조선일보》, "SNS로 군정보 줄줄줄…국가안보 괜찮습니까", 2012.01.10. http://news.chosun.com/site/data/html_dir/2012/01/11/2012011100297.html?news_Head2

13. 《한국경제신문》, "초보 10대 해커 실력 과시…무분별 해킹, 전문 해커보다 더 위험", 2012.03.30. http://www.hankyung.com/news/app/newsview.php?aid=2012033072381

14. 《한국경제신문》, "50대 컴맹 1시간 만에 해커로 변신 충격'", 2012.03.31. http://news.hankyung.com/201203/2012033072371.html?ch=news

15. 《한국경제신문》, "초보 10대 해커 실력 과시…무분별 해킹, 전문 해커보다 더 위험", 2012.03.30. http://www.hankyung.com/news/app/newsview.php?aid=2012033072381

CREATIVE

2부
당신이 사는 도시는 디지털이다

디지털 혁명은
우리 앞에 사이버 공간이라는 새로운 세상을 펼쳐 보였다.
인터넷이 발달하고 사이버 공간이 구축된 이후
인류 사회는 사이버 공간으로 급속히 문명을 이전하고 있다.
모든 사상과 생각들과 문화와 지식들이
이 사이버 공간으로 흡수되고 또한 엄청난 정보로 쌓인다.
그런데 막상 그 사이버 공간을 이루는 물리적인 설계 양식은
사람들의 일반적인 인식과는 달리
휘발성이 강하고
유지 보수에 있어서 취약한 속성을
내면적으로 지니고 있다.
그러나 이러한 체질적 특성에도 불구하고
사이버 공간은
지금도 끊임 없이 더욱 새로운 기술을 빨아 대며
인류를 무한한 가능성의 세계로 안내하고 있다.

3. 디지털 유산 보존 헌장

유네스코가 움직이다

유엔전문기구들 가운데 일반인들에게 많이 친숙한 이름은 아마도 유네스코(UNESCO)가 아닐까? 'United Nations Educational Scientific Cultural Organization'이라는 다소 긴 이름을 가진 이 조직은 한국말로 풀이해 번역하면 '국제연합 교육과학문화기구'라는 뜻을 가지고 있다. 본부는 프랑스 파리에 있고, 약 193개국의 가입 국가와 전 세계 73곳에 사무소와 부속 연구소를 두고 있는 이 기구의 주요 임무는 대중 교육과 문화 보급, 지식의 유지·증대 및 전파, 세계 유산 보호이다. 그렇기 때문에 일반 사람들과 접점이 많아 다른 유엔 기구들보다 대중들에게 친숙하다. 이 조직은 특히 "인류가 현재까지 전승하여 온 문화 유산을 유지 보수하는 일"에 많은 노력을 기울이고 있다.[1]

　　이러한 유네스코가 2003년 10월 15일에 색다른 헌장을 하나 제정했다. 이 헌장은 이전까지 유네스코의 문화 유산 보전 활동과는 약간은 다른 측면, 즉 과거의 유물을 유지 보수하는 것이 아니라 앞으로 발생할 것을 미리 예방하는 미래 지향적인 조처를 담고 있다. 이름하여 '디지털 유산의 보존에 관한 헌장(Charter on the Preservation of Digital Heritage)'이다. 이 헌장은 지금까지 유네스코가 하던 학문적 연구나 문화 유산 보존과는 궤를 달리하는 성격을 지녔으며, 또한 즉각적이고 매우 현실적이면서도 절박하고 실제적인 필요에 의해 만들어졌다. 바로 현시대의 기록물인 디지털 기록을 보전하기 위한 조치이다. 언뜻 생각해 보면 문명화되고 첨단 기술로 무장한 지금 시대에 이 무슨 말인가 싶지만, 아이러니하게도 오늘날 우리가 가진 디지털 형태의 모든 기록 문서들은 과거의 그 어떤 기록물들보다도 더 취약한 상태에 놓여 있다. 한 마디로 훅 하고 불면 사라지고 말 그런 위험에 처해 있다.[2]

　　수천 년 전에 돌에 새겨진 함무라비 법전이나 이집트의 파라미드 안의 글들, 그리고 한지에 쓰여진 수백 년도 더 오래 된 조상의 글을 우리는 지금도 손으로 만지듯 읽고 이해할 수 있다. 오래 전 필사본은 말할 것도 없고 구텐베르그 이래 - 한국에서는 그보다 훨씬 이전에 만들어진 수많은 목판본, 금속활자본으로 된 각양 경전과 학문서가 있지만 - 책으로 저장된 인류의 지식과 정보는 수백 년 넘게 자손 대대로 전해지며 나름대로 잘 보존되어 왔다. 그러나 컴퓨터가 대중화되면서부터 디지털 매체 기술 발달과 함께 인류는 지금까지 축적한 지식과 정보를 돌에 새기거나 종이에 인쇄하는 대신에 마이크로 필름이나 CD, DVD, 하드디스크와 같은 곳에 디지털 방식으로 보관하기 시작했다. 어찌 보면 이것은 당연한 것이었다. 돈이 적게 든다는 경제적인 필요성 외에도 부피도 적고 운반하기도 편하며 보관하는 것도 약간의 주의만 기울인다면 적은 공간에 효율적으로 관리가 가능했다. 하지만 이러한 디지털 자료가 과거의 그 어떤 전통적인 기록 매체보다 외부 위험에 오히려 더 취약하며 그 보존 수명이 이례적으로 짧다는 문제점이 속속 드러나기 시작했다.

사실 필름의 경우 길어야 백 년 정도, 그리고 마그네틱 테이프의 경우는 고작 수십 년 정도 보관이 가능하다. 과거에는 도서관 하나를 가득 채웠던 그 많은 책들이 이제 CD나 DVD 몇 장 정도에 압축하여 보관하는 것이 가능할 정도로 기술이 발전했지만 이제는 상식으로도 알다시피 그 보존 능력은 몇십 년 정도가 한계이다. 좀 더 오래 보관하기 위해서 다이어몬드막 같은 것을 입힌 초고가 특수 CD가 있지만 일반인은 엄두를 내지 못하는 가격이니, 어떤 단체라도 쉽사리 예산을 책정할 수도 없는 노릇이다. 흔히 자신이 애써 만든 CD나 하드디스크에 보관한 자료들이 약간의 부주의로 한 순간에 날라가 버리는 경험을 모두 한 번씩은 해 보았을 것이다. 컴퓨터 하드디스크를 비롯한 모든 다양한 디지털 기록 매체는 뜻하지 않은 충격이나 자기장, 전기에 매우 취약하며 약간의 부주의한 취급에도 쉽게 손상되어 버리는 약점을 가지고 있다.

그런데 이것을 사람들이 몰랐을까? 그렇지는 않았다. 기술적인 취약성을 전문가들은 어느 정도 예측했었다. 하지만 예전에 마이크로 필름이나 마그네틱 테이프 같은 것이 사용되던 시절에는 종이에 인쇄된 기록 매체를 여전히 많이 쓰고 있었다. 또한 그때까지는 전산화 혹은 디지털 데이터화된 정보의 영역과 범위가 많지 않았었다. 따라서

CD나 DVD 하드디스크 같은 곳에 저장하는 디지털 기록과 보존에 대한 주의를 크게 기울이는 기회가 없었다. 하지만 이러한 취약점을 절실히 깨닫게 된 사건이 1985년도 미항공우주국(NASA)에서 발생했다. NASA는 자신들이 과거 야심차게 완성했던 화성 탐사 프로젝트에서 화성을 탐사한 우주선 바이킹 1호가 보낸 자료들이 불과 9년만에 판독 불가능한 상태로 되었다는 충격적인 현실 상황을 발견했다. 사실 그전까지만 해도 디지털 기록이 영구적인 것이라고 사람들은 착각하고 살았다. 그러나 이 치명적인 사건과 손실 이후, 비로소 디지털 기록 매체에 대한 전 세계적인 경각심이 불같이 일게 되었다.[3] 철떡같이 믿던 디지털 기술로 기록된 엄청난 데이터와 정보들이 오히려 과거의 그 어떤 기록 수단들보다 더 취약하다는 것이 그때 극명히 드러났다.

현재 기가(Giga) 바이트, 테라(Tera) 바이트라는 고집적, 고밀도로 기록되는 디지털 파일들은 점점 고도로 집적화 되다 보니 어느 순간 그 자체의 한계성 때문에 더 이상 읽기 어려운 상태가 될 수도 있다. 이것은 물리적인 기록 매체의 손상도 있겠지만, 소프트웨어적인 그리고 데이터 전송에서 오는 손상일 수도 있다. 그렇지 않다면 혹 예측 불가의 지진, 화재, 붕괴 등과 같은 외부적인 재난에 의해서도 자료의 손실은 발생한다. 이러한 때 그 자료와 정보의 손실 규모는 과거와는 비교도 할 수 없을 정도로 크다. 디지털 기록이란 모든 정보가 0과 1이라는 숫자 정보로 기록 보관되는 것을 의미한다. 뿐만 아니라 디지털 기록 방식으로 정보를 보관할 때 흔히 아날로그적인 일상의 소소한 기록이나 선별되지 못한 자료들은 오히려 무시되거나 그 필요성이 없을 수 있다. 여기서 발생하는 맹점은 우리가 현재 필요없다고 생각한 데이터들은 디지털 기록의 세계에서는 아예 존재할 수조차 없게 되어 훗날 그러한 것이 정말로 존재했었는지조차 알 길이 없게 될 수 있다. 뿐만 아니라 디지털 기록의 복사(Copy)라는 행위는 매번 반복해서 이루어질 때마다 미세하게 비트(Bit) 단위로 - 이것은 하나의 문자를 만드는 바이트(Byte) 단위보다도 적은 데이터를 규정하는 말이다. - 이루어지고 이 경우 기계적인 혹은 소프트웨어적인 미세한 오류로 데이터 손실이 일어나는 경우가 비일비재하다. 그러다 몇 번의 복사와 백업(Back-Up) 작업 가운데 이러한 손실이 나타나면 어쩌면 그 데이터는 영구히 읽을 수 없는 지경이 되기도 한다.

디지털 유산 보전 헌장이 뭔데?

따라서 각국 정부는 이러한 디지털 정보 손실에 대한 심각성을 인지하게 되었고 특단의 조치가 필요함을 깨닫게 되었다. 유네스코는 바로 이러한 현실적 위험과 상황 인식 때문에 국제적인 헌장을 제정하고 각국의 참여를 독려하게 되었다. 그것이 바로 디지털 유산 보존 헌장 제정이다. 유네스코가 발벗고 나서지 않고, 만약 이러한 기록 보전 방식에 전 세계적인 공조가 이루어지지 않는다면 디지털화 된 인류의 모든 지식과 정보들이 나음 세대에 세대로 전달되지 못하고 사상되는 끔찍한 재앙이 올 수도 있었다. 그렇기 때문에 이러한 유네스코의 헌장이 제정되기 전에 사태의 심각성을 인지한 몇몇 선진국에서는 나름대로 디지털 유산을 보존하기 위한 사업을 서둘러 추진하기도 했었다.

가령 호주의 경우를 보면, 우선적으로 웹 자원의 가치성을 판단 ·

수집하여 보존하고자 하는 노력을 '판도라 프로젝트(Pandora Project; http://pandora.nla.gov.au)'라는 이름으로 1996년부터 호주 국립도서관이 주동적으로 시작하였다. 미국은 '미네르바 프로젝트(Minerva Project; http://loc.gov/minerva)'라는 것을 의회도서관을 중심으로 해서 2000년부터 실시했다. 일본도 '와프 프로젝트(Warp Project; http://warp.ndl.go.jp)'를 2002년부터 시작했다. 이러한 움직임 가운데 마침내 유네스코 헌장이 제정되고 더 많은 국가들이 동참하게 되었다. 오스트리아, 체코, 덴마크, 독일, 캐나다, 스웨덴 등등 수많은 나라에서 국립도서관을 주축으로 디지털 유산에 대한 자료 구축 사업을 진행했다.[4] http://netpreserve.org(International Internet Preservation Consortium; IIPC)라는 사이트는 국제적인 컨소시엄 사이트로서 각 나라의 디지털 유산 보존 활동에 대한 정보를 제공하는 곳이다. 이 단체는 범세계적으로 인터넷 콘텐츠를 수집하기도 하고, 관련 도구와 기술을 공유하며 국제 표준의 개발·활용을 촉진하는 활동을 벌인다. 여기에 참여하는 모든 나라들은 각 국가도서관의 인터넷 아카이빙(archiving)[5]과 보존에 지금도 모든 노력을 남모르게 기울이고 있다.

한국도 이 대열에 합류해 국립중앙도서관을 주축으로 디지털 유산 보존을 위한 '오아시스 프로젝트(OASIS Project)'라는 것을 본격 추진했다. OASIS란 'Online Archiving & Serching Internet Source'의 약자로서 "인터넷 지식 자원을 수집, 온라인 파일 보관망을 구축하기 위해 개발한 시스템"을 의미한다. 한국의 국립중앙도서관이 그 당시 결정한 지침에 따르면, "정부나 대학에서 생산된 온라인 디지털 자원을 비롯하여 주요 회의 자료나 전자 저널, 그리고 최근 사회적으로 이슈가 되고 있는 디지털 자원들 중 최신성·희소성·유용성·저작자의 평판 등을 기준으로 수집과 보존 가치가 높은 정보들을 판단하여 수집하고 아카이브화 하여 구축하는 것"을 목표로 했다.[6]

이 프로젝트의 결과물 중 하나인 인터넷 국가전자도서관 사이트(http://www.dlibrary.go.kr)는 현재 대중들에게 방대한 정보를 거의 무료로 제공하고 있다. 유네스코는 다른 사업과 마찬가지로 개개인에게 피부로 와 닿는 실제적 프로젝트를 제공한 셈이다. 국가전자도서관을 방문하면 다음과 같은 기관들이 현재 참여 중인 것을 발견할 수 있다.

국립중앙도서관(http://www.nl.go.kr/nl/index.jsp)
국회도서관(http://dl.nanet.go.kr/index.do)
법원도서관(http://library.scourt.go.kr)
한국과학기술원(http://library.kaist.ac.kr)
한국과학기술정보연구원(http://www.kisti.re.kr)
한국교육학술정보원(http://www.riss.kr)
농촌지능청(http://lib.rda.go.kr/newlib)
국가지식포털(https://www.knowledge.go.kr)
국방전자도서관(http://nddl.mil.kr/PTUS_Index.do)

개인적인 필요에 따라 각 사이트를 방문하는 것도 좋은 방법이지만 국가전자도서관 사이트에 접속하면 이 도서관들이 제공하는 어마어마한 자료들을 단 한 번에 모두 검색하고 열람할 수 있다. - 검색어와 자료의 성격에 따라 로딩(loading)되는 시간은 차이가 많다. 이곳을 방문하면 찾고자 하는 자료들이 어떤 형식과 주제로 만들어져 있는지, 자신이 찾고자 하는 목적에 부합되는 자료가 맞는지 쉽게 알아 볼 수 있다. 단행본 자료, 연속 간행 자료, 학위 논문 자료, 기사 색인 자료, 고서 자료, 비도서 자료들 뿐만 아니라 1945년 이전의 일본어 자료, 고서, 관보들(1894~1945), 석·박사 학위 논문, 세미나 자료, 다양한 논문들 자료들이 즐비하다. 뿐만 아니라 평석, 판례(민사/형사/세무/행정/가사/특허 등), 국내 학술지, 학술 회의 자료, 논문 기사, 연구 보고서들, 철학·심리학·종교, 사회학, 경영·경제학, 법학, 자연과학, 기술과학, 전자·정보·통신공학, 의약학, 문화·예술, 어문학 등 학문 연구가 종류별로 쏟아져 나온다. 정녕 디지털 아카이브의 쾌거라고 말할 수 있다.

정부뿐 아니라 민간 차원에서도 디지털 유산 보존 활동은 많이 이루어진다. 이 활동들은 개인의 자발적인 참여와 재정 지원을 통해 대부분 전개된다. 한국의 경우 2002년에 주요 민간단체들의 후원으로 시작된 "정보트러스트센터가 출범해서 그 해 6월 국내 최초의 인터넷 문화 웹진인 〈스키조〉를 복원"하기도 했었다."[7] 이 사이트는 발음을 잘해야 한다. 시키조, 새키조 이러면 곤란하다. 이 사이트는 이름이 풍기는 뉘앙스에 걸맞게 그 당시로서는 파격적인 현실 비판 의식을 가진 사이트로 평가된다. 그러나 지금 이 복원된 사이트를 찾을 생각은 감히 하지 말기 바란다. 필자는 잠시 찾다가 포기했다. 이 책의 원고를 쓰는 지금 또 다시 시도해 보지는 않았지만 이 글을 읽는 사람 중 혹시 찾게 된다면 인터넷에 공유하면 좋을 것 같다. 이러한 현상은 어쩌면 디지털 유산 보전의 맹점을 드러내는 한 단면이 될 수도 있다. 실컷 복원해 놓았지만 만약 지속적인 재정 지원과 관심이 없다면 복원된 디지털 정보로의 접속도 어렵고 그 복원된 정보 역시 자칫 쉽게 사라져 버릴 수 있다. 그 당시 이 센터가 추진한 〈정보 트러스트 어워드 2005〉(http://trust.daum.net – 유감스럽게도 지금 현재 이 사이트는 더 이상 존재하지는 않는다.)는 "보존 가치가 높은 웹사이트들을 네티즌 추천과 전문가 심사를 거쳐 디지털 유산으로 지정하고, 협약을 통해 해당 사이트에 대한 지속적인 아카이빙을 제공할 계획"을 가졌었다.[8] 과거형이 말해주듯이 지금 이 정신을 다음세대재단(http://www.daumfoundation.org: 이름에서 유추해 볼 수 있듯이 다음(www.daum.net)에서 만든 비영리단체이다.)이 계승하여 나름대로 정보 아카이브를 추진하고 있다.

디지털 유산 보전을 하기 위해서는 나름대로 선정 기준이 뚜렷이 존재한다. 그 당시 정보트러스트센터는 "역사성·신뢰성·독창성·공유성·기여성 등의 다섯 가지 항목을 중심으로 디지털 유산을 선정할 열다섯 가지 세부 평가 기준을 마련했었다. 그리고 실무추진단과 선정위원회를 구성하여 본격적인 온라인 캠페인을 펼쳤었다." 이런 민간기구의 힘은 정부가 추진하지 못하는 부분에서 자신들의 기준으로 다양한 분야의 아카이브를 만든다는 데 또한 나름대로의 큰 의미와 역할을 둘 수 있다. "말에서 문자로, 다시 인쇄 매체에서 디지털로 이어지는 기록 매체의 진화는 곧 인류 문명사의 진화 과정을 그대로 담고 있다"고 할 수 있다. 이 시대에 새롭게 만들어지는 "다양한 디지털 문명의 소중한 자취들이 이러한 보존 정책으로 후세에까지 전달되어 올바른 문화 유산의 역할을 감당"할 수 있기를 바라지만 아직 모르는 넘어야 할 난관이 또 있을지도 모른다.[9]

개인적 백업(Back Up – Archive)의 필요성

인터넷을 서핑하다 재미있고 유익한 사이트들을 발견하게 되면 난 언제나 북마크(Bookmark: 즐겨찾기)를 해 놓는다. 이러한 사이트들은 잘 분류된 내 개인의 북마크 폴더에 각 분야별로 정리된다. 유명 블로그 모음, IT 기술 사이트, 뉴스 사이트 모음, 여행 정보, 쇼핑 사이트, 기타를 배울 수 있는 사이트 – 아, 이것은 최근에 유튜브의 구독 사이트로 많이 대체되었다. – 등이 바로 나의 개인 폴더 목록들이다. 할 수만 있다면 폴더 수를 줄이려고 노력 중이지만 이것은 요원한 일임을 느낀다. 지난해에는 컴퓨터 시스템이 불안정하길래 OS를 새로 설치한다고 법석을 부리다, 이 북마크를 미처 백업해 놓지 않고 밀어 버린 적이 있다. 이 얼마나 황당하고 슬픈 일이든지 경험해 본 사람만이 그 심정을 알 수 있으리라. 예전에 백업 받아 놓은 CD에는 1년 전에 복사해 놓은 것밖에 없었기에 이후 1년 동안 새로 알게 된 모든 사이트 정보는 그대로 허공에 날려 버렸었다.

이런 경험도 있다. 꼭 필요한 정보를 찾기 위해 오랜만에 방문한 사이트가 폐쇄되어 있으면 그와 같거나 혹 비슷한 정보를 찾는다고 온밤을 하얗게 새우게 된다. 시간과 정력이 너무 낭비되는 아쉬운 경우이다. 블로그나 홈피 주인장이 자발적으로 문을 닫아 버리는 경우에는 더욱 낙심이 크다. 때때로 웹 호스팅 업체가 도산하는 바람에 행방이 묘연해진 경우라도 만나게 되면 이 또한 상실감과 아쉬움이 절절히 가슴을 찌른다. 그 많던 유익한 정보가 한 순간에 허공으로 날아간 것이다.

이런 때는 그 정보가 든 웹 페이지 자체를 미리미리 아크로배트(Acorobat)의 PDF 문서 형식으로 저장해 놓거나, 다른 방식으로 보관해 놓아야만 손실이 적다. 어도비(Adobe)사의 아크로배트 프로그램은 웹 페이지도 전자 문서로 변환시켜 보관해 놓을 수 있으며, 자료의 출처에 대한 정보가 함께 저장되기 때문에 가장 안전하고 좋은 방법이라고 생각한다. 혹 구글크롬을 쓰면 PDF 포맷으로 인쇄해서 파일로 저장할 수도 있다.

개인 사이트뿐만 아니라 회사나 어떤 단체의 사이트도 오늘 멀쩡하던 것이 내일이나 혹 수년 내에 언제 문을 닫을지 솔직히 장담할 수 없다. 국회도서관에 등록된 사이트들이라 할지라도 십 년 이상 보장할 수 있는 것은 별로 없다. 모든 것은 변한다. 비즈니스 환경뿐 아니라 사람도 정보도 모두 변한다. 어제 있던 것이 내일도 그대로 있으리라는 보장이 없다. 하물며 디지털 정보야! 공적인 성격을 띤 IDC센터[10]의 서버라도 홍수나 정전 혹은 시스템의 오작동으로 주요 데이터가 속된 말로 '날라가는' 그런 악몽은 언제든지 일어날 가능성이 있다. 아무리 백업을 하고 미러링이나 클라우딩 방식으로 여기 저기 분산시켜 놓아도 디지털 정보는 훅 하면 날아가 버릴 먼지와도 같다. 책이나 인쇄물로 만들어진 경우라면 수많은 복사본이 여러 곳에 각기 다른 방법으로 보관되어 있을 터이지만 디지털 자료는 그렇지 못하다. 자기만의 하드디스크, CD나 DVD에 복사해 놓아도 매체의 손상 위험은 책보다 훨씬 심각하다. 따라서 개인적 차원에서의 디지털 정보의 보존은 발등에 떨어진 불과 같다.

얼마 전 지하창고를 정리하다가 가지런히 한구석에 쌓여 있는 사진 앨범들을 발견했다. 그 가족 사진 앨범들 가운데 가장 최신인 것은 큰 아들의 초등학교 졸업 사진을 모아 놓은 것이었다. 그것을 마지막으로 그 후에는 어떤 사진도 인화하여 앨범에 보관한 것이 없다. 그나마 그 앨범들도 캐나다 오기 전에 한꺼번에 이마트(E-Mart) 사진현상소에서 인화해 정리한 덕분에 아날로그 형태로 남아 있는 것이다. 2007년 이후의 가족사진이나 아이들의 모습은 모두 컴퓨터 하드디스크에 들어 있거나 DVD로 보관되어 있다. 그래서 온 가족이 머리를 맞대고 사진을 보며 오손도손 이야기하던 추억도 그때 이후로 별로 없다. 5년의 기간이 지나도록 사진 하나 제대로 인화해서 보관하지 않았으니, 아이들의 자라나는 모습과 나의 머리가 점점 흰머리로 바뀌는 가족 변천사가 물리적이며 손으로 만질 수 있는(Touchable) 형태로는 전혀 남아 있지 않다. 모두 손 댈 수 없는(Untouchable) 상태로 보관되어 있는 것이다. 얼마 전부터 계속 정리해야겠다고 마음은 굴뚝 같이 먹었지만 그 엄청난 사진 용량과 주제별 폴더 분류와 선별 작업에 감히 엄두가 나지 않아 아직 손도 못 대고 있다.

　이런 사진 보관 작업은 개인적인 자료 아카이브(Archieve) 작업의 대표적인 예가 된다. 개인적인 아카이브 작업은 국가적이며 공적인 성격 못지않게 중요하다. 자칫 사진 데이터들이 날아가 버린다면 나의 손주녀석들은 할아버지·할머니의 얼굴도 모를 위험이 있을 뿐만 아니라 제 아비의 어렸을 적 모습과 자라나는 과정을 전혀 검색해 볼 수 없게 ― 컴퓨터 전문용어로는 리트리브(retrieve) ― 할 수 없게 된다. 그런 경우 역시 하나의 역사적 손실이라고 볼 수 있다. 역사란 결국 사람이 살아온 기록인데 개인의 역사에 있어서 대부분의 사람이 족보도 이제 잊어가는 세태에서 사진기록마저 없어진다면 너무 허탈하지 않겠는가? 사진의 경우를 예로 들어 개인적인 디지털 아카이브로 나는 세 가지 방식을 택한다. 첫째는 메인 컴퓨터격인 나의 노트북에 일차적으로 최근 찍은 것을 보관하고, 두번째는 백업용 외장 하드디스크에 날짜와 연도별로 다시 더 많은 용량으로 백업하고, 그리고 마지막으로 그 하드디스크 내용을 똑같이 DVD에 구워 3차로 보관하는 것이다. 이 가운데 그 어느 것도 사실 완벽한 것은 없다. 노트북은 충격에 약해 떨어뜨리거나 부딪히면 하드디스크가 손상될 위험이 있고 외장 하드디스크 역시 마찬가지이다. DVD 역시 제품에 이상이 생기면 얼마 지나지 않아 가장자리가 손상되어 데이터를 읽을 수 없게 되는 경우가 흔하다. 혹 험하게 굴리게 된다면 긁힌 자국(scratch) 때문에 렌즈가 데이터를 읽는데 무리가 따른다. 결국 아날로그적인 방식으로 사진을 인화하는 방법이 가장 안전한 보관법이 된다. 이것은 적어도 백 년 정도는 유지되니 불과 같은 물리적인 손상이 외부에서 오지 않는 한 가장 안전한 방식이 된다. 따라서 최종적인 보관은 역시 아날로그 방식의 자료 보존이다.

클라우드 - 구름 속에 보관하다

지금 전 세계 IT 산업의 중심 화두는 클라우드(cloud)라는 것이다. 웬 뜬 구름이냐고? 그렇다. 이것은 마치 구름처럼 어디에나 산재하는 데이터 보존 방식으로 구름과 같이 나의 품을 떠나 존재하는 컴퓨팅 서비스를 일컫는 말이다. 애플의 서비스로 대중에게 더욱 친밀하게 다가선 클라우드 서비스란 사용자의 개인 데이터들 즉 동영상, 사진, 음악 등 미디어 파일들과 개인 문서, 주소록 등 모든 콘텐츠를 자신의 개인적 기계 디바이스가 아닌 타 장소의 서버에 저장해 두고 개별 PC나 스마트폰·스마트 TV 등에서 언제든지 즉시 다운로드하여 사용할 수 있는 서비스를 의미하는 말이다. 한국에서는 "네이버 N드라이브, KT 유클라우드, 다음클라우드, 유플러스박스" 등이 이런 서비스에 속한다.[11] 이미 일반인들은 알게 모르게 이 서비스를 많이 사용하고 있다. 얼마 전에 만난 친한 후배는 최근에 아이클라우드(iCloud) 서비스에 자신의 모든 데이터를 집어넣은 것을 나에게 보여 주었다. 이메일, 사진첩, 메모, 워드파일 등 자신의 업무와 개인적인 파일들 모두가 그의 아이폰과 아이패드에서 수시로 연동되고 검색된다. 그는 한 통신사의 휴대용 AP(인터넷 접속 기계)를 들고 다니면서 어디에서든지 자신의 데이터를 편리하게 꺼내 보며 만족해 하고 있다.

클라우드 서비스와 동시에 클라우드 컴퓨팅이라는 서비스가 있다. 이것은 "인터넷 상에 존재하는 수많은 컴퓨터 서버들을 이용해 하드웨어·소프트웨어적인 자원을 개인이나 기업, 정부가 필요한 만큼 빌려 쓰고 이에 대한 사용요금을 지급하는 컴퓨팅 서비스"를 말한다. 이것은 서로 다른 위치에 존재하는 컴퓨터들을 가상화 하는 기술로 통합해 사용하는 기술로서 앞에서 말한 클라우드 데이터 서비스–말 그대로 자료만 보관하고 검색–를 포함하는 개념이다. 클라우드 컴퓨팅 서비스를 이용하면 고객은 자신의 데이터, 네트워크, 콘텐츠 사용 등 IT 관련 서비스를 한 번에(One stop solution) 사용할 수 있다.[12] 이 서비스를 이용해 처리된 정보는 인터넷 상의 서버에 영구적–사실은 영구적이라고 착각하는–인 방식으로 저장되고, 개인이나 기업은 자신이 어디에 가든지 PC나 태블릿 컴퓨터·노트북·넷북·스마트폰 등과 같은 IT 기기, 즉 자신의 클라이언트에서 일시적으로 모든 정보를 검색하고 저장할 수 있게 된다.

이 두 서비스는 구름(cloud)과 같이 무형이면서 유형의 형태로 존재하고 서비스 하는 환경이기 때문에 클라우드라는 말로 표현된다. 그렇다면 왜 이런 서비스가 필요한가? 당연히 기업 또는 개인이 부담해야 하는 컴퓨터 시스템 유지, 보수, 관리 비용과 하드웨어·소프트웨어의 투자비용, 시간, 인력비를 줄일 수 있기 때문이다. 뿐만 아니라 자신이 직접 PC나 회사 서버에 자료를 보관할 경우 네트워크나 시스템 장애로 인해 자료가 손실될 수도 있지만 이러한 클라우드 환경에서는 "외부 서버에 전문가들에 의해 자신의 모든 자료들이 저장되고 관리"되기 때문에 어떤 의미에서는 안전하다.[13] 뿐만 아니라 자신이 굳이 어디에 어떻게 저장할 지 자세히 알 필요도 없고 관리할 노력도 별도로 들이지 않아도 된다. 게다가 정부나 기업 입장에서는 이 클라우드 컴퓨팅을 잘만 도입하면 재정적인 이득 뿐만 아니라 직원들이 근무 시간 중에 PC 앞에 앉아 오락, 게임, 증권투자 같은 개인적인 용무로 시간을 낭비하는 것 또한 막을 수도 있다. "통신망 관리를 한 곳에서 하기 때문에 특정 서비스 차단이 가능"하기 때문이다.[14]

하지만 단점도 있다. 만약 컴퓨터 서버가 해킹을 당할 경우에는 기업과 개인의 정보가 고스란히 속수무책으로 유출될 수 있고, 예기치 않게 네트워크나 서버 장애가 발생하면 업무에 차질을 줄뿐 아니라 사료 이용 자체가 불가능하게 될 수도 있다. 클라우드 컴퓨팅의 가장 큰 이슈 중 하나는 바로 보안이다. 이것은 안정성까지 포함하는 의미의 보안을 의미한다. 자원을 공유하는 클라우드 컴퓨팅의 태생적 특징은 악성 코드나 외부 사이버 공격에 노출되기 쉽고 또한 어떤 면에서 개인적 시설보다 취약하다. 이것은 사용자가 워낙 많기 때문이기도 하다. 서비스를 제공하는 제 3의 업체에 자신들의 데이타와 정보가 분산 저장되기 때문에 만약 해킹에 노출될 경우 그 파급 여파는 상상을 초월한다. "보안 사고가 발생하면 고객들은 클라우드의 최대 장점인 원하는 시간에 원하는 양만큼 안정적으로 IT 인프라를 지원받을 수 없게 된다."[15] 그리고 무엇보다, 디지털 자원이란 난공불락의 철옹성에 저장되지 않는 것이라고 앞에서 충분히 살펴보았기 때문에 언제 어떻게 부서져 내릴지 모르는 취약성을 가지고 있다.

하지만 지금의 추세는 클라우드 컴퓨팅으로 가고 있다. "정보는 곧 권력"이라고 엘빈 토플러(Alvin Toffler)가 말했듯이, "클라우드 컴퓨팅이란 어쩌면 강자의 사이버 영토 확장"일 수도 있다. 클라우드 컴퓨팅은 "단순히 개인에 대한 서비스를 뛰어넘는다. 이것은 새로운 차원으로의 도약"으로 보는 사람이 많다. 또한 모든 정보를 – 개인이건 기업이건 국가건 – 한 군데로 모으는 일과 가입자의 개인적인 정보를 제 3자에게 맡기는 것을 동시에 하기 때문에 어떤 의미에서는 "사이버 세계에서만 가능한 권력 집중 현상"이라고 볼 수도 있다.[16] 그렇기 때문에 스티브 위즈니악(Steve Wozniak)이 클라우드 컴퓨팅을 그렇게 비판하는지도 모른다. 스티브 위즈니악은 스티브 잡스와 함께 – 희한하게 둘 다 스티브(Steve)라는 이름을 가졌다. – 애플을 설립한 공동창업자이며 애플이 애플되게 한 진정한 천재 엔지니어이다. 그는 최근 클라우드 컴퓨팅의 확산을 강한 어조로 경고한 바 있다. 그는 2012년 현재 시점에서 "향후 5년 안에 이 클라우드 컴퓨팅으로 인해 수많은 참혹한 문제들이 벌어질 것"이라고 예측했다. 그에 의하면 "클라우드를 사용하면 할 수록 결국 사람들은 아무것도 소유할 수 없게 되고 더 많은 것을 클라우드로 보낼수록 그것들에 대한 통제 능력을 잃게 될 것”이라고 주장했다.[17] 나는 그의 경고가 결코 허술하게 들리지 않는다. 유네스코 역시 허술하게 듣고 있지 않을 것이다. 우리는 어쩌면 말 그대로 구름 속으로 우리의 기억과 생각과 지식을 저장하고 있는지도 모른다.

문명의 이전과 디지털 세속도시(Digital Secular City)
— vulnerable but must

지금까지 살펴 보았듯이 디지털 데이터는 첨단 기술과 시스템에 의해 구축되어 아주 안전할 것 같으면서도 아이러니하게도 매우 취약한 상태에 놓여 있다. 과학 기술의 발달과 함께 컴퓨터가 가져온 정보통신의 혁명, 이 디지털 혁명은 우리 앞에 사이버 공간이라는 새로운 세상을 펼쳐 보였다. 인터넷이 발달하고 사이버 공간이 구축된 이후 인류 사회는 사이버 공간으로 급속히 문명을 이전하고 있다. 모든 사상과 생각들과 문화와 지식들이 이 사이버 공간으로 흡수되고 또한 엄청난 정보로 쌓인다. 그런데 막상 그 사이버 공간을 이루는 물리적인 설계 양식은 사람들의 일반적인 인식과는 달리 휘발성이 강하고 유지 보수에 있어서 취약한 속성을 내면적으로 지니고 있다. 이전까지 불가능했던 사회, 경제, 정치, 문화, 예술 등 전 분야에 걸쳐 새로운 교류와 소통을 가능하게 함으로써 인류 발전의 전대미문의 혁명을 일으키고 있는 사이버 공간은 마치 사상누각과도 같은 취약한(Vulnerable) 물리적 구조를 내적으로 가진 채 존재한다. 그러나 이러한 체질적 특성에도 불구하고 사이버 공간은 지금도 끊임 없이 더욱 새로운 기술을 빨아 대며 인류를 무한한 가능성의 세계로 안내하고 있다.

이 무한한 가능성은 빛의 속도로 이루어지는 통신 혁명 위에 존재한다. 이 혁명은 인류를 새로운 세상으로 인도하는 근본적인 기반(Infra)이 되었다. 이 광속의 세계에 현존하는 모든 문명이 녹아 들어간다. 이전까지 인류가 쌓아 온 지적 유산보다 더 많은 정보들이 초당 테라바이트의 속도로 움직이고 저장되고 분류되어 쌓인다. 이것은 이전에는 결코 생각할 수 없었던 거대한 문명의 진보처럼 보인다. 뿐만 아니라 이 진보는 어느 한 지역 어느 한 국가 사회에서 일어나는 현상이 아니라 전 세계적으로 모든 국가와 정부 단체들이 이 사이버 공간에 통합되고 융합되어 일어난다. 따라서 유네스코가 제정한 디지털 유산 보전에 관한 헌장은 국가적인 프로젝트에 그치지 않고 전 국민적인 혹은 글로벌적인 프로젝트로 끊임없이 모든 이들의 관심과 참여를 필요로 한다. 그래야만 사이버 공간이 제대로 유지될 수 있기 때문이다.

알다시피 "현대의 도시화는 과학 및 기술의 발달과 더불어 급격히 커졌고 또한 동시에 기존의 종교적 세계관을 해체하면서 급속도로 이루어졌다." 이러한 도시의 세속화는 크게 두 가지 양상으로 표출되었다. "하나는 사람들의 공동 생활의 형태 변화이고, 또 다른 하나는 세계관의 상징"이다.[18] 그리하여 지금 2000년대에 이르러서 이 두 가지 중 공동 생활의 형태 변화는 인터넷 혹은 사이버 공간이라는 생활 형태로 그 모습을 바꾸었다. 그리고 다른 하나는 사이버 공간에서 새롭게 형성된 신인류 세계관으로 정립되어 가고 있다. 여기서 세계관이란 다름 아닌 삶의 양태와 형식에 의해 만들어지는 사람들의 사고의 틀 혹은 그 방식을 의미한다. 결국 지금까지 도시라는 지상의 생활 공간에서 지배받던 세계관이 가상의 사이버 공간에 의해 지배받기 사작한다.

하비 콕스는 인간 사회의 세속화를 설명하면서 "다원주의와 포용력 이 두 가지가 세속화의 특징"이라고 말한 적이 있다. 나는 사이버 공간을 볼 때, 그의 말처럼 이 두 가지를 더욱 명확히 보게 된다. 모든 이론과 사상, 정치, 경제, 문화, 예술, 종교 등이 사이버 공간에서 용광로처럼 들끓고 넘쳐 난다. 어느 것도 진리라고 내세울 수 없는 무한의 다원주의가 넘쳐 나는 곳이 바로 사이버 공간이며 인터넷 세상이다. 그리고 결코 셀 수도 없을 만큼 어쩌면 전 세계 67억 명의 인구보다도 더 많은 의견과 다양성이 혼존하는 곳도 바로 사이버 공간이다. 이 세계는 무한하게 그러한 모든 다양성을 포용한다. 그 어떤 특정한 세계관도 사이버 공간은 우리에게 강요하지 않는다. 아니 어쩌면 용납하지 않는다. 이 사이버 공간이 바로 우리 앞에 나타난 새로운 세속도시인 것이다.

그렇지만 이것은 하비 콕스의 세속도시와는 뚜렷히 구별되는 존재적 특성이 있다. 그것은 바로 현실 세계에서는 분명 물리적으로 존재하지 않는(그 기반은 물리적인 설계 양식이지만 그 세계 자체는 물리적이지 않다) 가상의 세계이지만 동시에 현실적으로 사람들이 드나드는 하나의 공간(Space)으로 엄연히 존재한다는 이중성이다. 뿐만 아니라 지금까지 살펴본 것과 같이 이 공간을 만드는 물리적인 설계 양식이 예상외로 부서지기 쉬운 취약성을 가졌다는 점 역시 기존의 세속도시와는 다른 존재적 특성이 있다. 하지만 이러한 이중성(혹은 가상성)과 취약성에도 불구하고 이 세계는 무한으로 그 지경을 확장할 수 있는 무한 확장성과 세상의 모든 문명과 정보와 생각을 집어삼킬 수 있는 포식력을 가지고 있다. 우리는 바로 그러한 세상에 우리의 정신과 시간을 투자하며 지금 살고 있다.

주

1. 네이버 백과사전, http://100.naver.com/100.nhn?docid=22749
2. 이원복, "현대문명진단", 『사랑의 학교』, 2011, p40~41.
3. Ibid.
4. 「시사저널」, 835호, 2005, http://www.sisapress.com/news/articleView.html?idxno=25833
5. Archive: 디지털 문서나 프로그램의 복사본 혹은 백업이나 기록을 뜻하는 말이지만 여기서는 모든 자료의 기록 보존 장소 혹은 보존을 의미한다.
6. Ibid.
7. Ibid.
8. Ibid.
9. Ibid.
10. IDC(internet Data Center): 일종의 전산센터로서 기업, 관공서, 연구기관, 학교 등의 컴퓨터 시스템들을 설치하고 유지 보수해 주는 곳. 쉬운 예로 온라인 게임을 제공하는 컴퓨터 서버들도 이런 IDC 건물에 입주해서 관리된다.
11. 네이버 지식백과, http://terms.naver.com/entry.nhn?docId=774552&mobile&categoryId=2956
12. 네이버 지식백과, 두산백과, http://terms.naver.com/entry.nhn?docId=1350825&mobile&categoryId=200000728
13. Ibid.
14. 《매일경제》, "정부 클라우드 컴퓨팅 도입 신중해야", 2012.7.30.
15. 《디지털타임즈》, "클라우드 컴퓨팅 보안 핫이슈", 2012.6.25.
16. 《매일경제》, "정부 클라우드 컴퓨팅 도입 신중해야", 2012. 7. 30.

17. 《문화일보》, "클라우드 컴퓨팅, 끔찍한 문제 생길 것", 2012.8.6.
18. 하비 콕스, 『세속도시』, 대한기독교서회, 1999, p7.

현대의 첨단 과학 기술이 만든
이 새로운 세계인 사이버 공간은
디지털 세속도시로서
단순히 컴퓨터와 네트워크 통신망에 국한되지 않는다.
"그 어떤 장치가 되었든 간에
네트워크에 연결되어 정보의 소통을 통해
우리에게 현존감을 느끼게 한다면
그 안에서 사이버 공간은 얼마든지 구현된다."
모든 종류의 스마트폰, 아이패드, 넷북,
Xbox나 Ps3와 같은 콘솔게임기,
킨들같은 E-Book Reader,
MP3와 같은 멀티미디어 플레이어,
위성단말기,
스마트TV,
네비게이터 등
이 모든 것들이 컴퓨터화하여
사이버 공간으로 연결하는 통로가 된다.

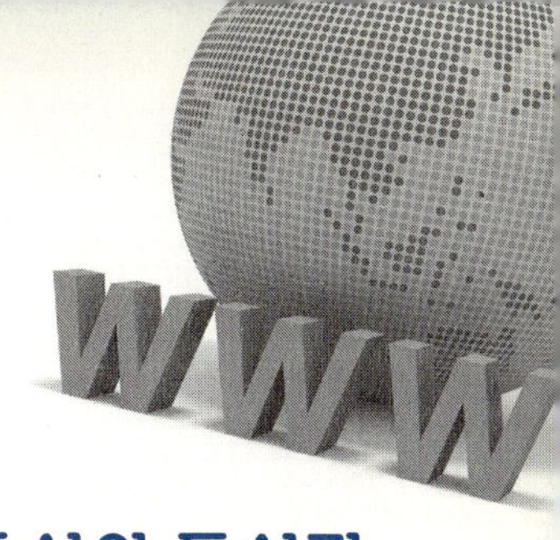

4. 디지털 세속도시의 특성과 지식의 흐름

포스트모던과 디지털 세속도시

지금 우리가 사는 현대의 주된 시대정신(Zeitgeist)은 포스트모더니즘(Post-Modernism)에 근거한다. 이제는 신물나도록 흔하디 흔한 말이 되어 버린, 그러면서도 여전히 아리송한 '포스트모던'이라는 단어에 미리 질릴 필요는 없다. 포스트모던이라는 것은 어차피 기존의 모더니즘(Modernism), 즉 18세기 계몽주의 이후 인류의 생각과 사상의 흐름을 주도하던 이성에 근거한 사조들이 중심인 근대주의를 지난(Post) 다음의 생각과 사상의 흐름을 일컫는 말에 지나지 않는다. 다시 말해서 우리가 학교에서 배웠던 과거의 합리적이라고 믿던 여러 사상들을 지나, 지금 우리가 사는 현재를 새롭게 해석하고 지배하는 다원주의 사상들의 잡다한 흐름이 바로 포스트모던니즘이라고 생각하면 된다. 이 포스트모더니즘의 특징은 거대담론(Meta-Narratives)에 대한 불신이라고 지난『사이버 중독 탈출기』에서 밝힌 바 있듯이 이 시대의 문화는 "이전까지 존재하던 고전적 내러티브(Narritive)의 해체에 매우 능수능란"하다. 결국 이 말이 뜻하는 것은 "우리 시대의 대부분의 이야기들은 일정한 인과관계에 의해 연결되기보다는 각기 파편화되어 있으며 또한 구조화되어 있지 않으면서 매우 느슨하게 병렬로 이어져 있다"는 것이다.[1] 삶의 모든 영역에서 이 내러티브의 해체는 각기 다른 모습으로 나타난다. "전통의 파괴, 권위의 부정, 종교다원주의, 개방성, 절대선의 부재, 개성주의, 해체주의, 미니멀리즘(minimalism: 작고 단순하고 간결함을 추구하는 예술 문화적 흐름) 등 온갖 종류의 다양성을 모두 다 포용"한다. 그리고 이 포스트모던이라는 이 시대의 정신 사조는 사이버 공간에도 그대로 전이된다. 아니 어쩌면 사이버 공간에서 한층 더 발전하고 변형되어 존재하는 것이 현실의 모습이다.

현대의 첨단 과학 기술이 만든 이 새로운 세계인 사이버 공간은 디지털 세속도시로서 단순히 컴퓨터와 네트워크 통신망에 국한되지 않는다. "그 어떤 장치가 되었든 간에 네트워크에 연결되어 정보의 소통을 통해 우리에게 현존감(presence)을 느끼게 한다면 그 안에서 사이버 공간은 얼마든지 구현된다."[2] 모든 종류의 스마트폰, 아이패드, 넷북, Xbox나 Ps3와 같은 콘솔게임기, 킨들(Kindle)같은 E-Book Reader, MP3와 같은 멀티미디어 플레이어, 위성단말기, 스마트TV, 네비게이터 등 이 모든 것들이 컴퓨터화하여 사이버 공간으로 연결하는 통로가 된다. 이제는 디지털 원주민 세대뿐 아니라 디지털 이주민 세대에게도 결코 새로울 것이 없다고 인식되는 사이버 공간은 "시간과 공간을 초월하여 무한대로 비동시적으로 존재할 수 있다는 독특한 특성을 가졌다.”[3] 일명 가상성(Virtual)이라 말할 수 있는 이 특성은 “실제는 아니지만 실제와 동일한 효과를 갖는 것”들을 만들어 낸다.[4] 그리고 이 가상성의 최고 정점은 “쌍방향 커뮤니케이션에 의해서 이루어지는 모든 상호작용(Virtual Interactivity)”에서 그 존재의 특성을 빛낸다. 그것이 게임이 되든지 혹은 소셜 네트워크에서 이루어지든지 교육이든지 모두 동일하게 적용된다. 이 특성을 기반으로 “사이버 공간은 사람들에게 지금까지의 전통적인 방식의 지식의 구조, 지식의 유통, 지식의 주체 이 세 가지 영역에서 코페르니쿠스적인 변화를 가져왔다.”[5]

첫째로 지식의 구조적인 측면에서 “사이버 공간은 정보를 처리하는 방식을 아날로그 방식에서 디지털 방식으로의 전환”을 가져왔다. 또한 그 지식을 구성하는 방식은 “독창적인 완결 방식에서 상호 재조합하며 무한 편집하는 방식으로 전환”시켰으며 지식의 텍스트 형식에서는 “선형적인 텍스트(Linear-Text)에서 하이퍼텍스트(Hyper-Text)로 전환”되었다. 여기에서 우리는 디지털(Digital), 편집(Editing), 하이퍼텍스트(Hyper-Text)라는 세 가지 주제어를 머릿속에 기억해 둘 필요가 있다.

둘째로 지식의 유통적인 측면에서는 “과거의 독점적인 분배 방식에서 무정부적인 분배 방식으로” 급격히 바뀌었다. 즉, 사이버 공간에서는 어느 특정단체나 기관이 아니라 그 누구나 모두 지식의 분배사가 될 수 있다. 이는 또한 “지식의 유통 범위를 과거의 국지전적인 영역에서 전 지구적인 차원으로 배포할 수 있는 능력”을 가능하게 만들었다. 사이버 공간은 “동시간대에 글로벌적인 커버리지”를 가지고 있기 때문이다. 여기서 우리가 기억해야 할 주제어는 ‘누구나 다(Anyone)’라는 의미와 '전 지구적인 범위(Global Coverage)' 두 가지이다.

셋째로 지식의 주체적인 측면에서는 "개별적 지능이라는 차원에서 집단적인 지능(collective knowledge)의 역할"을 가능하게 했다. 즉 한 사람의 지식이 아니라 합의되고 협동된 다수의 집단적 지식 제공이 가능하게 된 것이다. 또한 "육화된 지식에서 탈육화된 지식"을 만들 수 있게 했다. 이 말은 "지식의 유통과 배포가 개인의 사멸과 상관없이 사이버 공간에 남아 지속적인 업데이트와 보완으로 그 자체의 영속성과 보존성을 갖게 되었다"는 의미로 생각하면 된다. 여기서 우리가 기억해야 할 주제어는 집단 지식(Collective Intelligence 혹은 Collective Knowledge)과 탈육화(Disembodiment)라는 두 가지이다.

지금까지 이 세 가지 영역에서 나온 주된 주제어들 즉, 디지털(Digital) – 편집(Editing) – 하이퍼텍스트(Hyper-text)–누구나 다 (Anyone) – 전 지구적인(Global) – 집단 지식(Collective Intelligence)–탈육화(Disembodiment)라는 개념들은 우리가 사이버 공간 혹은 이 책에서 디지털 세속도시로 명명한 공간을 이해하는 데 아주 중요한 역할을 한다. 이러한 여섯 개의 주제어들은 사이버 공간의 존재 방식을 특성지을 뿐 아니라 결국 '새로운 지식의 패러다임 전환'을 가능하게 만드는 기본 요소가 된다고 말할 수 있다. 이 새로운 디지털 세속도시에서 지금 모든 지식과 정보가 디지털 형태로 전환되고 있다. "오직 디지털화된 정보만이 사이버 공간 안에 들어가 저장될 수 있고 또한 지식으로 인정받을 기회를 얻을 지경"에 이르렀기 때문이다.[6] 지금까지 지식 생산의 독점적 지위를 누렸던 "문자 중심의 지식 생산 방식과 체계는 사이버 공간에서 문자와 소리, 이미지가 복합적으로 조합되어 만들어지는 멀티미디어 지식 생산 구조"로 급속하게 바뀌고 있으며 하이퍼텍스트(Hyper-text)를 따라 새롭게 구성된다. 또한 과거의 "소수에 의해 유통되던 지식은 누구나 다 참여하는 사이버 공간에서 집단적인 지식으로 재구성"되어 나타난다.

하이퍼텍스트 형식은 "사용자가 연상하는 순서에 따라 자신이 원하는 정보를 얻을 수 있는 시스템을 제공"한다. 따라서 읽는 가운데 "어구나 단어, 개념을 따라 한 텍스트 안에서 건너뛰어 읽거나 다른 내용을 읽으려고 멈추거나 심지어 언제든지 읽는 것을 포기하는 것도 가능하다." 우리는 인터넷을 검색하는 가운데 이런 경험을 수도 없이 많이 한다. 모든 가능한 정보들에 붕붕 뛰어다니고 문서와 그림과 사진, 동영상 등 모든 자료로 접근한다. 이것은 바로 쌍방향적인 사이버 공간의 커뮤니케이션 특성이기도 하다. 그러나 선형 텍스트나 문서는 "사용자의 필요나 사고의 흐름과는 무관하게 계속 일정한 정보를 순차적으로 제공하며 그에 따른 논리적 사고를 제공한다."[7] 물론 기존의 선형적 텍스트의 경우, 가령 책을 읽을 경우도 하이퍼텍스트의 행위는 어느 정도 이루어지지만 컴퓨터와 사이버 공간이 제공하는 능력에는 비교가 되지 않는다. 이러한 사이버 공간의 "쌍방향적 상호 작용은 더 이상 일방적인 지식 전달이 아니라 사용자 중심으로 그 지식 전달 방식이 바뀌는 패러다임의 변화"를 가져왔다. 마샬 맥루한(Marshall Mcluhan)의 말처럼 사이버 공간은 단순한 정보전달의 수단을 넘어서서 "인간의 인식 방식과 의사소통의 구조, 더 나아가 사회구조 전반의 성격을 혁명적으로 전환시키고 새롭게 결정짓고 있다. 어떤 의미에서는 사이버 공간은 지구촌의 형태를 재창조하고 있다."

　"정보를 전달하고 소식을 전파하며 지식을 축적하고 지배를 행사하는 것, 즉 사람들 사이에서 의사소통이라는 상호작용을 가능하게 하는 것이 바로 매체"인데[8] 지금의 사이버 공간은 지금 현세대의 지배적인 매체로 등극하여 세상의 모든 매체를 억누르는 지위를 가지고 있다. 예전에는 컴퓨터를 매개체로 한 커뮤니케이션(Computer Mediated communication)을 흔히 CMC라 불렀다. 이제는 이 CMC를 'Cyber Mediated Communication'이라고 불러도 크게 이상할 것이 없게 되었을 만큼 현 시대는 사이버 공간에서의 소통을 중심으로 이루어지고 있다.

매체는 패러다임의 변화를 가져온다

　인간은 커뮤니케이션하는 존재(Homo Communicans)이다. 이 특성은 인간이 창조될 때부터 소통하는 존재로 만들어졌기 때문에 그렇다. 우리는 소통하기를 원한다. 창세기에서 하나님과 인간의 대화에서도 이 점은 분명히 드러난다. 하나님은 심지어 인간이 범죄를 저지르는 그 순간에도 "아담아 네가 어디에 있느냐?"라고 부르신다. 그렇기 때문에 우리는 소통하지 않고서는 살 수가 없다. 인간의 삶의 정황에서 가장 근본적인 요소는 소통이다. 나와 타인의 소통, 가족 간에, 친구 간에, 사회 구성원 간에 원활한 소통이 이루어져야만 우리는 제대로 된 삶을 살 수 있다.

　그런데 현재 우리 가운데 존재하는 "사이버 공간은 사람과 사람 사이의 근본적인 대면적 소통(Face to Face)을 만드는 것이 아니라 그 사이에 정보전달자로서 기계를 집어넣어 인간 대 기계, 기계 대 기계, 기계 대 인간 등 각각의 단계가 내재"하게 만들었다.[9] 물론 기존에 있던 전화나 편지와 같은 소통 수단도 기계나 종이와 같은 물질을 매개체로 하지만 CMC의 경우는 하나의 독립된 공간, 즉 사이버 공간이라는 현실과 독립된 가상 공간에서의 소통을 만들기 때문에 전혀 다른 양상을 띤다. 가상으로(Virtual) 만들어진 이 세계 안에서 사람들은 익명성과 무한 개방성을 가지고 시공간을 초월(시간적 공간적인 구애를 받지 않고)하여 쌍방향적인 의사소통을, 모든 가능한 시청각적인 방법을 이용하여 소통한다.

이 사이버 공간의 소통이 현실적인 인간 대 인간의 직접적인 접촉이 아니라는 엄연한 사실은 이제까지는 존재하지 않던 새로운 경험과 가치를 사람들에 가져왔다. "어떤 매체를 사용하는가 하는 문제는 인간의 사고와 행동, 더 나아가서는 사회 조직과 권력 구조에까지 절대적인 영향을 미친다." 결국 정보 매체가 달라진다는 것은 앞에서 말한 지식의 패러다임이 바뀌는 것과 같이 한 시대의 지배적인 패러다임이 바뀌는 것을 의미한다.[10] 그렇기 때문에 우리는 이 사이버 공간이라는 매체가 가져온 변화들을 하나씩 짚어 보고 이러한 변화 혹은 현상들과 사이버 공간의 특성들 가운데서 살아가는 현대인이 그러면 어떻게 이러한 패러다임의 변화에 대응하며 살아야 할 것인지 함께 고민해 볼 필요가 충분히 있다. 이 책의 목적도 바로 이런 의도에 있다.

디지털 세속도시와 종교

세상 모든 종교는 그 나름대로의 종교적 신념과 이상을 현세에 이루기 위해 노력한다. 기독교 뿐만 아니라 불교도 그렇고 이념적 종교인 유교 역시 마찬가지이다. 또한 대부분의 종교는 인애를 바탕으로 치국과 인간 세상을 살아가는 윤리와 도덕성 등 올바른 삶의 방향을 제시하고자 노력한다. 이것은 지금 사람들이 실질적으로 사는 공간이 된 사이버 공간에서도 마찬가지로 적용되어야 한다. 기독교에서 하나님의 나라가 사후에서 뿐만 아니라 현실적 삶의 공간인 이 땅에서 이루어지는 것을 목적으로 할 때, 그 영역 가운데 사이버 공간 역시 예외가 될 수 없다. 혹 이 사이버 공간이 인간이 만든 영역이며 실존하지 않는 가상의 공간이라고 생각해서 하나님의 통치가 미치지 못하거나 혹 필요없다고 오해하는 크리스천은 없으리라 생각한다. 이 땅에 하나님의 통치(혹은 나라)가 이루어지기를 기도하고 노력할 때, 지금 시대를 끌고 가는 이 새로운 영역 즉 사이버 공간에서 이루어지는 하나님의 통치에 크리스천들은 마땅히 현실에서와 똑같은 관심과 노력을 기울여야 한다. 즉 이 새로운 디지털 세속도시에서의 삶의 양태에 크리스천이 관심을 가져야만 한다

그러나 아쉽게도 지금의 현실 상황은 꼭 그렇지만은 않은 것을 많이 본다. 크리스천을 포함한 많은 종교인들이 사이버 공간에서 다른 세상 사람들과 마찬가지로 자신을 드러내지 않고 익명으로 움직이며, 현실적인 종교와는 다르게 살아가는 경우를 많이 본다. 때로는 사이버 공간의 폐해에 너무 신경을 쓴 나머지 아예 사이버 공간과의 단절을 시도하는 사람도 있다. 만약 크리스천들이 인터넷 중독이나 게임 중독 등과

같은 사이버 공간의 역기능을 정죄하고 이 사이버 공간으로 능동적으로 들어오지 않거나 아예 활동조차 하지 않는다면 그 영역은 고스란히 악한 영이 설치는 공간이 되어 버릴 것이다. 폴 클라우니(Paul Clowney)가 말한 대로 사이버 공간은 단지 현실 세계의 한 모형 정도가 아니라 이미 독립적인 현실로 움직이는 동시에 현실과 또한 완전히 공감하고 있다. 이 사이버 공간은 어쩌면 새로운 종교적 차원의 경험을 개인에게 제공하며 그가 말한 대로 전자 영지주의(Electro- Gnostic)의 경지에까지 사람들을 이끈다. 이러한 전자 영지주의가 지배하는 공간에서 "사람들은 자신의 존재를 새롭게 규정할 수도 있고, 세계적으로 자신과 비슷한 정신의 소유자들과 연결된다."라고 클라우니는 파악했다. 그리하여 만약 가상 공간에 투사된 상상과 인격이 사람들의 사회적 관계의 주요한 방식이 될 때, 그러한 전자 영지주의는 사이버 공간의 세상에서 이전에는 상상도 못할 종교적 차원의 힘을 얻을 수도 있다.[11]

이미 많은 청소년들과 사람들의 삶에 있어서 사이버 공간은 종교적 차원의 힘을 가졌다. 접속하지 않으면 안 되는 곳, 시선과 말과 행동이 그 속에서 연계되지 않으면 삶의 활력을 잃어버린 듯한 곳, 자신의 공감 능력과 일체감·소속감을 가진 곳이 사이버 공간이다.

지금 이 시대가 사이버 공간을 떠나서는 살 수 없는, 그러한 현실석 상황에 있다는 것을 잊어서는 안 된다. 나 자신이 그곳에 들어가지 않는다 해도, 나의 가족이, 나의 친구가, 나의 이웃이 그곳에서 살고 있다. 그렇기 때문에 크리스천을 비롯한 종교인들은 그곳에 뛰어 들어야만 한다. 비단 종교인이라고 한정지을 필요도 없다. 사회운동가나 계몽가나 리더들 모두를 포함한다. 이미 전자 영지주의가 만연한 사이버 공간에 대한 비판은 어떤 의미에서는 간단하다. 나 자신도 『사이버 중독 탈출기』에서 많은 비판을 했었고, 또 어떻게 하면 그러한 비판의 근본 원인이 되는 전자 영지주의적인 사이버 중독의 폐해에서 벗어날까 고민을 했었다. 사이버 중독은 마땅히 벗어나야만 한다. 그리고 사이버 공간의 오용에서도 벗어나야만 한다. 그러기 위해서는 이제 사이버 공간에서 올바르게 살아가는 방법을 찾아야만 한다. 그럼 어떻게 하면 올바르게 사이버 공간에서 살 수 있을까? 이제 다음 장부터 사이버 공간을 지배하는 유력한 현상들을 세심히 살펴보는 가운데 하나씩 고민해 보고자 한다.

 주

1. 홍영주, "포스트모던 시대의 사이버 공간 문화에 대한 기독교적 이해", 숭실대학교, 2008.12. p6.
2. Ibid. p20.
3. 윤혜성, "사이버 공간에서 소통이 갖는 교육적 의미", 인하대학교, 2009.8, p6.
4. 이항우, "인터넷 문화와 온라인 상호작용 연구의 쟁점과 동향", 「정보화 정책」, 제11권, 제1호, 2004년 봄, p3.
5. 이재현, "사이버 시대, 지식 패러다임의 전환", 「사회과학 연구」, 충남대학교 사회과학연구소, 2002, p288.
6. Lyotard J. F, 이현복 역, 『포스트모더니즘적 조건: 정보사회에서의 지식의 위상』, 서광사, p20.

7. 두산백과, http://terms.naver.com/entry.nhn?docId=1200583&mobile&category Id=200000728

8. Faulstich, 황대현 역,『근대 초기 매체의 역사: 매체로 본 지배와 반란의 사회문화사』, 지식의 풍경, 2007, p14.

9. 윤혜성, "사이버 공간에서 소통이 갖는 교육적 의미", 인하대학교, 2009.8. p32.

10. Ibid, p60.

11. 힐러리 브랜든 & 아드리엔느 채플린,『예술과 영혼』, IVP, 2004 , p210 재인용.

CREATIVE

3부
당신의 유전자는 스마트하게 변형되었다

사이버 공간이 개인을 규정짓는 일차적 조건으로
육체성의 거세(성별도 포함해서), 익명성, 개방성을 말한다.
사이버 공간에서 개인은
남성 · 여성의 성적 정체성을 마음대로 바꿀 수 있을 뿐 아니라
자신의 정보를 무한대로 감추거나
다르게 만들 수 있다.
그리고 개인은
글로벌하게 자기 자신을 전 세계와 함께 공유한다.
이러한 현실과 다른 정체성을 가진 개인은
사이버 공간이 구현한 시공간상의 자유와 쌍방향적인 통신 방식,
비대면적인 교제 환경에서 새로운 유전자를 덧입는다.
이 새로운 유전자 즉 디지털 인자를 지닌 후세대들은
사이버 공간에서 이전에는 없었던 새로운 자아상을 가지게 된다.

5. 디지털 유목민과
사이버 유전자

아들이 새로운 노트북을 사다

11학년(한국의 고2에 해당한다)을 보내는 여름 방학 동안, 유빈이는 난생 처음으로 자신의 힘으로 아르바이트를 해서 돈을 벌었다. 이곳 캐나다에서 아이들은 일치감치 초등학생이나 중학생 때부터 이런저런 아르바이트로 사회 경험을 하곤 한다. 길거리에서 오가는 차량과 행인들에게 피자 집 광고판을 들고 홍보하는 초보적인 일부터, 식당 웨이터, 공장 단순 일용직, 수영장 인명구조원(Life Guard) 등 여러 가지가 있다. 수영장 인명구조원은 가장 급여가 좋은 일 중의 하나다. 인명구조원이 되기 위해서는 1년에 두 번 이상 시험을 통과해야 하고, 또한 일정 기간의 훈련이 필요하다. 이 모든 일을 무사히 거치면 학생 신분이지만 시간당 20불 이상의 급여를 기대할 수 있다. 유빈이는 캐나다에 온 후로 마음은 굴뚝과 같았지만 언어와 문화에 대한 적응이 필요해 섯불리 나서지 못하다가 12학년이 되기 전에 비로소 시도를 했다. 한 정된 시간제 일 가운데 다행히 스시집을 하는 이웃의 배려로 유빈이는 식당 주방 보조로 일을 했다. 매일 4~8시간의 중노동 끝에 지난 주에 첫달 월급으로 1,000불을 받았다. 녀석은 먼저 헌금을 떼고 그 다음 나와 아내에게 용돈이라며 100불씩 선뜻 내놓았다 – 음, 나는 솔직히 좀더 많은 액수를 기대했었지만 그러다 아내에게 핀잔만 들었다. – 그 리고는 유빈이는 자신이 그토록 갖고 싶어하던 노트북을 샀다.

녀석의 노트북은 인텔 i3 CPU에 6기가램과 680GB 하드디스크 가 장착된 가격 대비 성능이 아주 우수한 제품이었다. 500불 정도의 예산으로 휴랫패커드(HP)의 무선 인터넷(Wireless Lan)이 지원되는 컬 러 잉크젯 프린터까지 번들(Bundle)로 샀다. 끼워 파는 프린터의 가격 은 단돈 10달러였다. 세상에나! 원래 프린터라는 것이 잉크 장사로 돈 을 버는 것이라지만, 10불이라는 가격은 초절정으로 난감한 가격이었 다. i3, i5, i7이라고 명칭하는 CPU의 이름은 컴퓨터 칩을 만드는 인 텔회사에서 새로운 기능을 CPU에 집약해 설계하면서 붙인 명칭에 불 과하다. 일반인들은 이러한 이름에 혼동되어 컴퓨터를 구입할 때마다 뭐가 뭔지 어지러울 지경이지만 이런 용어에 절대로 기죽을 필요는 없 다. 어차피 기술은 끊임없이 발전하므로 새로운 기술 용어에 중압감을 느끼기보다는 구매 시점에서 가장 최신 제품들 가운데 중/상 정도의 것 을 하나 선택하는 것이 현명한 구매 방법이다. i7이나 i5와 같은 CPU 가 좋은 줄은 알지만 학생이 공부하는 용도(설령 게임이라도)로 쓰기에 는 i3가 충분하다.

홈 네트워크를 새로 구성하다

새 노트북을 산 기념으로 난 유빈이에게 하나의 모니터를 추가하여 책상 위에 듀얼모니터를 꾸며 주었다. 이제 컴퓨터 중독도 어느 정도 스스로 제어가 가능하고, 무엇보다 대학에 진학하여 전공을 컴퓨터공학(computer science)으로 정하고 싶다는 녀석의 말에 혹해 효과적인 컴퓨터 사용 습관을 가르쳐 주고 싶었기 때문이다. 둘째 녀석은 어부지리로 형이 쓰던 듀얼코어(Dual core) CPU의 데스크톱을 물려받아 5년 동안 쓰던 자신의 오랜 컴퓨터를 자신의 방에서 추방하게 되었다. 비록 이제는 약간 버벅거리는 성능이지만 아직 윈도우(windows) XP 환경에서는 쌩쌩 잘 돌아가는 이 여분의 컴퓨터를 가지고 나는 오랫동안 생각만 하던 홈 엔터테인먼트(Home entertainment)를 설치했다. 그리하여 지하 서재부터 1층 거실을 통해 2층 아이들 방까지 하나의 홈 네트워크로 구성하였다. 그리고 무선 랜 AP에 1TB(테라바이트)의 네트워크 HDD(NET Drive)를 설치해서 다섯 대의 컴퓨터에서 언제든지 연결이 가능하게 만들었다.

거실에 연결된 PC에서는 인터넷으로 직접 한국 드라마·뉴스를 실시간으로 보고 또한 네트워크 하드디스크(Net Drive)에 저장된 가족 사진을 46인치 대형 LED 화면으로 볼 수 있게 되었다. 사진첩으로 아직 만들지 못해 온가족이 보기 힘들었는데 이제 오손도손 모여서 날짜별로 정리된 가족 기록을 함께 보게 된 것이다. 물론 이 거실용 PC는 무선 키보드와 마우스로 작동되기 때문에 소파에 앉아서 모든 컨트롤이 원격으로 조정되고 검색된다. 프핫핫! 난 힘든 설치 작업을 모두 끝낸 뒤 회심의 미소를 지었다. 이제야 비로소 진정한 홈 네트워킹이 구현된 것이다. 프린터도 무선(wireless)이기 때문에 다섯 대의 컴퓨터에서 언제든지 네트워크로 접속해 프린트가 가능하고 또 넷 드라이브(NET Drive)에 저장한 모든 자료는 아이들이나 아내가 언제든지 접속해서 사진과 영화를 즐겨 볼 수 있게 되었다. 번거롭게 USB나 외장용 HDD에 자료를 복사해서 옮겨 다닐 필요가 더 이상 없게 된 것이다. 넷 드라이브는 나의 컴퓨터만 읽고 쓰는(Read/Write) 권한을 주어 중앙 통제를 가능하게 한 뒤, 나머지 네 대의 컴퓨터(아이들 것 2대, 아내 것 1대, 거실 TV에 연결된 홈 인터테인먼트용 1대)들에게는 읽기 권한만 부여해 만약에 있을지도 모를 데이터 삭제를 방지했다. 이런! 사이버 중독에 빠진 아들을 구한다며 온갖 방법을 동원하지만 간혹 나 스스로 사이버 중독 환경을 만드는 것 같기도 하다.

가정과 일터의 경계가 없어지다 – BYOD

이렇게 홈 네트워크를 구성해 놓은 집이 나뿐만이 아니다. 사실 나는 늦게 구축한 편이다. 내 주위의 대부분의 캐나다인 가정들은 거의 다 홈 네트워크를 이미 꾸며 놓았다. 그뿐 아니라 재택 근무 시스템까지 합쳐 놓은 가정이 매우 많다. 캐나다에서는 자영업자를 셀프임플로이드(Self-employed)라고 하는데, 집안 내에 미장원(Beauty shop)이나 네일 샵(Nail Shop)을 만들거나 차고를 개조해 자동차 정비업을 하고 또한 별채를 만들어 인테리어 사업을 하는 등 매우 다양한 영역에 퍼져 있다. 아니면 방 하나를 사무실로 개조해 사업 대리점이나 중개업 등의 일을 하는 경우가 엄청 많다. 그리고 이런 자영업은 컴퓨터가 당연히 필수이다. 아트 디자이너나, 잡지 편집자, 사진 작가 등 전문가들은 말할 것도 없다.

나의 영업파트너인 짐(Jim)도 그런 사람들 중의 하나이다. 그는 올해로 55세가 된 전형적인 캐나다인 남자이다. 캐나다 중부 사스카추완에서 태어나 알버타에 이주해 자란 전형적인 시골사내인 그는 16세 때부터 벌목장에서 아르바이트를 시작해서 직장 생활을 하다가 맨몸으로 자신만의 사업을 일구었다. 그 가운데에도 틈틈히 공부도 해서 이곳 BC주에서 직장을 다닐 때 경영대학원까지 졸업했다. 큰 체구에 굵직한 목소리로 크게 대화하는 그는 겉모습 그대로 무척이나 정열적으로 일한다. 남들은 그 나이가 되면 어느 정도 은퇴를 준비하는데 짐(Jim)은 앞으로 10년은 은퇴할 생각이 전혀 없다. 프리랜서로 일을 하는 그는 현재 연봉이 25만 불이나 되는 고급 베테랑 세일즈맨이다. 그런데 짐(Jim)은 외모로 풍기는 이미지와는 전혀 다르게 첨단 IT 기기에 대해 무척 박식한 해비 유저이다. 어느 날 그가 나의 사무실로 찾아와 미팅도 하기 전에 자신의 스마트폰을 블랙베리 토치폰(Torch phone)에서 아이폰4S로 바꾼 소감을 열을 올리며 설명한 적이 있다. 아이폰4S의 획기적인 음성 인식과 이메일 자동 연동 기능, 비교가 안 되는 다양한 앱들, 무엇보다 시원한 디스플레이와 파일 관리 기능을 그는 자유자재로 사용했다.

그러나 짐(Jim)은 IT 전문가는 아니다. 그는 솔직히 컴퓨터 프로그램도 짤 줄 모르고 고장나면 스스로 고치기보다는 컴퓨터 전문가에게 맡긴다. 그런 그이지만 업무의 효율성과 시간 관리 그리고 편리성을 위해 기꺼이 새로운 기술과 매체에 스스로를 적응시킨다. 아이폰4S를 사면서 그는 IT 전문가를 고용해 (그 스스로 하기에는 시간과 노력이 너무 많이 들어가기 때문에, 비용을 지불하고 전문가와 3개월을 계약했다고 한다.) 이전의 데이터와 정보들을 새로운 기계에 옮기고 또 집과 사무실에 있는 컴퓨터의 모든 이메일 계정과 데이타 폴더들을 아이 클라우드로 스마트폰과 동기화시켰다. 이제 그가 아이폰4S에서 주고 받는 모든 메일과 일정들은 집과 사무실의 컴퓨터와 연동되어 손안에 스마트폰만 있으면 그는 어느 장소에 있든지 업무의 연속성을 유지할 수 있다. 디지털 이주민이면서 디지털 원주민 못지않은 순발력과 적응력을 가진 것이다. 그리고 주말이면 꼭 골프를 즐기고 저녁마다 가족들과 저녁식사를 함께 만들 뿐 아니라 기타에도 관심이 많아 30대가 넘는 기타를 수집한 광팬이기도 하다. 낚시도 즐겨하고 아이스하키 게임이 있는 날에는 친구들과 고래고래 소리를 지르며 자신의 팀을 응원하는 전형적인 캐나다인이다.

이러한 짐(Jim)의 업무 스타일은 한국에서도 많이 볼 수 있다. 한 신문기사에 의하면 이제 "한국의 직장인 5명 가운데 4명은 개인 모바일 기기를 업무에 활용해 사무실 밖에서 자유롭게 일한다"고 한다. 개인이 자신의 모바일 기기를 업무 중에 휴대하며 일하는 사람들의 비율을 흔히 BYOD(Bring Your Own Device) 비율이라고 말한다. 한 리서치 기관이 조사한 바에 의하면 "한국 직장인들은 이 BYOD 비율이 96%로서 아시아 태평양 지역 국가 중에서 가장 높다"고 한다. 이렇게 업무를 전천후로 수행하는 사람들은 스마트 워커(Smart Worker)가 아닐까? 그들은 모바일 기기를 가지고 사무실 이외의 공간에서도 업무를 수행한다. 직장 밖으로 컴퓨터(혹은 스마트폰)를 들고 다니면서 계속 로그인 되어 있는 것이다. 한국은 이러한 사람들이 아태 지역의 평균치인 70%를 훨씬 넘는 82%에 달했다. 이 비율은 단순히 휴대용 기기를 가진 비율(BYOD)이 아니라 실질적인 업무 활용을 의미하는 숫자이다. 그들이 이용하는 기기들은 주로 스마트폰, 노트북, 태블릿 PC들이다.[1]

이들이 개인 모바일 기기를 업무에 이용하는 이유는 "회사 업무를 효과적으로 처리하고 또한 업무 처리 속도를 높이기 위해서"이다. 한국의 직장인들 역시 짐(Jim) 못지않게 IT 활용을 적극적으로 하고 있다. 이런 경우 한 가지 주의할 점은 그들이 개인 사업자가 아니기 때문에 일의 효율성과 회사 차원의 보안 정책 조율이 필요하다. 왜냐하면 회사의 일을 개인의 모바일 기기에서 사용하는 것은 업무 처리면에서는 효율성이 높아지지만 직원 개인의 사생활 보호와 보안 문제 등이 얽혀 있어 기업의 입장에서 보면 진지하게 프로세스의 혁신과 이 문제를 고려하면서 고민할 필요가 있기 때문이다.[2]

이 신문 기사에서 소개한 BYOD 비율에서 한국이 비록 아태 지역에서 가장 높은 수치를 보였지만, 반면에 그 효율성 측면에서 응답자의 68% 정도만이 긍정적인 면을 보인 것은 또 의외의 결과이기는 하다. 하지만 앞의 짐(Jim)의 경우처럼 일과 생활의 조화, 첨단 기기와 놀이의 조화는 우리 생활의 한 모습으로 자리 잡았다. 짐(Jim)의 경우에, 나이를 잊은 새로운 기기에 대한 적응력, 스마트폰으로 연결되어 잠시의 끊김이 없는 업무의 연장 속에서도 자기만의 생활 패턴을 잃지 않는 균형 감각, 열심히 일하면서도 지치지 않는 체력 유지, 이 모든 것이 사스카추완 시골 소년이 첨단 시대에 뒤쳐지지 않고 세상을 이끌어 가는 비결이 된 것을 알게 되었을 때, 나는 그를 존경하게 되었다. 한국이나 캐나다나 이제 어떤 일을 하든지 사람들은 모바일 기기를 들고 다니는 것이 일상이 되었다. 짐(Jim)의 삶에서 스마트폰은 필수이다. 아이폰이 없다면 짐(Jim)은 이제 어떤 업무도 잘 수행할 수 없을 정도로 모든 연락처와 일정과 정보들을 아이폰에 모두 저장해 놓았다. 뿐만 아니라 길을 찾을 때에도 일기예보를 볼 때에도 심지어 식당을 찾을 때도 모두 아이폰을 통해 해결한다. 그에게 있어서 아이폰은 그와 바깥 세계를 연결하는 포털(Portal)이 된 것이다.

놀이 : 스마트폰과 인터넷의 활용 예

짐(Jim)이 일을 네트워크화 해서 가정과 직장의 경계를 없앴다면 나는 취미를 컴퓨터와 스마트폰으로 네트워크화 해서 즐긴다. 나의 스마트폰도 솔직히 회사 업무와 연결된 것이 있다. 단 그것은 이메일과 일정 관리에 한정 지어 놓았다. 그것도 오직 비상용일뿐 웬만한 일이 아니면 스마트폰에서는 이메일을 잘 보지도 않고 답장도 거의 않는다. 가정과 직장의 경계를 나름대로 기준에서 지키기 원해서이다. 내가 만약 자영업을 한다면 어떨지는 모르겠지만, 지금 만약 스마트폰으로 모든 업무를 끌어 들이기 시작하면 내 성격상 저녁 시간과 주말 시간이 없어질 것이 분명하기 때문이다.

그렇지만 개인 사생활에 있어서는 조금 다르다. 작년부터 핑거 스타일에 필(feel)을 받은 후 기타를 다시 잡기 시작한 나는 정작 핑거 스타일보다는 블루스와 재즈 스타일로 곧 바꾸었다. 사실 핑거 스타일은 내 나이와 재능에 비해 너무 어려운 도전이었다. 핑거 스타일로 따라

하다 자신의 나이와 몸의 한계성에 절망한 나머지 그나마 보전하던 알량한 자존심마저 사라질 정도였다. 그러나 블루스나 재즈 주법은 핑거 스타일보다 훨씬 만만해 보였다. 물론 이것도 착각이라는 것을 곧 알게 되었지만 말이다. 손가락이 마음대로 따라와 주지 않는 재능의 한계에서 뇌의 지시에 굼뜨고 느리게 반응하는 나의 손가락은 어쨌든 뽕짝스럽기까지 한 블루스에 더 적합한 것 같았다. 내가 블루스 주법을 연습할 때면 아내는 뽕짝 좀 그만 치라고 야단이다. 부끄럽지만 연주자의 수준이 아직 그러하니 달리 설명할 도리가 없다. 재즈 주법도 역시 Way to Far~ 험난한 고난이기도 하다. 결코 핑거 스타일에 뒤지지 않는 난해함이 머리를 싸매게 만들지만 적어도 무리한 속도를 요구하지는 않는 것 같았다.

기타 연습을 위해 나는 이전에 설치했던 기타프로(GuitarPro) 프로그램보다는 스마트폰과 인터넷을 더 많이 사용하게 되었다. 우선은 유튜브(Youtube). 세상의 온갖 사람들이 저마다의 재능을 뽐내며 "난 가르쳐 주고 싶어 미치겠다. 넌 이것을 해 봤니?" 등 매초 단위로 새로운 콘텐츠를 쏟아 내는 이 인터넷 사이트가 있기에 나는 접속할 때마다 이루 말할 수 없는 아드레날린의 분비를 느낀다. 재능 있는 사람들이 이렇게 많을 줄이야. 역시 세상은 넓고 보고 배울 일은 많다. 그러나 유튜브에서는 어떤 가르침의 깊이와 체계가 쉽사리 설 수 없기에, 부득불 한 사람을 골라 선택할 수밖에 없었다. 내가 선택한 인물은 마티 스왈츠(Marty Schwartz)라는 기타리스트였다. 그는 마치 삼국지의 장비가 다운사이즈(down=sized)된 모습으로 - 그의 턱수염은 "나 한번 놀면 끝까지 간다~"라는 느낌을 준다 - 떡 하니 화면 앞에서 여러 기타를 끌어안고 나의 앞에 나타났다. 그의 아지트인 www.guitarjamz.com으로 들어가 강의를 들어보면 친절한 설명과 쉬운 리드, 그리고 미처 알지 못한 사실에 대한 그의 아낌없는 나눔에 무한한 감사를 느끼지 않을 수 없을 것이다. 물론 유료이다. 돈을 내면 배울 수 있다. 그러나 우린 이런 사이트에 아낌없이 지원을 해야만 한다. 연회비가 미화 139불이지만 하나도 아깝지 않다. 난 그의 사이트에 거의 매일 들어가서 그가 강의한 내용 총 819개(2011년 9월 현재)를 열심히 쫓아가고 있다. 그가 얼마나 부지런한 사람인가 하면 매일매일 그의 전체 강의 수가 늘어나고 업데이트된다는 점에서 볼 수 있다. 그는 여타 얄팍한 상혼의 인터넷 강의와는 질적으로 다르다. 한 가지 아쉽다면, 아직 높은 수준의 강습은 없는 듯하다. 그래도 어쩌랴, 내 수준에 맞으면 그게 최고이다.

　나는 강의를 들으면서 꼭 보관해야 할 강의는 별도로 스크랩해 놓는다. 단순히 강의를 체크 마크로 표시하는 것이 아니라 동영상 자체를 따로 녹화해서 별도의 폴더에 저장한다. 주의할 점은 이런 유료 사이트의 콘텐츠를 임의대로 녹화해서 인터넷 상에 배포하는 것은 범죄 행위에 속한다. 그러나 이용자로서 자기 자신만 보고 또 기록의 일부를 복습용으로 남기는 것은 어느 정도 허용된다고 생각하기에, 인터넷 상에 무료로 배포되는 동영상 캡처 프로그램을 이용해서 나에게 중요한 강의를 별도로 스크랩해 놓으며 반복 연습을 한다. 아내는 방 안에서 쳐박혀 매일 딩~딩 거리는 나의 기타 연습에 간혹 히스테리를 부렸다. 또한 아이들도 아빠의 몰입에 웬지 불만을 표했다. 그래서 어떻게 하면 때와 장소를 가리지 않고 마티의 강의와 유튜브에서 스크랩한 강의를 연습할 수 있을까 고민하다가 스마트폰을 이용함으로 문제를 간단히 해결했다. 블랙베리 스마트폰에 동영상을 심고, 성냥갑 만한 휴대용 앰프를 일렉기타에 연결한 후, 이어폰으로 들으며 아무에게도 방해를 하지 않은 채 실시간으로 연습하는 것이다. 이렇게 함으로써 캠핑을 가거나 교회의 많은 사람이 모인 곳에서도 시간이 날 때마다 자유롭게 기타 연습을 할 수 있었다. 스마트폰은 나에게 이런 편리성까지 제공하여 언제 어디서나 기타 연습을 가능하게 만들었다.

이렇게 나의 사이버 공간은 짐(Jim)과는 다르게 현실에 접목된다. 블랙베리에 심겨진 메모리의 용량은 1기가 였는데 곧 업그레이드를 하지 않을 수 없었다. 예전에는 100불이 훨씬 넘던 대용량 마이크로 SD 카드들은 4기가(GB)라도 이제 20불대까지 내려갔다. 이렇게 용량이 커진 저장기기 덕택에 기타강습 DVD까지 DVD 리퍼(ripper: DVD에서 동영상만을 추출해 내는 프로그램)를 이용해 동영상으로 만들고 스마트폰에 심어 언제 어디서나 듣고 배울 수 있게 되었다. 솔직히 영화는 따로 저장해 놓을 필요성을 느끼지는 못한다. 공간도 부족할 뿐더러 짧은 시간 동안 볼 이유가 없기 때문이다. CD에 있는 음악 역시 리퍼 소프트웨어를 이용해 스마트폰에 저장해 놓았다.

MP3 파일로 스마트폰에 저장된 음악은 차량용 오디오에 AUX단자로 곧 바로 연결되어 어디를 가든지 내가 즐기는 음악을 들을 수 있게 해 준다. 이런 기기 발달은 음악 CD를 곧 무용지물로 만들어 버릴 것이다. 적어도 휴대용 음악기기에서는 그렇다. 예전에는 차안에 CD를 10장~20장이나 가지고 다녔었는데 이제는 그럴 필요가 전혀 없다. 다만 운전하는 중에 스마트폰 화면을 보는 것은 위험한 행동이라 아직 미처 변환시키지 못한 음악 CD나 늘 즐기는 음악들만 CD로 차량

안에 보관한다. 여기서 내가 자주 쓰는 프로그램들은 소개하자면 다음과 같다.

> * 네로 버닝롬: 음악 CD를 MP3로 변환하거나(ripping) 혹은 MP3파일 음악들을 CD로 굽는다.
> * Xilisoft DVD Ripper platinum 5: 영화 DVD나 강습용 DVD를 동영상으로 추출한다.
> * 안캠코더: 인터넷 상의 동영상을 캡쳐하여 보관한다.
> * Windows Live movie maker: 캡쳐된 동영상을 편집한다.
> * UCC 다바다: 유튜브나 동영상 사이트에서 선택된 동영상을 별도의 프로그램 없이 다운로드 한다.
> * FLV to AVI converter: 인터넷의 동영상들이 FLV 파일 포맷으로 되어 있을 때 AVI로 변환한다.

이들 중 대부분은 인터넷 상에 무료로 혹은 셰어웨어(shareware)로 쉽게 구할 수 있다.

지금까지 짐(Jim)과 나의 스마트폰 활용에 대해 잠깐 살펴보았지만 현실의 스마트폰은 사실 그 이상의 신드롬을 만들고 있다.

열려라 스마트(Smart Revolution) – 스마트폰과 스마트 시대

애플이 아이폰을 세상에 선을 보인 후, 전 세계의 IT 업계는 모바일(Mobile)과 스마트(Smart)라는 두 가지 화두를 가지고 세상을 바꾸고 있다. 그 결과, 사람들은 SF 영화에서나 꿈꾸던 세상을 실제적으로 체험한다. 이제 우리는 밥을 먹다가도 손안의 기기로 세상을 볼 수 있고, 친구와 이메일과 사진을 실시간으로 공유하며, 오늘 지구 반대편에서 날라온 자녀의 안부 편지를 동영상 파일로 받아 본다. 아침 모임 중에 저녁에 볼 영화를 예약하고, 운전하는 중에 길이 막히지 않는 지름길을 찾아갈 수도 있다. 연예인의 험담거리는 한 시간도 채 못 되어 전 국민이 모두 안다. 생소한 도시에 가도 어디에 좋은 음식점이 있는지, 숙박비는 어디가 제일 싼지, 모두 손안에 든 스마트폰으로 알 수 있다. 어떤 의미에서 스티브 잡스의 천재성은 악마적이다. 이런 표현을 써도 전혀 과하지 않을 만큼 그가 만든 제품은 시대의 모습을 바꾸는 전환점이 되었다. 솔직히 삼성도 구글도 스티브 잡스의 자극과 도전으로 시대를 이끌고 있다.

한국에서의 스마트폰은 혁명적 변화를 가져왔다. 우선 사용자의 증가만 보더라도 2012년 5월 현재 2천672만 명이 스마트폰에 가입한 상태이다. 전체 휴대전화 가입자 수 5천255만 명의 절반이 넘는 50.84%가 스마트폰을 사용하고 있다. – 국민 두 명 중 한 명이 스마트폰을 갖고 쓰고 있다. 이 숫자는 "한국 사회가 스마트 사회·스마트 시대로 들어와 있다는 것을 의미"한다.[3] 아마도 2012년이 가기 전에 전 국민이 스마트폰을 사용하게 될 것이라고 예측해도 무리는 아닐 것이다. 한국은 국가적인 전략 프로젝트로 스마트 시대를 열어 갈 계획 역시 갖고 있다. 행정안전부에서는 2012년 4월에 "스마트 전자정부" 시행 계획을 발표했는데 이것은 스마트폰과 태블릿 PC와 같은 IT 기기와 환경의 급속한 변화에 능동적으로 대응하는 정부의 모습을 보여 주는 좋은 예이다. 이 시행 계획 보고서에서 정부는 2012년 UN의 전자정부 평가에서 한국이 2010년, 2011년에 연속 세계 1위를 차지했다는 사실을 강조하고 "스마트 전자정부 추진 계획의 성공적 이행을 통해 3회 연속 세계 1위 수성을 목표로 2012년 스마트 전자정부 시행 계획을 수립·추진"한다고 밝히고 있다.[4] 급속히 변하는 세계의 전자화·디지털화·사이버네이션에서 한국은 정부가 주도적으로 나서서 세계 최고의 전자정부 구현을 목표로 스마트 시대를 선도하고 있는 것이다.

물건을 사고 검색을 하며 뉴스를 보고 채팅하는 일상뿐만 아니라 직장 업무를 수행하고 오락을 즐기는 등 고정된 PC에서 인터넷으로 가능했던 모든 일과 서비스는 이제 모두 스마트폰으로 가능하다. 거기에 더해서 정부가 주도하는 스마트 시대는 한국에서 생활에 필요한 모든 편의를 스마트폰에서 가능하게 만들 것이다. 이제는 예비군 훈련 계획도 스마트폰으로 확인하고, 백화점이나 마트에서 물건을 사도 스마트폰으로 전자 영수증을 받을 수 있다. 모든 범죄 예방과 치안 민원 서비스도 모바일로 가능하게 하고, 중앙 행정기관과 입법·사법, 교육, 연구, 금융, 공공기관의 서비스 역시 마찬가지이다.

스마트폰은 이미 전화의 영역을 넘어선 제품이다. 이것은 손바닥 안의 컴퓨터이다. 심지어 쿼드코어 프로세서(quadcore processor)를 단 스마트폰이 나왔으며, 기술의 발달에 따라 더 빠르고 편리한 인터페이스의 스마트폰이 나올 것이다. 스마트폰 인기는 IT 업계와 제품에 관련해서만이 아니라 우리가 생활하는 삶의 전 영역에 거쳐서 키워드가 되었다. 스마트 TV, 스마트 자동차, 스마트 콘텐츠, 스마트 아파트, 스마트 금융 등 스마트 열풍이 불지 않는 곳이 없을 정도이다. "사람들은 새로운 제품이나 서비스에 대부분 스마트라는 이름을 붙일 뿐만 아니라 이제 스마트가 붙지 않으면 구닥다리가 된다." 그래서 "인간을 도와주거나 대신할 수 있는 기술 대부분이 스마트하다"고 말한다. 그와 동시에 '스마트'라는 말의 의미가 어떤 특정 기술이나 단순한 제품에 또한 국한되지 않고 우리 일상생활의 혁명으로 이어져야 한다는 점에서 볼 때, 나중에 대부분의 것들이 스마트하다는 범주에 전부 들어가고 결국 그렇지 않은 것들은 찾아 볼 수 없게 될 것이다. 그렇다면 결국 우리가 사는 이 시대 자체가 스마트한 것으로 남을 것이다.[5]

스마트폰과 행복감

최근 미국에서 주목할 만한 연구가 하나 있었다. 이것은 "일주일에 하루 저녁만 스마트폰 사용을 멈추어도 업무 의욕은 오히려 높아지고 행복감도 커진다"는 사실을 보여 주는 연구였다. 아마도 짐(Jim)이나 BYOD를 실현하는 한국의 직장인들처럼 스마크폰을 늘 끼고 사는 사람들이 들으면 무척 놀랄 만한 그렇지만 한편으로는 공감할 내용이라고 생각한다. 이 연구는 미국 하버드대 경영대학원이 3년에 걸친 장기적으로 실행한 것이기 때문에 꽤 신뢰성이 높다고 말할 수 있다. 연구 결과에 따르면 사람들이 "매주 정기적으로 스마트폰을 멀리하게 되면 업무에 지장이 있는 것이 아니라 오히려 업무만족도가 높아지고 회사에 더 오래 남아 일을 한다"는 것이다. 연구의 대상자들은 일반적인 헤비 유저가 아니라 보스턴컨설팅그룹에서 일하는(나름대로 스마트한 사람들이다) 1,400명의 컨설턴트들이었으며 연구 방법은 "한 주 가운데 어느 일정 하루 오후 6시부터 다음날 아침까지 스마트폰을 금지한 결과를 보는 비교적 간단한 것"이었다. 연구 결과 데이타는 사용자의 의식 변화를 3년에 걸쳐 면밀히 분석한 것을 근거로 삼았다.[6]

사실 이 실험을 하게 된 동기는 미국에 사는 "전문직 종사자의 26%가 잠자리에 들 때까지도 블랙베리나 아이폰과 같은 스마트폰을 손에서 놓지 않는다"는 충격적인 현실 상황에 일종의 자극을 받았기 때문이었다. — 지금은 그 수치가 아마 두 배 이상으로 늘어났을 것으로 나 개인적으로 생각한다. 실험대상들은 거의 일중독에 가까운 열성 근로자들이었기 때문에 안전 장치로서 만약 스마트폰 사용 제한으로 업무에 차질이 생기면 실험을 즉시 중지할 수 있다는 조건을 걸고 실험이 행해졌었다. 이것은 참가자의 자발적이며 인위적이지 않는 의식과 행동 양식을 도출하기 위해서였는데, 실험 참가자들은 "일주일에 하루 저녁 스마트폰을 사용하지 않는 것만으로도 이전보다 일과 생활의 균형이 개선됐으며, 업무 생산성도 높아졌다는 반응을 보였다"고 한다.

실험 결과, 참가자들의 59%는 "아침에 일어나면 업무 의욕이 솟는다"고 답했다고 한다. 반면에 실험에 참가하지 않은 직원들의 경우는 업무 의욕이 솟는 사람이 현저히 적은 27%에 머물렀다. 또한 실험 참가자의 78%가 업무 수행에 만족한다고 밝혔지만 참가하지 않은 사람들은 49% 정도만이 자신의 업무 수행에 만족감을 나타냈다. 스마트폰을 잠시라도 멀리한 사람이 회사 업무에 더 큰 만족도를 나타낸 것이다. 그 까닭은 "참가자들이 퇴근 이후 스마트폰을 끔으로써 가족과 함께 보내거나 미래 계획에 투자할 시간적 여유가 늘었기 때문"으로 분석됐다. 연구를 담당한 레슬리 펄로(Leslie A. Perlow) 교수에 의하면 "스마트폰을 항상 가까이 켜 두면 근무 시간이 끝나도 자신의 업무 상황을 수시로 확인하게 된다"고 밝혔다. 펄로 교수는 "늦은 밤까지 스마트폰을 사용하는 사람들은 회사 업무에서 받는 압박감이 더욱 커진다는 사실"을 발견했다. 결국 이 실험에서 밝혀진 것은 일주일에 하루 저녁 스마트폰을 쓰지 않는 것만으로도 사람들이 받는 압박감과 업무 스트레스는 훨씬 줄어든다는 사실이다.[7] 이제 삶의 질을 위해서 스마트폰을 간혹 품에서 떨어뜨려 놓아야 할 이유는 충분하다고 본다.

디지털유목민 – 경계를 허물다

하지만 일과 오락이 스마트폰과 같은 모바일 기기와 홈 네트워크를 타고 이미 우리 일상 가운데 깊이 들어와 있다. 디지털 유목민(Digital Nomad)은 바로 이러한 삶을 영위하는 사람들을 일컫는 용어로서 "각종 모바일 기기로 언제 어디서든지 사이버 공간으로 시공간의 제약을 받지 않고 접속하며 생활"하는 사람들을 일컫는 말이다.[8] 고도의 정보화와 통신 기술의 발달로 만들어진 이 네트워크 사회에서 그들은 노트북, 아이패드, 아이팟, 휴대폰, MP3, PDA, 넷북 등 현대판 유목 물품들을 늘 가지고 산다. 이제는 한 곳에 가만히 정착하고 있거나 사무실에 머물러 업부를 할 필요가 없다. 정보 통신 기술의 발달로 사람들은 한층 여유로운 삶과 생산적인 방식으로 통신을 하고 일을 처리한다. 사무실의 책상에 붙어서 일을 해야만 하는 그런 정착 생활은 이제 경쟁력이 없을 지경이며 사람들은 언제 어디서든 일하고 즐기는 유목 생활을 선호한다. 짐(Jim)같은 경우도 미국으로 가족 여행을 가서도 자신의 업무는 별로 지장을 받지 않는 디지털 유목민의 전형적 삶을 살고 있다.

하비 콕스는 근대 도시를 형성하며 바뀐 사회에 대응하는 일(Work)의 세 가지 측면을 설명한 적이 있다. 그가 정의하는 일의 세속화 즉 세속도시의 일의 특성은 "첫째로 세속도시는 우리의 일하는 장소와 거처하는 장소를 갈라 놓았고, 둘째로 세속화는 우리가 일하고 있는 곳을 관료주위의 색체로 물들게 하였으며, 셋째로 결국 세속도시의 일이라는 것이 어떤 종교적인 성격도 갖지 못했다는 사실 즉 어떤 종교적인 가치라도 가지지 않는다"는 점이다.[9] 하비 콕스가 말한 이 세 가지 특징은 사실 지금 우리가 사는 사회, 즉 정보 통신의 혁명과 인터넷이라는 새로운 작업 환경 이전의 일터와 일의 성격에 불과하다. 이러한 일터와 일의 성격은 우리들의 아버지 세대가 지금까지 일해 온 환경 – 굳이 구분 짓자면 한국의 경우는 대략 1980년대 이전까지–이라고 말할 수 있다.

하비 콕스의 세속도시는 정보 통신과 컴퓨터 기술의 발달이 만든 사이버 공간으로 현재 변형되어 존재한다. 책 앞부분에서 밝혔듯이 이 새로운 세속도시는 하비 콕스의 그것과는 반대로 일과 가정의 경계를 허물었을 뿐만 아니라 가정과 놀이의 경계도 이미 허물어뜨려 버렸다. 이것은 어떤 의미에서는 일터와 일의 독립성의 견지에서 볼 때, 어쩌면 새로운 중세로의 회귀라고 말할 만하다. 어디서나 이동하며 일하고 개인적으로 세상과 접속하는 디지털 유목민의 출현은 바로 이러한 사실을 보여 주는 예 가운데 하나이다.

앞에서 보았듯이 아이들은 밖에서 노는 시간보다 가정의 컴퓨터로 사이버 공간에서 노는 시간이 더 많아졌다. 어른들도 마찬가지이다. 취미생활과 동호회 활동이 꼭 물리적인 공간에 머물지 않는다. 사이버 공간에서 더 활성화 되었다. 또한 짐(Jim)의 경우와 같이 직장과 가정의 분리가 아니라 가정 내의 직장, 몸에 붙어 있는 도구로서 일과 가정의 구분을 허물었다. 이것은 전통적인 농경 사회의 일과는 또 다른 차원이다. 가정에 침투한 일의 경계는 개인의 사생활을 알게 모르게 침해한다. 끝없이 일할 수 있는 차원이 열린 것이다. 여기에는 하비 콕스가 염려했던 과거의 관료주의 색채는 설 자리가 없어진 듯 보인다. 사이버 공간에서의 업무 흐름은 수평적이며 동시적이다. 사람들은 과거의 수직적인 조직 구조로 일하지 않고 매트리스적인 구조로서 상호 연동한다. 보스도 한 사람이 아니고 여러 사람이 자신의 보스와 팀원이 되어 쌍방향(interactive)으로 일한다.

우리의 새로운 세속도시인 사이버 공간은 관료주의라기보다는 오히려 평등주의로 세상을 밀어 버렸다. 일과 종교적인 태도의 상관 관계에서도 – 하비 콕스 그 스스로는 구체적으로 확신하지 못하고 말했던 – 사이버네이션은 이 새로운 디지털 세속도시에서 이미 이루어졌고, 사이버 공간 자체를 하나의 종교적 대상으로 인식하게 만든다. 스마트폰과 인터넷으로 연결된 일상생활의 변형된 모습은 사람들의 생각과 생활 방식을 지배한다. 사이버 공산은 일상의 중심자로서 존재하는 것이다. 아침에 스마트폰의 알람 소리에 눈을 뜨고 스마트폰으로 날씨와 이메일을 점검한다. 출근하면서 증권 정보와 뉴스를 검색하고 회사나 가정에서는 PC로 연결되어 업무를 처리한다. 사업뿐 아니라 사생활의 모든 통신과 소통을 이메일과 메시징 서비스를 이용하여 사이버 공간에서 생활하는 것이 바로 현실의 모습이다. 그렇다. 지금 우리에게 있는 사이버 공간이라는 새로운 세속도시는 가정과 일과 놀이의 구분이 이미 없어진 도시, 아니 정확히 말하면 일과 놀이와 가정이라는 울타리가 혼재하는 도시이다. 그리고 이것은 마치 개인의 모든 것을 빨아당기고 주관하는 종교적인 위치에 와 있다. 그러한 변화의 중심에서 스마트폰은 단순한 휴대전화기가 아니라 사이버 공간으로 가는 포털(Portal), 즉 문이 되어 사람들을 그 세계로 인도하고 있다.

아빠, 유전자가 틀려요 – 새로운 다른 유전자(New Different Gene)

유빈이는 간혹 자신의 용모에 불만이 있으면 내 탓으로 돌린다.

"아버지 유전자(Gene) 때문에 그래요!"

그래, 잘된 것은 다 자기가 잘난 덕분이요, 못난 것은 다 지애비 탓이다. 내가 녀석의 나쁜 습관이나 생활 태도에 대해 야단이나 핀잔을 주어도 이내 아빠 탓으로 돌린다. It's your Gene~ Dad! 그런데 녀석은 유독 컴퓨터 문제로 나와 다투거나, 아이폰에 너무 열중해서 채팅할 때나 게임 문화에 푹 빠진 자신이 꾸중을 들을 때면 이렇게 말한다.

"유전자가 틀려요~ It's different Gene!~"

그렇다. 유전자(Gene)가 틀리다. 녀석은 디지털 원주민이고 나는 디지털 이주민이다. 녀석은 태어나면서부터 사이버 공간을 접했고, 나는 스무살이 넘어서야 접했다. 녀석은 속칭 스마트 문화에 젖어 살고 나는 그 스마트 문화를 배우고 산다. 지금의 기성세대들은 후세대인 10대~30대 초반들이 자신들과 다른 유전자를 보유하고 있음을 인정해야 한다. 그것은 바로 디지털 유전자(Digital Gene) 혹은 사이버 유전자(Cyber Gene)이다. 이들 세대는 사이버 공간의 속성 때문에 기성세대와 다른 정체성(Identity)을 갖게 되었다.

사람들은 흔히 사이버 공간이 개인을 규정짓는 일차적 조건으로 육체성의 거세(성별도 포함해서), 익명성, 개방성을 말한다. 다시 말해서 사이버 공간에서 개인은 남성·여성의 성적 정체성을 마음대로 바꿀 수 있을 뿐 아니라 자신의 정보를 무한대로 감추거나 다르게 만들수 있다. 그리고 개인은 글로벌(Global)하게 자기 자신을 전 세계와 함께 공유한다. 이러한 현실과 다른 정체성을 가진 개인은 사이버 공간이 구현한 시공간 상의 자유와 쌍방향적인 통신 방식, 비대면적인 교제 환경에서 새로운 유전자를 덧입는다. 이 새로운 유전자 즉 디지털 인자를 지닌 후세대들은 사이버 공간에서 이전에는 없었던 새로운 자아상－사이버 정체성－을 가지게 된다. 1980년대 이후에 태어난 이들 디지털 원주민은 자기 자신을 여러 가지의 인격체로 바꾸어 나타내 보이는 다중정체성에 대한 거부감이 기성세대에 비해서 미약하거나 아예 그런 구분조차 낯설게 느끼기도 한다.[10]

이들은 이전과는 전혀 다른 언어로 소통하는 데 익숙하다. 흔히 이모티콘(Emoticon)이라 불리는 일종의 상형문자 뿐만이 아니다. 이 새로운 유전자를 지닌 세대는 소통 방법에 있어서 과감한 축약과 생략, 조어, 기호 등을 뒤섞어 사용한다. 이들의 언어 파괴와 직선성은 과거 어디에서도 볼 수 없었고 또한 존재하지 않던 경지에 이르렀다. 이것은 또한 동서양을 막론하고 글로벌한 청소년 문화 현상이기도 하다. 과거 어느 때나 세대차(Generation Gap)는 늘 존재했다. 그러나 지금 우리가 경험하는 세대차는 과거 수천 년 동안 존재하지 않던 새로운 인자가 하나 더 추가된 상태에서 겪는 세대차이다. 바로 사이버 유전 인자를 새롭게 가진 후세대와 그렇지 않은 기성세대의 갈등은 인류에게 새로운 도전을 줄 것이다. 지금은 과도기이다. 아직은 정치와 권력과 세계의 대부분의 사회 조직이 디지털 이주민에 의해 운영되고 있고, 이제 디지털 원주민이 차츰 영입되어 가는 과정 가운데 있기에 그 양상이 두드러지지 않았을 뿐이다. 이제 디지털 원주민에 의해 세계가 운영될 그때, 우리는 급격한 변혁, 즉 과거에 존재하지 않던 변혁을 맞이하게 될지도 모른다.

벌써 특이하게 나타나는 사실은 바로 이 새로운 유전자가 신세대에만 머물러 있지 않고 기성세대로 점점 퍼져 가고 있는 현상이다. 이것은 태생적인 디지털 유전자가 아니라 변형된 그것의 감염처럼 보인다. 사이버 공간에서 점점 나이를 잊은 세대들이 나타난다. 가볍고도 경쾌한 언어의 유희와 재치있는 표현은 신세대의 전유물로 머물지 않는다. 기성세대들도 나름대로 이 새로운 유전자에 점차 물들어 간다. 비록 디지털 원주민만큼 능숙하기에는 한계가 따르지만 그 간격은 줄어든다. 세대 간의 소통을 위해서 어쩔 수 없는 것이기도 하지만 시대 문화가 사람들을 변화시키고 있다. 결국 우리는 현재 두 개의 유전자 사이에 끼인 세대로 살아가는 기성세대와 전혀 다른 유전자 즉 사이버 유전자를 가진 세대의 갈등 속에 2000년대를 살고 있다.

1. 아이뉴스, "한국 직장인 5명 중 4명이 스마트워커", 2012.03.12. http://news. inews24.com/php/news_view.php?g_serial=642872&g_menu=020200

2. Ibid.

3. 연합뉴스, "스마트폰 사용자 절반 넘었다", 2012.05.14. http://news.naver.com/main/ read.nhn?mode=LSD&mid=sec&sid1=105&oid=001&aid=0005612597

4. 행정안전부, "2012년 스마트전자정부 시행계획서", 2012.03.23, p1.

5. 《전자신문》, "(주상돈의 인사이트)스마트는 생활이다", 2012.05.30. http://www.etnews.com/news/opinion/2596107_1545.html

6. 《The Korea Times》, "Worker's performance improves with smartphone off", 2012.03.27. http://www.koreatimes.co.kr/www/news/tech/2012/03/325_107858.html

7. Ibid.

8. 윤혜성, "사이버 공간에서 소통이 갖는 교육적 의미", 인하대학교, 2009.3, p41.

9. 하비 콕스, 『세속도시』, 대한기독교서회, 1999, p191.

10. 김종길, "사이버 공간 속의 청소년 문화와 정체성", 덕성여자대학교 학생생활연구 소, 2001.2.

스마트폰이 대중화되면서
"사람들의 사이버 세상에서 소통은 활발해졌으나,
가족, 친구 간의 진정한 현실 소통은 더뎌지고 있다."
친구들과 커피숍에 모여 있어도
서로 대화를 하지 않고
각자 자신의 스마트폰에만 집중하는 모습을
이제는 어디서나 흔히 볼 수 있다.
한국에서 지하철을 타 보면 안다.
그 많은 사람들이 서로 무리를 지어 타고 긴 구간을 가는 동안
신기하게도 서로 대화가 없다.
그리고 부모와 자식이,
다정스런 연인이,
친구들이 단지 자신의 스마트폰에 열중하기만 한다.

6. 당신은 스마트한가?

참을 수 없는 시간의 가벼움 – 쿼터리즘(Quarterism)

영미권에서 만들어지고 유행하는 신조어 가운데 '쿼터리즘 (Quarterism)'이라는 용어가 있다. 이것은 사람들이 집중력을 발휘할 수 있는 시간이 길어야 채 15분을 넘지 못하는 현상을 두고 일컫는 말이다. 이 말은 특히 인터넷 사용이 일상화된 현대에서 인내심을 잃어버린 청소년의 사고, 행동 양식을 이르는 말로 널리 쓰이고 있다.[1] 어디 15분이랴, 솔직히 5분 이상 하나의 주제에 집중하지 못하는 것이 대다수의 현실이라고 보면 된다.(쿼터리즘의 쿼터(Quarter)란 4분의 1을 의미하는 말로서 시간으로 따지면 한 시간의 25%인 15분을 의미한다.) 첨단 정보 기술의 발달은 사람들에게 많은 편리를 제공해 주기도 하지만 이것이 오히려 사람들에게서 한 가지 일에 진득하고 진지하게 집중하는 능력을 앗아가고 있다. 지금 시대의 젊은이들은 복잡한 것보다 쉬운 것을 선호하며 한 분야에 대해 15분 이상을 채 대화하지 못할 정도로 지식의 빈약성을 보인다. 바로 이러한 젊은들을 일부에서는 '쿼터족'이라 부르기도 한다. 결국 "한 가지 일에 15분 이상 집중하지 못하는 현대인의 촐싹거리는 성향 모두는 쿼터리즘"이라고 말할 수 있다.[2]

이러한 쿼터리즘이 확산되는 원인을 한 신문 기사는 스마트폰에서 찾았다.[3] 사람들은 이제 시도 때도 없이 습관적으로 스마트폰의 터치 스크린을 열어 문자 채팅을 하고, 자신의 이메일을 확인하며, 새로 들어온 뉴스를 검색한다. 그 바람에 일에 대해 집중이 잘 되지 않을뿐더러 일의 흐름이 역시 자꾸 끊긴다. 이 신문 기사는 "휴대전화를 많이 쓰는 어린이일수록 '주의력 결핍·과잉 행동 장애(ADHD)' 증세를 보일 위험이 높다"고 소개했다. 휴대전화를 "일주일에 30~70시간 사용하는 어린이는 30시간 미만 사용하는 어린이에 비해 ADHD 증세를 보일 확률이 4.4배나 높다"는 것이다. 그들이 단순히 통화 목적으로 30시간 이상 휴대폰을 쓰는 것은 결코 아니다. 대부분의 휴대폰이 스마트폰으로 대체되는 현실에서 게임, 채팅, 인터넷 검색, 전화 이 모든 것이 휴대폰에서 이루어지고 있기 때문이다.

그러나 주의력 결핍이 이제 결코 어린이에게 한정된 것만도 아니다. 산만함은 어른이나 아이나 가리지 않고 나타난다. 다 큰 성인이나 대학생들도 운전이나 보행 중에 열심히 스마트폰을 들여다 보는 경우가 많다. 달리 급한 일이 없어도 습관적으로 스마트폰을 열어 본다. 그리고 앱을 두드리고 인터넷으로 뉴스를 검색하며 문자를 보내고 상대편의 반응을 본다. 이것은 한국뿐 아니라 세계 어느 나라에서도 자주 볼 수 있는 현상이 되고 있다. 길에서 이어폰을 끼고 음악을 듣는 것은 예사이고 스마트폰을 들여다 보고 걷다가 사고 위험이 높아지는 케이스가 빈번해졌다. 미국의 어느 도시에서는 "보행 중 문자를 주고받다 적발되면 무단횡단에 버금하는 범칙금"을 물리기까지 한다. 휴대전화로 인한 사고가 잇따르자 취해진 조치라고 한다. 오죽하면 구글의 에릭 슈미트(Eric Schmidt) 회장이 "하루에 한 시간씩 스마트폰과 인터넷을 끄고 사랑하는 사람의 눈을 들여다보며 진짜 대화를 나누라"고 당부하기까지 이르렀을까.[4] 만약 당신이나 주위 사람들 가운데 누구라도 스마트폰을 사용하면서부터 어떤 일이나 대화에 5~15분 이상 전념하지 못하거나, 대화 가운데 쉽게 주의가 산만해진다면 스마트폰 중독 혹은 쿼터족이 되어 가는지에 대해 진지한 의심을 해 볼 필요가 있다.

스마트폰은 TV와 인터넷과 전화 등 이제까지 개발된 모든 통신 수단을 삼켜 버렸다. 그리고 사용자에게 끝이 없는 정보와 오락과 세상과의 연결을 제공한다. 바로 무한 오락의 세계를 열어 보인 것이다. 스마트폰을 이용하는 사람들은 스마트폰이 제공하는 서비스를 즐기는 가운데 나름 자신의 욕구가 충족되고 만족과 즐거움을 느끼게 된다. 그러나 이내 이러한 만족과 즐거움에는 내성이 생기고 만다. 이 내성 때문에 금단 증세가 나타나면 또 다시 즐거움을 맛보고자 하는 욕구가 생긴다. 그래서 그는 다른 새로운 것을 찾게 된다. 결국 "욕구-충족-내성-금단 증세가 계속 반복되면서 몰입 상태에 빠지게 된다." 그렇기 때문에 사용자는 더욱 더 폰에 몰입되고 급기야 자신의 주위 환경이나 옆에 있는 사람에게 신경을 쓸 겨를이 없어진다. 민영 고려대 교수는 "소통이란 설득과 경청을 통해 구현된다"고 말했다. 그런데 "스마트폰에 몰입하면 상대의 말을 제대로 경청할 수 없으므로 진정한 소통이 될 수가 없다"고 그는 말했다. 이제 주위에서 사람들과 대화보다는 스마트폰과 대화에 능한 사람을 얼마든지 볼 수 있다. 정작 자기와 같은 공간에 있는 사람과는 끊기는 소통을 하면서도 계속 스마트폰을 만지작거리면서 제 3자, 제 4자와 연결한다. 거기서 진정한 인간 관계의 소통을 바라는 것은 무리이다. 아니 오히려 관계가 틀어지기 위한 것이 아닌가 추측하는 것은 과한 표현이 아니다.[5]

중독된 사랑 - 오! 노모포비아... 나는 늘 그대를 터치하고 싶다

2012년 3월, 미국의 CNN은 인터넷 보안전문업체인 '시큐어엔보이(SecurEnvoy)'의 조사결과를 인용해 "영국민 1,000명 가운데 66%가 휴대전화가 없으면 불안한 증세를 보이는 것으로 조사됐다"고 보도한 적이 있다. 이것은 1년 전에 이루어진 같은 조사보다 11%나 늘어난 수치였다.[6] 일명 '노모포비아(Nomophobia)'[7]라고 일컫는 이러한 증세는 사람들이 휴대폰이 없을 때 느끼는 공포증으로서 이제 노모포비아가 광범위하게 확대된 것을 알 수 있다. 이 보도에 의하면 나이가 젊을수록 노모포비아의 증세는 심각한 것으로 나타나 "영국민 중 18~24세의 경우 전체 응답자의 77%, 25~34세 중 66%가 노모포비아를 겪고 있으며. 또 여성과 남성이 각각 70%, 61%로 나타나 여성이 남성보다 더 심각하게 느끼고 있다"고 한다. 이것은 사실 어느 특정 국가의 이야기가 아닌 전 세계적인 현상이라고 볼 수 있다. 비즈니스를 하는 사람들이 휴대폰을 잊어버리고 출근하는 경우에 느끼는 공포에 한

정된 것도 아니다. 학생, 주부, 직장인, 자영업자 가릴 것 없이 그 어느 누구라도 이제는 휴대폰을 가지고 있지 않으면 불안한 증세를 보인다. CNN의 보도처럼 사람들은 휴대폰이 없으면 외롭고 불안하며 일상 생활에 커다란 차질을 가질 지경에 이르렀다.

나도 유빈이도 그런 증세를 보인다. 심지어 유빈이는 학교에 가다가 아이폰을 집에 두고 왔다고 되돌아온 적도 있다. 녀석은 등교하다가 되돌아오면 지각한다는 사실에도 아랑곳하지 않았다. 왜냐고 물으니 친구들과 연락이 안 된다는 것이다. 나중에라도 연락하면 되지 않냐고 반문하니 중요한 메시지를 못받게 되면 속칭 "문자를 씹는다('대꾸를 하지 않는다'는 의미)"고 불평이 이만저만이 아니라는 것이다. 사실은 친구들의 불평 정도가 문제가 아니라 본인이 불안해하는 것이 더 큰 원인이다. 어쨌든 휴대전화가 없으면 나도 녀석도 불안한 것은 사실이다. 이제는 집 전화번호도 가끔 까먹고 친구들 연락처는 아예 기억조차 하지 못한다. 모두 휴대폰 메모리에 저장해 놓았기 때문이다. 이런 실정이니 학생이라도 일상생활에 차질이 있을 수밖에 없다.

사람들은 이제 친구를 만나거나 연인을 만나도, 그 어느 모임에서도 스마트폰에서 손을 떼지 않는다. 심지어 화장실에 가면서도 한 손에는 스마트폰을 들고 가서 인터넷을 검색하고 음악을 듣고 뉴스를 본다. 지저분한 것 같지만 시간 때우기에는 그만이고 화장실 분위기를 잊고 지낼 수 있는 장점이 앞선다. 흠~ 화장실에서 화면을 만지며 조작하다가 세균에 감염될 우려도 있지만 말이다. 손을 씻어도 화면을 만지는 손가락 부분 끝까지 늘 깨끗이 씻는 것은 아니지 않는가? 지난해에 유빈이는 심지어 화장실 안에서 아이팟(아이폰이 아니라 다행이었다.)을 만지작 거리다 그냥 변기통에 빠뜨린 처절한 경험도 있었다. 빠진 아이팟을 건지느라 향기롭지 못한 고생에도 불구하고, 끝내 기계는 복구하지 못했다. 복구될 리가 없잖은가? 아직 방수처리 된 아이팟은 없다. 이 사건은 그 후로도 오랫동안 녀석의 아킬레스건이 되었다. 프핫핫! 녀석의 휴대폰 중독 제어에 효과 만점으로 이용된 것이다. 적어도 화장실에는 아이폰을 들고 가지 않는다. 과거에는 지하철이나 버스를 타고 가면서 책이나 잡지, 신문을 보았지만 이제는 스마트폰 하나만 있으면 만사 OK이다. 어떤 사람들은 잠자리에서조차 아예 손에 쥐고 잠을 잔다고도 들었다.

어느 시장 조사에 의하면 "20대 초반 이용자의 절반 이상(55.5%)이 스마트폰을 가까이 두고 잠을 자는 것으로 나타났다." 앞에서 말한 화장실에 들고 가는 경우는 10명 중 6명 이상(63.3%)으로 나타났다.[8] 음~ 어쩌면 천만다행이 아닐 수 없다. 유빈이만 별난 녀석이 아닌 것이다. 이러한 스마트폰 중독 증상은 사람들로 하여금 신체적인 불균형을 갖게 만든다. 스마트폰을 사용하다가 거북이 목이 되어 뒷목이 뻐근하거나 어깨가 아프다. 엄지족처럼 손이 찌릿하다고 불평하는 사람들도 있다. 이제는 어떤 작은 화면이라도 만지기만 하면 즉각 반응할 것 같다. 스마트폰에 익숙해져 자신도 모르게 다른 디지털 기기의 화면을 만져 본다는 사람이 이 조사에서 10명 중 4명(39.7%)에 이르렀다. 심지어 "스마트폰 전지의 충전량이 줄어들어도 불안하고 스마트폰이 고장 나면 친구를 잃은 것 같은 느낌이 든다"는 사람들도 있었다.

아이들과 스마트폰 중독

　　부모들이 아이들과 스마트폰 때문에 신경전을 벌이는 것은 이제는 낯선 일이 아니다. 아이들이 시도 때도 없이 띵띵 울리는 카카오톡 대화에 푹 빠져 있거나 일대 다수의 채팅에 몰두하기 때문에 짜증나는 것도 그렇다. 이러한 문자 채팅은 공부하는 중간에도 지속되고, 또 잠을 자지 못하게도 한다. 아이들이 주고받는 문자가 많으면 하루 1,000건도 더 된다고 밝혀졌다.[9] 이럴 때 스마트폰은 외부 세계와의 무한 접속 창구가 된다. 상상하는 모든 것이 다 되는 이 "스마트폰은 아이들에게 있어서는 또래끼리 친밀감을 공유하는 '소통 수단'이자 '놀이'가 되었다."[10] 그렇기 때문에 만약 아이들에게서 스마트폰을 강제적으로 뺏는다면 이것은 바로 아이를 또래집단에서 단절시키는 수단이 될 수도 있다.

　　《부산일보》와의 인터뷰에서 강병구 정신과의원(소아청소년정신건강클리닉) 원장은 "또래끼리 뭉쳐 있기를 추구하는 청소년들은 공간적으로 함께 있지 못해도 카톡 등을 통해 친밀감을 공유할 수 있기 때문에 SNS(소셜 네트워크 서비스)에 집착하는 것"이라고 분석한 적이 있다.[11] 그는 "자녀가 스마트폰에 과도하게 집착한다면 그 집착의 이유가 무엇인지부터 제대로 알아보고 통제를 해야 한다"고 조언했다. 즉 아이의 성격 때문인지, 아니면 또래 집단과의 관계성 때문인지를 파악하라는 의미이다. "혼자 있는 것을 못 견디는 아이들은 카톡 대화 등을 통해 혼자가 아니라는 것을 확인하고 싶어한다"는 그의 분석은 아이들이 관계성 때문에 스마트폰과 떨어질 수 없는 이유를 설명해 준다.

　　스마트폰 때문에 십대 자녀를 꾸짖다가 홧김에 휴대전화를 깨뜨리

는 경우도 많다. – 아내는 아이들이 어렸을 때 닌텐도 DS를 과감히 부
숴 버렸지만 아직 아이폰은 감히 던지지 못했다. 훨씬 비싼 제품이라서
그런 것인지? – 부모들이 휴대전화를 깨뜨린 가장 큰 이유는 바로 이
것이 게임기를 훨씬 능가한 기능으로 아이들을 현혹했기 때문이다. 이
전까지는 컴퓨터로만 가능하던 대부분의 활동들이 스마트폰으로 모두
가능해졌다. 전화, 문자, 게임, 인터넷 검색, 음악, 영화 감상까지 모
든 것이 가능하다. 집안의 어디에 설치하느냐에 따라 어느 정도 통제가
되었던 컴퓨터와 달리 '손안의 컴퓨터'인 스마트폰은 한층 규제하기가
힘들다.

사실 이것이 어디 아이들에게 한정된 이야기이랴. 솔직히 성인의
세계에서도 마찬가지로 적용된다. 스마트폰에 집착하는 어린이와 청
소년은 대응 방법이 각기 다를 필요가 있다. "초등학생의 경우에는 부
모가 강제성을 발휘"할 수 있지만 중·고생의 경우에는 스마트폰 사용
에 관해 "부모와 적절한 합의를 통한 조절"이 바람직하다. 부모들이 청
소년들로 하여금 서로 어울려 운동을 하거나 취미 활동을 같이 하는 등
자연스럽게 오프라인 활동 시간을 권장하고 그 여건을 만들어 주는 것
이 필요하다. 그럴 때 아이들은 자연스럽게 활동적이 된다. 위의 같은
기사에서 박노해 부산아동청소년상담센터 오아시스 원장은 "자녀가 스
마트폰에 집착한다고 해서 스마트폰 사용 문제에만 포커스를 두면 십
중팔구 문제 해결에 실패한다"며 "과도한 집착은 다각적인 측면에서 접
근해야 할 문제"라고 조언했다.[12]

아이들이 노모포비아 증세를 겪는 것은 결국 스스로 자율적인 조
절 능력이 없거나 그럴 여건이 되지 않는다는 의미이다. 조절력은 현실

적 운동이나 놀이 같이 생활 습관을 개선시키는 가운데 나타난다. 스마트폰 중독의 심각성을 느끼고 어느 날 갑자기 부모가 하지 말라고 간섭하면 자녀들은 반발심부터 가질 것이다. 그렇지 않아도 평소 "공부 때문에 잔소리를 많이 듣던 아이들은 부모의 간섭을 또 하나의 잔소리 정도"로 여길 수 있다. 아이들의 스마트폰 중독은 컴퓨터나 사이버 중독과 마찬가지로 온라인 세상에서 오프라인 세상으로 나오려는 본인과 가족의 노력이 우선한다. 스마트폰이 휴대하는 전화기 혹은 멀티미디어 기기라는 특성 때문에 접근 방법이 다를 수도 있지만 적어도 하루 중 일정 시간은 스스로 스마트폰과 떨어져 생활하는 훈련을 하는 것이 필요하다.

부모들이 어린 유아들에게 스마트폰을 가지고 놀게 만드는 태도도 문제이다. 주위에서 어린 유아들에게 스마트폰을 가지고 놀게 하고, 그 사이 어른들은 수다를 떨거나 다른 일을 하는 것을 자주 목격한다. 그 아이들은 어느 정도 시간이 지나면 스스럼없이 스마트폰을 키고 능숙하게 조작하며 게임도 즐긴다. 어른들은 이런 아이들의 모습을 보고 똑똑하다고 착각한다. 하지만 이런 경우 나타나는 유아의 스마트폰 중독은 정상적인 아이보다 심각하다고 볼 수 있다. 그들의 뇌는 우측 전두엽 활동이 떨어져서 주의력 결핍 장애가 나타나고 인지 기능 및 학습 능력도 떨어질 가능성도 클 뿐더러, 결국 어렸을 때 익혀야 할 대인관계 형성 능력에 좋지 않은 영향을 미칠 수 있다. 또한 유아들이 웅크린 자세로 장시간 스마트폰을 다루면서 몸의 불균형을 초래하기 십상이다. 시력이 나빠질 가능성이 크고 목에 무리를 주어(거북목 증후군) 성장을 방해하며 체형을 불균형하게 만들 수도 있다. 작은 화면에 집중하여 보는 것이 좋지 않다는 것은 상식이다. 시력 발달에 악영향을 미쳐서 근시가 될 수도 있을 것이다. 이 얼마나 어리석은 행동인가? 유아기 때는 장남감과 흙과 같은 물체를 만짐으로써 촉각과 후각, 시각, 청각을 통한 균형잡힌 발달을 도모해야 하는데 단순히 화면에 나타난 게임이나 동영상을 보면서 손가락을 통한 화면터치만 가르친다면 이것은 심각한 지적·감성적 불균형을 초래할지도 모른다.

소통(Communicated)? 아니면 연결(Just Connected)?

나이에 상관 없이 이제 사람들은 스마트폰으로 채팅을 하고 SNS 활동을 하면서 끊임없이 친구와 지인들과 소통한다. 십대들의 경우 스마트폰은 원래의 전화 기능보다는 문자와 페이스북·트위팅과 같은 소셜 네트워크를 위한 도구로 훨씬 더 쓰인다. 유빈이도 마찬가지이다. 친구에게 급히 전할 말이 있을 때 전화를 걸면 되는데 굳이 문자를 보내고 대답을 기다린다. 그리고는 친구가 문자를 보내지 않는다고 불평한다. 옆에서 보다가 답답한 마음이 들어 전화로 대화하라고 말해도 듣지 않는다. 그런데 녀석만 그런 것이 아니라 대부분의 십대들이 음성통화보다는 문자를 더 선호하는 현실을 발견했다. 어쩌면 비정상적으로 보이는 이러한 문자 메시지 선호 현상은 채팅 문화와 결합해서 그들 가운데 독특하면서도 이상한 소통 방식으로 나타난다. 애초에는 음성 통화 비용을 아끼기 위해서 그랬을 것이지만 이제는 굳이 음성 통화분수가 남아도 그들은 문자를 선호한다. 여러 원인이 있겠지만 가장 큰 이유는(비록 음성일지라도) 직접적인 일대일 통신을 회피하는 심리적 부담감이 두드러지게 보인다.

트위팅에 올리는 글은 순간적이며 촌철살인적인 재치와 의견이지만 상대방과 나와의 일대일 소통이라기보다는 대중 앞에서의 자신을 드러내는 공개된 의사 표현에 가깝다. SNS 상에서의 다수와의 채팅은 친구들이 모여 떠드는 수다에 가깝다. 한 명의 친구와 채팅 역시 시간과 공간에 구애됨이 없이, 또 자신이 현재 집중하고 있는 일이나 행동에 상관없이 이루어질 수 있는 자유가 있다. 그렇기 때문에 직접적인 음성 통화보다는 십대들은 오히려 문자 채팅 방식을 취한다. 이러한 모든 현상은 사실 소통(Communicate)이라기보다는 자기 자신이 저쪽(개인이든 무리이든)과 계속 연결(Connected)되어 있는 현실에 안도하는 것으로 보인다

그러나 자기 자신은 저쪽과 끊임없이 연결되어 있지만 정작 자신이 지금 현재 함께 하고 있는 사람들과는 단절된다. 가족이나 연인, 친구들과 같은 공간에 있어도 사람들은 제각기 스마트폰을 들고 자신들의 세계로 쉽게 빠져 버린다. 대화를 하거나 식사를 하거나 모임을 가져도 중간중간에 스마트폰으로 울리는 문자 도착 알림과 친구들과의 채팅, 사진 공유에 신경이 팔려 같은 공간에 있지만 결코 서로에게 집중하지 않고 산만한 만남을 만든다. 가족들이 함께 집에 모여 있어도 아빠는 트위터나 뉴스 검색을 하거나 진구들과 대화에 바쁘고, 아들은 페이스북으로, 대학생인 딸은 카카오톡과 같은 문자 채팅으로 친구들과 쉴 새 없이 대화를 주고받는다. 그들이 함께 이동하는 자동차 안에서도 운전자를 제외하고는 각자 스마트폰으로 개인적인 일상을 누린다. 회사에서 업무 중에도, 회의에도, 집중하지 못하고 스마트폰으

로 끊임없이 무엇인가를 체크하고 자신의 존재를 확인한다. 카카오톡의 모든 채팅과 메시지에 로그온 되어 있기를 원한다. 이렇듯 사람들은 24시간 자신과 함께 하는 카카오톡으로, 트위터로, SNS로, 커뮤니티로 단지 서로가 연결(connected)되어 있지만 진정으로 서로 소통(communicated)하지 못하고 있다.

결국 스마트폰이 대중화되면서 "사람들의 사이버 세상에서 소통은 활발해졌으나, 가족, 친구 사이의 진정한 현실 소통은 더뎌지고 있다."[13] 친구들과 커피숍에 모여 있어도 서로 대화를 하지 않고 각자 자신의 스마트폰에만 집중하는 모습을 이제는 어디서나 흔히 볼 수 있다. 한국에서 지하철을 타 보면 안다. 그 많은 사람들이 서로 무리를 지어 타고 긴 구간을 가는 동안 신기하게도 서로 대화가 없다. 그리고 부모와 자식이, 다정스런 연인이, 친구들이 단지 자신의 스마트폰에 열중하기만 한다. 길가의 찻집에서도 이러한 광경은 마찬가지다. 사람들은 서로 마음을 열고 대화하는 가운데 갈등을 해소하고 상대방을 이해하게 된다. 설령 싸우더라도 그 싸움 가운데 타인을 알아간다. 그런데 데이트하는 남녀가 다정스런 대화의 시간을 없애고 그저 열심히 자신의 스마트폰만 들여다 보고 있다면, 그래서 만약 그 상태로 결혼한다면, 연애하는 기간에 때로는 갈등을 하기도 하며 서로를 알아가는 시간을 스마트폰에 빼앗겼기 때문에 결혼생활 중에 생기는 갈등 조정에 새로운 시간과 노력이 필요하게 된다. 아니 어쩌면 갈등조차 없을 수도 있겠다. 스마트폰으로 들어가면 되니까.

사이버 불링 – 스마트 왕따, 그리고 사이버 주홍글씨

아이들 사이의 왕따는 현실 세계에만 있는 것이 아니라 사이버 공간에도 엄연히 존재한다. 이름하여 '사이버 불링(Cyber Bullying)'! 이 말은 "온라인 상에서 이루어지는 비방, 욕설, 악성 댓글, 이메일과 같은 언어 폭력을 의미하는 것으로 인터넷 상에서 어느 특정인을 대상으로 하는 집단 괴롭힘"을 의미하는 말이다. 과거에는 인터넷의 커뮤니티나 SNS에서 성행하던 이 현상이 이제는 스마트폰의 대중화로 인해 더욱 심화되고 손쉽게 전파되었다. "집단으로 특정인을 욕하거나 협박 또는 모욕을 가함으로써 사이버 왕따를 가능하게 하는 수단"으로 나타나는 것이다.[14] 2011년 대구 중학생 자살 사건에서 볼 수 있듯이 가해 학생들의 "문자 메시지를 통한 지속적인 욕설과 협박, 강요 등은 심각한 정신적 압박과 함께 2차 폭력의 주원인"이 되기도 하는 이 사이버 왕따는 십대들 사이에 만연해 있다. 급기야 행정안전부는 이 소리 없는 폭력, 사이버 왕따 진단과 해법을 위해 정부 차원에서 정책 세미나를 개최하기도 했다.[15]

사이버 왕따는 비단 한국만의 문제도 아니다. 전 세계 청소년의 절반 이상이 사이버 왕따 때문에 고민한다는 연구 결과가 최근에 나왔다. 마이크로소프트(MS)가 파악한 이 조사는 2012년 초 전 세계 25개국 8세~17세 사이 청소년 7천600명을 대상으로 한 조사에서 밝혀진 것으로서 조사 대상자의 54%가 사이버 왕따 문제를 고민하고 있었다. 그리고 24%는 자기 자신이 사이버 왕따를 해 본 적이 있다고 답했다.[16] 여기서 주목할 만한 사실은 피해자의 상당수가 부모와 이 문제를 의논하지 못했다는 데에 있다. 부모들 가운데 그나마 아이들에게 해결

책을 설명해 준 것은 전체의 29%에 불과했다.

　사이버 왕따의 방법은 다양하다. 이메일이나 메신저 등을 이용한 소문 퍼뜨리기, 메신저 차단, 안티 카페 개설, 일촌 거부, 끊임없는 문자 메시지, 동영상, 사진찍기와 이에 따른 협박. 악플달기 등 사이버 불링은 한 개인의 인격을 깡그리 무시하고 그의 사생활을 공황 상태로 충분히 몰고 갈 정도로 방식이 다양하고 또한 다분히 폭력적이다. 청소년의 경우 "스마트폰, 소셜 미디어 등 스마트 기기 사용이 생활화되면서 학교 안팎의 구분은 이제 의미가 없어졌으며 사이버 집단 따돌림 현상은 빠르게 확산"되고 있다.[17] 이것은 극악한 범죄라고 말할 수 있을 정도의 폭력성을 띠고 있지만 아직 사회적인 제재와 인식이 사후 처방에 급급하다. 스마트폰이 대중화된 지금의 현실에서 극복해야만 하는 대표적인 역기능 중 하나라고 볼 수 있다.

　급기야 일명 '떼카'라고 불이는 사이버 불링이 한 여고생의 목숨을 앗아가는 사건도 있었다.[18] '떼카'란 한국에서 경이적인 대중적 인기를 가진 카카오톡 서비스의 그룹 채팅방에서 채팅하는 것을 의미하지만 이것은 이제 여러 명이 작정하고 한 사람을 괴롭히는 행위를 일컫는 말로 쓰일 수도 있다. 그곳에서 십수 명의 아이들이 한 여고생을 상대로 입에 담기도 힘든 욕을 쏟아 부었다. 그들 가운데 피해자와 직접 알지 못하는 사람도 있었고 또 그다지 친하지 않은 사람도 있었다. 피해자가 어떤 큰 실수나 잘못을 저지른 것도 아니었다. 사소한 행동 하나 혹은 한 개인적인 관계성 때문에 피해자는 사이버 상에서 불특정 다수로부터 집단 괴롭힘을 당했었다. 그리고 2012년 8월 그렇게 괴롭힘을 당한 여학생은 사이버 폭력의 충격을 이기지 못하고 결국 자살하고 말았다.

여기서 질문이 있을 수 있다. 첫째, 그러면 그러한 채팅방에 들어가지 않으면 되지 않은가? 그렇지 않다. 카카오톡의 성격상 자신의 주소록에 등록된 모든 사람과 친구가 되고, 앞에서 밝혔듯이 휴대폰 채팅 문화는 디지털 원주민 세대에 있어서는 교제의 장인 동시에 또래 집단과의 연결 통로이다. 뿐만 아니라 초대가 되면 어떤 성격인지 몰라도 대부분 들어가며(알 수도 없다) 일단 들어가면 현실 세계와 똑같이 작용한다. 물러선다는 것은 곧 패배인 동시에 약자의 모습이다. 욕설이 나오면 더 세게 욕을 해서 이기거나 다른 합리적인 승리 방식을 찾아야 한다.

둘째, 휴대폰을 끄면 되지 않는가? 그렇지 않다. 채팅이나 사이버 불링이 무서워 휴대폰을 끄면 다른 활동이 전혀 불가능하고 고립을 각오해야 한다. 디지털 원주민의 속성상 사이버 세계와의 단절은 곧 외부 세계와의 단절을 의미한다. 이 두 가지에서 볼 수 있듯이 십대들의 문화에서 사이버 세계는 소통의 장인 동시에 현실에서는 상상할 수 없는 폭력과 괴롭힘을 가능하게 한다.

사이버 불링은 학생들에게 국한된 것이 결코 아니다. 스마트폰의 경우 디지털 카메라 못지않은 카메라 기능과 음성 녹음 기능이 개인의 프라이버시를 수시로 침해한다. 자신의 의지와는 상관없이 익명에 의해 영상이 녹화되거나 사진이 찍혀 실시간으로 제 3자들에게 배포된다. 지하철의 개똥녀, 맥주녀, 막말녀 등에서 볼 수 있듯이 한 개인의 실수 혹은 일탈을 그 당사자의 인격을 무시한 채 아무런 거리낌 없이 제 3자가 녹화하고 욕하며 퍼트리는 사회적 현상은 극히 우려할 만한 현상이다. 개똥녀나 맥주녀들을 옹호하는 것이 아니다. 우리 사회가 한 개인의 도덕 상실이나 실수, 혹은 인격적인 결함에 대한 훈계를 주기보다 그것을 훨씬 넘어서서 집단적인 사회 따돌림과 뭇매, 마녀사냥을 부추기고 있는 현상이다. 이러한 반응과 행위는 지극히 비정상적인 폭력적 행위라고 감히 말할 수 있다. 이것은 "사이버 주홍글씨"이다. 사회가 집단적으로 한 개인에게 낙인을 찍는 행위이다. 유감스럽게도 스마트폰이라는 문명의 이기가 뜻하지 않게 사이버 불링의 폭력적인 도구로 악용되고 있다. 현재 우리는 이러한 현실을 무감각하게 지켜보거나 동참하며 오히려 자기 자신을 사이버 불링하고 있다.

이것은 단지 게임일 뿐이야!(Just a Game)

그렇다면 왜 이런 사이버 불링, 사이버 주홍글씨가 성행하는가? 나는 그 원인을 우선 온라인 문화에서 찾고 싶다. 디지털 원주민 세대는 특히 온라인 게임에 익숙하다. 그리고 채팅 문화에 역시 익숙하다. 그들이 온라인 게임에서 경험하던 폭력성과 잔인성은 사이버 정체성(Cyber Identity)에게 면역력을 주었으며 그들이 발휘하던 게임 공격 능력은 채팅에서도 역시 유효하게 나타난다. 앞에서 밝혔듯이 사이버 공간에서 형성된 사이버 정체성은 현실의 자아와 분리되는 속성을 지녔기에 사이버 상에서 이루어지는 어떤 폭력에도 그들은 죄책감이 잘 형성되지 않는다. 십대들은 자신이 즐기던 온라인 게임과 사이버 공간에서 형성된 또 다른 자아로 상대방을 대한다. 때문에 자신이 공격하는 상대방을 하나의 인격으로 인지할 능력이 부족할 수 있다. 또한 자신의 공격이 갖게 되는 현실적 힘에 대한 느낌조차 사이버 공간이라는 공간 특성상 희석되고 만다. 얼굴도 모르는 여학생에게 욕설을 퍼부으면서 그것조차 게임처럼 느끼고 즐기는 것이다. 다수가 한 사람을 공격하는 것이 게임에서 적을 상대하는 것 같다. 단지 게임의 연장선에 있을 뿐이다. 그리고 공격 대상을 그로기 상태로 몰아붙인다. 한 사람이 주동이 되어 "모여라!" 하면 온라인 게임에서 발휘하던 협업은 그대로 발현된다.

"이것은 단지 게임일 뿐이야."

그들은 무의식적으로 생각하고 재미로 설정한다. 급기야 '티아라 놀이'라는 왕따 놀이가 초등생 사이에 만들어진 것 역시 같은 맥락이다.[19] 이것을 연예인 문화가 어쩌다 파급되는 것으로 보면 안 된다. 사이버 공간에서 이루어지는 왕따 현상을 디지털 원주민들이 게임처럼 느끼고, 사이버 공간을 하나의 게임 현장처럼 보는 그들의 관점 때문이다.

사이버 주홍글씨 역시 마찬가지이다. 상대방의 인격이나 입장과 환경은 중요한 것이 아니다. 자신이 생각해서 정당하고 재미있으며 흥미로운 것이면 사진을 찍고 동영상을 만들어 올린다. 사회적인 반응과 주위의 호응이 사이버 상에서 활발히 이루어지면 사이버 자아는 행복감을 느낀다. 내가 너무 과장한 것일 수도 있다. 하지만 한국 사회에 만연한 사이버 불링 현상을 보면서 디지털 원주민이 즐기고 있는 게임 문화를 떠올리지 않을 수 없었다. Just a Game!! 우리는 과연 얼마나 스마트해져야 될까? 심각하게 고민해 보아야 할 문제이다.

그러면 어떻게 이것을 멈출 수 있을까? 최근 미국에서 발생한 선플(악플이 아닌, 좋은 댓글) 운동이 하나의 좋은 본보기가 된다. 미국에 사는 케빈 커윅(Kevin Curwick)이라는 17세 소년은 자신의 학교에서 사이버 왕따 현상이 만연한 것을 보고 혼자 용감히 일어섰다. 미네소타 주(州) 아시오고교의 미식축구팀 주장인 그는 과거와 달리 "아이들이 교실이나 운동장 같은 물리적 현실 공간에서 왕따를 당하는 것이 아니라, 트위터와 같은 소셜 네트워크에 숨어서 움직이는 친구들에 의해 괴롭힘을 당하는 것"을 보고 놀랐다. 그래서 이와 같은 비겁하고 야비한 현상을 고치기 위해 자기 스스로 트위터 계정을 만들고 온라인 왕따를 당하는 친구들에 대해서 그들의 장점과 매력을 트윗하기 시작했다. 예컨대 "누구는 늘 남을 먼저 배려해 주는 좋은 아이, 누구는 공부도 잘하지만, 춤도 잘 추고 너그러운 친구, 누구는 예술가 기질이 뛰어난데, 친구로는 더 좋은 아이, 우리 팀의 누구는 진국이다."[20] 이러한 그의 트윗에 대한 반응은 놀라울 정도로 뜨거웠다. 마침내 특정 아이를 왕따시키던 트위터 계정들은 하나 둘씩 점점 없어지고 反왕따(anti-cyber-bullying) 계정과 칭찬 계정들이 트위터에 속출하기 시작했다. 이 운동은 또한 다른 학교들로 확산됐다. 그의 행동에 대해 사람들은 "잘못이라고 생각되는 것에 무언가 행동으로 맞서거나 또다른 사람들을 옹호하는 것은 용기를 필요로 하는데 커윅이 그것을 해냈다"고 칭찬했다. 그의 행동이 많은 사람들의 호응과 감동을 불러 일으킨 것이다. 이것은 결코 남의 이야기로 끝나거나 일회성으로 끝나면 안 된다. 우리도 할 수 있다. 가식적인 것이거나 지어낸 것이 아니라 진실되고 용감하며 타인을 배려하고 이해하는 소통이 이루어질 때 사이버 왕따라는 왜곡되고 비겁한 행위는 사이버 공간에서 점점 설 곳을 잃게 될 것이다.

대한민국 스마트 교육 프로젝트…, 그러나

앞장에서 밝혔듯이 한국은 정부 주도로 스마트 전자정부를 2015년까지 완성하는 청사진을 마련해 놓았다. 그리고 세계 최고의 모바일 전자정부를 만드는 것을 목표로 세웠다. 이러한 정부의 의지에 발맞추어 교육과학기술부 또한 '스마트 교육 추진 전략'이라는 것을 만들었다. 이 내용에 의하면 2015년부터 한국의 초·중·고교생들은 태블릿 PC와 스마트패드 등을 이용하여 디지털 교과서로 공부를 하게 된다. ─ 여기에서 스마트(SMART)가 뜻하는 바는, Self directed(학생 스스로 자기 주도적으로), Motivated(학습에 흥미를 갖고), Adaptive(수준과 적성에 맞는), Resource enriched(풍부하고 다양한 자료를), Technology embedded(정보기술 등 IT 기기를 활용한 학습)을 의미한다. 이 프로젝트를 위해 교과부는 사업자를 하나씩 선정하고, 다양한 교육관련 기업들로부터 디지털 교과서에 이용할 수 있는 콘텐츠를 기부받는 일을 단계별로 추진하며 진행하고 있다.[21]

오호~ SF 영화에서나 보았던 그런 교육 체제와 환경이지 않는가? 이 야심찬 계획은 세계 어느 나라에도 결코 뒤지지 않는다. 하지만 여기서 우리는 몇 가지 진지한 고민을 해 볼 필요가 있다. 첫째로 이러한 스마트 교육 사업을 추진할 때 학교와 교사의 자발적인 참여없이 정부와 기업이 앞서서 주도한다면, 결국 학교 수업의 실질적인 개선을 이끌어 내지 못할 가능성이 매우 농후하다. 유감스럽게도 지금 한국에서 벌어지는 스마트 교육 추진은 "학교와 교육을 단지 수익 창출의 시장으로 보는 기업들의 사업적인 접근" 성격이 강한 듯 보인다. 아쉽게도 실질적으로 스마트 교육 추진 전략에 가장 큰 관심을 보이는 곳은 학교나 교사들보다는 태블릿 PC 제작 기업, 교육 콘텐츠 개발 기업, 서버 관련 기업, 무선망 관련 기업들이라는 현실은 이러한 우려를 단순한 기우라고 말할 수 없게 만든다.[22]

둘째로 스마트 교육 방법과 내용에 대한 역기능 문제다. 스마트 교육 방법들이 오히려 학생들의 학습 능력을 손상시키고 교사와 학생 사이의 유대감을 약하게 만들 수 있다는 우려의 목소리는 다양하다. 교육이란 결국 아이들의 잠재력과 창의력, 독립심, 사고력, 자발적인 학습력 등을 키우고 이끌어 내는 것이라고 생각할 때, "기계에 의존하는 교육은 이러한 능력을 키우기보다는 기계에 대한 의존성만 높일 뿐"이라고 전문가들은 말한다. 뿐만 아니라 스마트 기기의 중독성이 문제가 되고 있는 현실상황 속에서 스마트 기기가 요구하는 다중기능(multitasking)이 뇌에 어떠한 영향을 미치는가 하는 것은 아직 검증되지 않았다. 이에 따른 부작용 가능성이 많다. 2011년 행정안전부의 인터넷 실태조사 결과 청소년 11.4%가 스마트폰 중독으로 나타났다. 그리고 "12~18세 청소년 중에 87.5%가 게임이나 오락을 하기 위해 스마트폰을 사용한다"고 대답하는 현실에서 "스마트 기기에 단순히 교육 콘텐츠를 넣는다고 해서 아이들이 그것을 오직 교육 목적으로만 사용할 것이라는 기대는 순진한 생각"이다.[23] 교실에서의 교육이란 읽고 쓰고 말하는 가운데 자신의 생각을 표현할 수 있고 앞서 살다 간 선생, 혹은 선배들의 인생 지혜를 배우는 과정이다. 거기에서 삶의 지혜를 배우고 자신의 살아갈 방향을 정하는 것인데, 스마트 교육이라는 미명 아래 주입식 교육의 병폐와 단순 정보 취득법만 배운다면 지식의 전수와 지혜의 함양은 말 그대로 공염불에 가깝지 않을까?

세번째로 스마트 기기 사용에 있어서 빈부에 따른 불균형 우려 또한 무시할 수 없다. 스마트 기기 구입에 있어서 개인 부담 비율이 클 경우 기기 차별화는 불을 보듯 뻔하다. 더욱이 빈부에 따른 사교육의 변형과 개입은 개발되는 콘텐츠의 다양화에도 불구하고 학생들마다 다르게 적용될 가능성이 많다. 어쨌든 이 스마트 교육 프로젝트가 정부와 기업이 중심이 되어 추진하는 것은 결코 바람직하지 않다. 무엇보다 "현장 교사와 학교의 자발적인 교육 실험 지원, 그리고 사후 평가가 원할히 제공되는 것이 우선"되어야 하고, 또한 스마트 기계를 사용하는 학생들의 인지력과 정서적인 측면에서의 파급 효과와 같이 선행적인 연구가 우선되어야 한다. 이것은 스마트 기기로 인한 중독성과 학생들의 사고와 신체에 미치는 영향 등 많은 연구가 필요하기 때문이다.

하지만 스마트폰 혁명은 이제 한국 사회에서 교육 혁명으로까지 번졌다. 우리는 이러한 시대의 변화 앞에 발빠르게 대응하지 않으면 도태되는 무서운 세상에 살고 있다. 과연 무엇이 인간다움을 보장하는가는 아직 판단하기 이르다. 스마트폰 혁명은 이제 막 태동한 새로운 사회 현상이기 때문에 적어도 5년~10년 이상의 시간과 시행착오가 필요할지도 모른다. 하지만 그 사이 스마트 혁명이라는 이름 아래 스마트 교육의 시험대상이 된 아이들은 그 폐해를 고스란히 감당할 수밖에 없는 처지에 있는 것 또한 사실이다.

1. 네이버 백과사전, http://100.naver.com/100.nhn?docid=700148

2. 《중앙일보》, "[분수대] 무거웠던 엉덩이 가벼워진 것이 단순히 나이 탓일까?", 2012.05.23. http://article.joinsmsn.com/news/article/article.asp?Total_Id=8260213

3. Ibid.

4. Ibid.

5. 「신동아」, "거물급 새누리당 비대위원의 못 말리는 스마트폰 중독", 2012.6, p122~123.

6. 이투데이, "휴대폰 중독 '노모포비아' 확산…당신도?", 2012.03.09. http://www.etoday.co.kr/news/section/newsview.php?TM=news&SM=2203&idxno=555322

7. 노모포비아란 '노 모바일폰 포비아(no mobilephone phobia)'을 줄여서 쓰는 말이다.

8. 지디넷코리아, "10명 중 6명 "스마트폰 없으면 불안"…중독↑", 2011.09.27. http://www.zdnet.co.kr/news/news_view.asp?artice_id=20110927124459&type=det

9. 《동아일보》, "[오늘과 내일/정성희] 똑똑한 스마트폰, 어리석은 인간", 2012.06.23. http://news.donga.com/3/all/20120623/47228651/1

10. 《부산일보》, "스마트폰 중독' 탈출 생활습관 바꾸기 전엔 어려워요", 2012.06.06. http://news20.busan.com/news/newsController.jsp?newsId=20120606000024

11. Ibid.

12. Ibid.

13. 《경기일보》, "소통 NO!' 스마트세상에갇힌사람들", 2012.06.06. http://www.kyeonggi.com/news/articleView.html?idxno=583483

14. 《디지털타임즈》, "휴대폰 학교 폭력 '사이버 불링'…이젠 안심하세요", 2012.05.22. http://www.dt.co.kr/contents.html?article_no=2012052211005003087G

15. 아이뉴스, "신종 왕따 '사이버불링' 진단과 해법은", 2011.12.13. http://news.inews24.com/php/news_view.php?g_serial=624697&g_menu=020100

16. 연합뉴스, "세계 청소년 절반 '사이버 왕따'로 고민", 2012.07.03.

17. Ibid.

18. 노컷뉴스, "여고생의 죽음 불러 온 '카카오톡 채팅 폭력'", 2012.08.17. www.nocutnews.co.kr/show.asp?idx=2229168

19. 《조선일보》, "최근 초등생 사이서 유행하는 '티아라 놀이', 알고보니", 2012. 08. 18. news.chosun.com/site/data/html_dir/2012/08/18/2012081800259.html?news_topR

20. 《조선일보》, "[윤희영의 News English] 사이버 왕따 폭력 Cyberbullying", 2012.08. 21. http://news.chosun.com/site/data/html_dir/2012/08/21/2012082102566.html

21. 《서울신문》, "2015년 전면시행 스마트교육, 미래의 대안인가 성급한 도입인가", 2012.06.18. http://www.seoul.co.kr/news/newsView.php?id=20120619024003

22. Ibid.

23. Ibid.

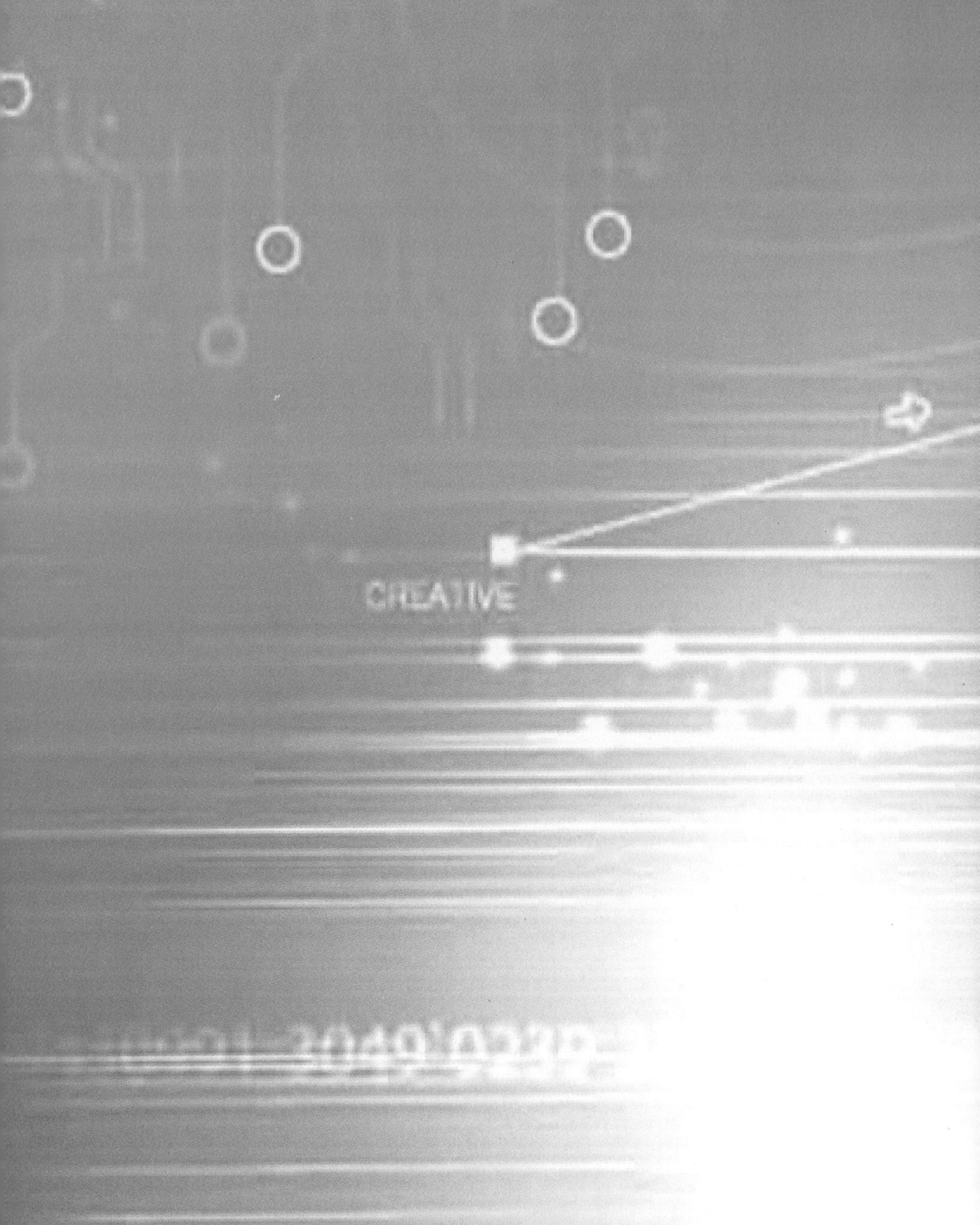
CREATIVE

4부
우리의 사이버 미디어

인터넷이 발달하고
사람들의 의사소통과 교류가
소셜 네트워크(SNS), 블로그, 커뮤니티, 트위팅 등과 같이
디지털적인 형태로 급속히 진화함에 따라,
'우리'가 만드는 여론과 정보는
또한 '우리'가 만든 미디어–'위디어'라는 매체 –에서
생성되고
또 이것을 통해 여론은 확대 재생산되었다.

7. 새로운 미디어
– 우리는 그것을 위디어(We-dia)라 부른다

김어준과 위디어

나꼼수로 유명해진 김어준의 존재를 내가 처음 알게 된 것은 1998년도에 나온 '딴지일보'라는 기상천외한 사이트 때문이었다. 그는 이 '딴지일보'에서 "우끼고 자빠진 현실에 대해 똥침을 놓는다"는 엄청 도발적이면서 한편으로는 웃음 짓게 만드는 모토를 내세웠었다. 그리고 그 모토에 어울리는, 엉덩이 사이로 똥침을 놓는 그림을 CI(Corporate Image)로 채택해 홈페이지에 올려 놓았었다. 오호~ 나는 그것을 보면서 일종의 카타르시스를 느꼈다. 기발했다. 그리고 용감한 시도였다.

"대라, 니들 이제 다 죽었어…."

그의 음성이 들리는 듯했다. 다른 사람들도 복잡하고 피곤한 일상 가운데 나와 마찬가지의 카타르시스를 느꼈을 것이다. 나는 그가 나와 비슷한 세대의 남자라는 것을 그가 "로보트 태권브이"나 고우영의 『삼국지』를 줄줄 이야기하며 너스레를 떨 때 진작에 알아봤었다. 그래서 나는 김어준의 프로모션에 홀려 두 가지 콘텐츠의 보존판 CD를 단번에 지르기도 했었다. ― 한정판이라는 모토에 단박 넘어갔던 것이다. ― 지금도 내 책장 한 구석에 그 두 가지 콘텐츠는 잘 세워져 있다.

먹고 사는 일에 신경 쓰다 보니, 차츰 그의 사이트를 찾는 일이 시들해졌고 캐나다에 와서는 거의 잊고 지냈었다. 그런데 이 김어준이라는 사내가 2011년도에 갑자기 떴다. '나꼼수'라는 팟캐스트(podcast)[1] 서비스를 가지고 그가 드디어 일을 낸 것이다. 좀 과장해서 말한다면 온 나라가 그의 말과 프로그램에 들썩거리고 졸지에 그는 전 국민이 다 아는 유명인이 되어 버렸다. 그의 어투처럼 말하자면 그의 '똘마니들'도 같이 우르르 떴다. 오죽하면 나도 한국에서 멀리 떨어진 캐나다 땅에서 거금(한국에서 직접 배송했으니까 세 배 값이 들었다)을 들여 그의 책 『닥치고 정치』를 우송해 읽어보기까지 했을까. 그는 여전히 기발하고 재치 번뜩이는 입담을 보여 주었고 굉장히 정치적이면서도 자유로운, 보헤미안적인 의견을 거침없이 내놓았다. '디시인사이드(dcinside.com)'에 실린 그의 측근의 말을 빌리자면 적어도 그는 아직 순수를 벗어나지 않은 ― 이 순수라는 말이 그와 같은 성격의 사람에게 어울릴까? ― 원시인적인 냄새를 가지고 있음이 분명하다. 이유인즉슨 김어준은 그 무엇보다도 나꼼수라는 팟캐스팅 방송의 본질적 의미를 지키고자 광고나 후원을 일절 받지 않고 있다는 것이다. 이 말이 정말 사실이라면 그는 진정한 언론의 자유를 아는 인간임에 분명하다. 그리고 나는 그가 적어도 그 정도의 소신은 갖고 있다고 믿고 싶다. '딴지일보'라는 웃기지만 독보적인 색깔의 황색 저널리즘을 오래 전에 인터넷 상에서 성공시켰고, 또한 그것을 14년 이상 유지해 왔다는 것만으로도 정말 대단한 뚝심이라고 말할 수 있다.

하지만 나는 김어준을 생각할 때 늘 한 가지 마음에 걸리는 것이 있다. 그것은 바로 욕의 일상화와 언어의 천박함이 김어준으로부터 시작해 인터넷에서 급속히 전파된 사실이다. 물론 그 혼자만 이 사회에서 욕의 일상화를 만든 것은 결코 아니나, 그가 아주 막중한 배후 역할을 '딴지일보' 때부터 감당했음을 알고 있다. 이 일에 대해 그에게 나중에라도 면죄부를 줄 수 있는 것은 아니다. 아마 자신의 그러한 역할을 그는 자랑스럽게 여길지언정 부끄럽게 여기지는 않을 인간이라는 점도 김어준이라는 인간 캐릭터의 특징일 것이다.

미국에서 꽤 유명한 블로거인 글렌 레이놀즈(Glen Reynolds)는 그의 책 『다윗의 군대, 세상을 정복하다』에서 '위디어(We-dia)'라는 새로운 매체의 개념을 소개한 적이 있다. 그에 의하면 여태까지 우리 사회의 여론을 형성해 온 기존의 매체들, 즉 그것이 크든지 작든지 상관없이 전통적인 개념에서의 신문, 라디오, 방송 등 기득권을 가진 것은 대형 매체(big media)이며 그에 반대되는 개념의 소수의 미디어로서 민중 사이에 자생적으로 발생한 언론 매체를 글렌은 '위디어'라 칭했다. 이 위디어의 가장 중요한 특성은 보통사람들인 '우리'가 만드는 매체라는 점이다. 위디어의 존재 가치는 그러한 태생적 가치가 내재될 때에만 가능하다. 이 위디어라는 용어 자체도 사실 그 혼자의 머릿속에 번뜩이는 재치로 만든 것이 아니다. 그의 블로깅 친구인 짐 트리처(Jim Treacher)

라는 사람의 블로그에서 마치 잡담처럼 여러 명이 수다를 떨다가 – 즉 블로그에 댓글로 남기면서 이야기를 하다가 – 불현듯 만든 용어를 글렌이 '단지' 차용하여 소개한 것뿐이다.

글렌은 네트워크로 사람들이 점점 모이게 되면 이 위디어라는 매체의 득세가 강해질 것이라고 예측했었다.[2] 인터넷 혁명이 일어나기 이전까지는 대부분의 전통적 개념의 뉴스와 보도 그리고 아날로그적인 형태의 정보 전달이 주종을 이루었고 또 그러한 정보들은 '그들'이 만들었지만, 인터넷이 발달하고 사람들의 의사소통과 교류가 소셜 네트워크(SNS), 블로그, 커뮤니티, 트위팅 등과 같이 디지털적인 형태로 급속히 진화함에 따라, '우리'가 만드는 여론과 정보는 또한 '우리'가 만든 미디어–'위디어'라는 매체–에서 생성되고 또 이것을 통해 여론은 확대 재생산되었다. 김어준의 팟캐스트 서비스인 나꼼수는 바로 글렌이 말하는 전형적인 위디어 중 하나이다. 김어준은 이 위디어의 속성과 힘을 일찍 간파하고 독창적으로 도입했고 그 내용과 파격적인 형식에서 대중의 호응을 단번에 끌어올린 것이다.

여기에서 잠깐, 혹 이 글을 읽는 독자들은 대부분 고개를 끄덕이며 글렌이 말하는 '그들'이 누군지 대충 눈치챌 것이다. 그렇다면 여기서 한 가지 분명히 진지하게 짚고 넘어갈 질문이 하나 있다. 그것은 바로 "지금 글렌이 말하는 '우리'라는 무리에 혹 독자 당신이 포함된다고 생각하는가?"이다. 진지하게 생각해서 당신이 가진 자이건 혹 가지지 못한 자이건 무론하고 말이다. 솔직히 나는 이런 표현을 볼 때면 어정쩡하게 '그들'도 아니고 '우리'라는 무리에도 끼이지 못하는 중간계에 살고 있는 자신을 발견하곤 한다. 『반지의 제왕』의 간달프가 사는 그 우중충한 중간계 말이다. 결코 풍족하게 살아 본 적도 없고 학식과 재능이 높지도 않은 평범한 소시민인 나는 매일매일의 생계의 고민과 늘 치고받는 바쁜 현실의 삶 속에서 나 자신을 지키기에도 바쁘다. 진보니 보수니 하는 이념이나 정치적 성향에 있어서도 솔직히 우물쭈물거리는 대중에 가깝다. 미디어에서 매일 보는 우파니 좌파니 하는 극단주의자들의 신물나는 욕망의 파티를 볼 때면 그들의 추한 인간 군상 때문에 낯을 찌뿌릴 때가 많다. "니가 가라 하와이!"라고 말하며 "니들이 다 해 묵으라! 난 먹고 살기 바쁘다"라고 말하는 것이 솔직한 나의 처지이자 우리들 대부분의 모습이기도 하다. 하지만 기존의 기득권층 ─ 부자며 권력자며 가진 자들─을 '그들'이라고 명명한다면 대부분의 사람은 '우리'에 확실히 포함된다. 이것이 비록 대다수의 '민중'이 속기 쉬운 정체성의 함정이라고 할지라도 말이다.

네티즌이 보기에 네티즌의 부류에 들어가기도 힘들고, 젊지도 않으면서 보수적인 세력권의 영향 아래 있는 '그들'에 대응하는 불특정 다수인 '우리'의 의사소통은 이제 위디어라는 이 사이버 매체를 통해 본격적으로 표출되고 있다. 한국에 성공한 대표적 팟캐스트 서비스인 나꼼수, 모든 부류의 사람이 다양하게 참여하는 트위터, 점점 정치적 사회적 의사표현의 장으로 영역을 넓혀가는 페이스북과 같은 SNS 서비스들, 카카오톡과 같은 메시징 서비스 등 다양한 통로를 거쳐서 '우리'의 여론이 형성되고 적극적인 참여가 이루어지고 있으며 이 모든 매체들은 곧 위디어가 되었다. 인터넷이 발달함에도 불구하고, 여태까지는 한 사람에게서 다수에게로 전달되는 수직적 의사소통이 그 힘을 잃지 않는 듯했었지만, 글렌은 스마트폰, 문자 메시지, 사이버 네트워크의 발달로 잉태되는 수평적 의사소통이 가져오는 변화에 대해 선견지명을 가지고 있었다. 그리고 위디어의 점차적인 득세를 예측했었다. 그리고 마침내 한국은 2010년을 넘어오면서 트위팅, 팟캐스팅, SNS 네트워크가 생성하는 여론의 힘이 그가 말한 위디어의 혁명적 힘을 그대로 반영해 보여 주고 있다.

이 수평적 정보와 의사소통의 확대는 수직적 의사소통과 정보 전달에 길들여진 많은 조직과 사람들을 당혹스럽게 만들었다. 특히 그 직접적인 충격은 기존의 매체들에게 두드러지게 나타났다. 예전에는 조직적인 체계를 갖춘 신문과 방송의 기자 시스템과 막강한 자금력을 바탕으로 한 심층 취재가 뉴스의 주종을 이루고 여론을 형성해 나갔다. 그리고 문장력 있고 정돈된 논리로 쓴 기자의 글이 사람들을 이해시키고 또한 여론을 형성했다. 하지만 이젠 그 양상은 급속도로 판이하게 달라졌다.

사이버 매체가 득세한 이후 기성의 대형 매체들은 더 이상 여론 형성에 있어 과거와 같은 영향력을 발휘할 수 없게 되었다. 아니 오히려 사람들은 더 이상 그들의 말을 믿지 않으려는 경향이 생겼다. 개인 블로그, 트위터, 독립 인터넷 매체가 예전의 대형 매체들이 할 수 없었던 역할을 가지고 그 자리를 파고들어 기동성과 현장성을 가지고 삽시간에 전 세계로 정보와 뉴스를 송출한다. 기존 미디어가 제공했던 대중을 향한 일방적 뉴스는 그 진정성과 가치가 어떤 때는 의심을 사기도 한다. 뿐만 아니라 그럴싸한 음모론과 기득권에 대한 반감이 독립 매체 혹은 일인 매체에게 더욱 힘을 실어 주기도 한다. 이것은 지식의 분배에서 나타나는 무정부주의적인 현상이라고도 볼 수 있다. 흔히 말하는 사이버 무정부주의(Cyber Anarchism)[3]는 위디어의 득세와 기성 매체의 변질과 더불어 확대되어 간다.

위디어의 힘

위디어를 통한 '우리'가 만드는 생생한 소식과 의견 수렴은 대형 매체의 뉴스와 여론 형성보다 우위를 차지하는 것처럼 보인다. 분명한 것은 한국의 대표 언론지들이 예전의 입지를 많이 잃었을 뿐 아니라 간혹 대중들로부터 불신과 외면을 당하기도 한다는 점이다. 심지어는 혐오를 받기도 한다. 당사자들이 이러한 현상을 인정하든지 인정하지 않든지 사회 전반에 걸쳐 대형 매체에 대한 불신과 비판이 거세어지는 것은 부인할 수 없는 현실이다. 이러한 현실은 기존 매체의 안일함과 권력 유착에 따른 부작용에 기인한 부분이 많다. 세상이 부조리할 때 위디어는 신선한 충격이 되고 또한 진실의 통로로 작용한다. 언로가 막히고 권력화된 언론이 판을 칠 때 우리는 위디어를 갈급해 한다. 이런 점에서 지금 형성되고 있는 위디어는 원칙적으로 바람직한 것이며 또한 필요한 것이다.

"인터넷 커뮤니케이션 혁명은 한때 소수의 전문가의 손에 있던 주어졌던 권력을 - 즉 정보의 독점과 이용에 있어서 - 다수의 아마주어에 의해 재분배하게 만들었다."[4] 이 아마추어들은 돈에 의해서 움직이는 것이 아니라 재미에 의해서, 그리고 자발적인 의지와 가치관으로 움직이기 때문에 기존의 대형 매체와 비교하자면 그 형성 동인이 다르며, 그 활동범위는 보다 광범위하게 나타난다. 그리고 위디어는 "네트워크의 발전에 따라 생성된 신종 미디어로서 사이버 공간이라는 공간적 특성에서만 존재하는 새로운 매체, 새로운 권력 구조의 변형”을 만들고 있다.

　그렇다면 이러한 위디어는 ‘우리’에 의해 만들어졌기 때문에 과연 우리 모두의 삶에 우호적이기만 할까? 권력을 가진 자들로 표현되는 ‘그들’이 만든 대형 매체에 대항하는 우리 – 즉 가지지 못한 자들의 것이기에 위디어란 늘 정의로운 것이며 늘 옳은 말만 할까? 솔직히 이 점에서는 아무도 확신할 수 없다. ‘누구나 참여 가능한 사이버 공간에서 과연 무엇이 믿을 만한 것인가?’라는 질문은 사이버 상에 등장하는 위디어에도 예외없이 적용된다. 이것은 정말 중요한 사안이 아닐 수 없다. 여기에는 절대적인 도덕성과 객관성이 필요하다. 공개된 자료들, 자유로운 의견, 무한 개방성에 따른 정보의 확대에서 위디어는 최대한의 진실성을 확보해야만 한다. 뿐만 아니라 위디어 역시 권력을 얻기 시작하면 필연적으로 많은 유혹을 받게 된다는 점을 잊어서는 안 된다. 일인 매체가 되든, 어떤 조직이 되든 일단 인터넷 상에서 세상에 드러나는 그 순간 그것은 공공적인 성격을 띤다. 개인적인 트위팅도 예외는 아니다. 많은 사람들이 간과하는 것은 바로 이 개인의 공인화이다. 트위팅이든, 소셜 네트워크이든 인터넷에 한 개인이 자신을 드러내는 순간 그 사람이 어떤 위치에 있든 간에 그는 자기 자신을 공적으로 대중에게 내어 보이는 것이 된다. 여기에 더 이상의 프러이버시는 존재하지 않는다. 어떤 직업도, 어떤 연령도, 어떤 성별도 마찬가지이다. 그리고 그 드러냄은 진실된 것일 때에만 진정한 힘을 가질 수 있다.

　애석하게도 많은 사람들이 여기서 혼동을 가진다. 인터넷을 현실과는 다른 또 하나의 별개의 세상이라고 여기고, 무의식적으로 개인이 사적인 활동을 하는 공간으로 인식하는 오류를 범한다. 그리고 그 오류 자체를 깊이 사회적으로 인식하지 못하는 불안한 상태에 있게 되면 충돌이 일어난다. 왜 그런 경우가 생기는가? 그것은 바로 인터넷의 태생적 특성 때문이다. 인터넷, 즉 사이버 공간은 익명성과 무한 시공간성과 개방성을 가졌고, 그 속에서 우리는 누구나 아무런 제약없이 자유로운 한 인격으로서 온 세상에 자신을 내보일 수 있다. 한정된 공간에서 한정된 사람과 시간의 테두리 안에서 만나는 현실적 만남이 인터넷에는 그 양상이 순식간에 바뀐다. 나는 무한한 공간에서 시간에 구애됨이 없이 전 세계의 모든 사람과 동시에 만날 수도 있고 아무리 시간이 흘러도 계속 만날 수 있다. 심지어 스스로를 그 공간에서 삭제시켰다고 생각하더라도 복제된 자신이 – 자신의 글과 사진이, 자신의 생각과 감정이 – 자신도 모르는 사이에 전 세계로 전파된다. 공개된 정보와 인터넷 통신 방식은 시대의 흐름을 급격히 바꾸어 나갔다. 심지어 군대 같은 조직에까지 그 영향을 미쳐 상명하복의 전통적 존재 방식이 위협을 받을 지경이다. 휴대폰 채팅과 이메일, 트위팅의 형태가 군대의 특성 중 하나인 기밀 유지를 어렵게 만들고 상사의 권위에 대한 의도하지 않은 반동(?)으로 표출되기도 한다. 군대가 이런 모습을 보이는데, 하물며 다른 기관은 말할 것도 없다.

맥루한이 말한 것처럼 "사이버 공간은 시간과 공간의 체계를 무너뜨리고 우리에게 사람에 대한 관심을 즉석에서 지속적으로 강요하며 또한 세계적인 차원의 대화를 재구성"한다.[5] 이 말은 사이버 공간이 우리에게 실시간적으로 반응할 것과 무한한 순발력과 대응력을 요구한다는 뜻이다. 그리고 이 공간은 무한 소통의 장으로 사람들을 인도하는 속성을 가지고 있다. 우리가 익히 경험하고 있는 익명성과 개방성뿐만 아니라 사이버 공간은 자기도피성도 내포한다.[6] 사이버 공간의 만남은 얼굴과 얼굴을 마주 보는 것이 아닌 비대면성을 가지고 있다. 서로에 대한 어떤 정보도 갖지 못한 상태에서 단지 상대방이 제공하는 정보에만 기초하여 만나기 때문에 철저한 익명성이 가능하다. 김어준의 팟캐스트는 워낙 유명해진 탓에 익명성이 많이 훼손된 상태이지만 대부분의 위디어는 이 익명성을 나름대로 활용한다. 사실 이 익명성 덕분에 사이버 공간 상에서 소통은 오히려 극대로 활성화된다.

사이버 공간에서 "사람들은 기존의 사회적 위계 질서로 인한 규제에서 벗어나 자유롭게 수평적으로 대등한 상호작용을 할 수 있는 용기"를 갖게 된다. 그렇기 때문에 "전통적 공동체에서 극복하지 못한 인간에 대한 편견과 차별을 극복하고 사이버 공간에서 사회적 평등을 실현할 수 있다"고 생각한다.[7] 개방성은 사이버 공간의 중요한 특징이며 사이버 공간을 살아 있는 유기체로 만드는 중요한 요인이기도 하다. 어떤 형태로건 개방성이 훼손되고 정보의 공유가 억압당할 때 사이버 공간은 강하게 반항한다. 그렇기 때문에 네티즌들은 사이버 공간을 규제하려는 어떠한 정치적, 경제적, 문화적, 종교적, 교육적 시도에 대해서도 저항한다. 바로 이 개방성 때문에 위디어는 또한 존재할 수 있다. 그렇지만 사이버 공간의 이 두 가지 특징은 나머지 특성인 자기도피성과 결합해서 부정적인 면으로 위디어에게 예기치 않은 장애를 심어 주기도 한다. 바로 진실성에 대한 담보이다. 위디어는 이 진실성을 온전히 확보할 때 사이버 공간에서 정당하고 올바른 힘을 가질 수 있다.

위디어와 기성 미디어

한국의 대표적인 대형 매체(혹은 '대형 매체였던'이라는 과거형으로 표현할 수도 있겠다)인 《조선일보》는 늘 진보 세력의 공격 대상이 된다. 이 신문은 간혹 너무 무리한 말로 우익의 이익을 대변하다가 같은 보수진영에게서도 비난과 욕을 먹기도 한다. 그와는 반대편에 서 있는 《한겨레신문》 또한 입장은 비슷하다. 《한겨레신문》은 진보의 색깔을 띠고 있어, 많은 보수 세력에게 외면을 당하지만, 또한 동시에 같은 진보 세력에게도 욕을 먹는 경우가 많다. 특히 진보에 대한 쓴소리를 쏟아 부을 때면 말이다. 개인 독자의 입장에서는 두 개의 신문을 비교하면서 읽어야만 무슨 일이 이 사회에 일어나고 있는지 나름대로의 판단을 가질 수 있다. 2011년말 《조선일보》는 "아무나 조롱하는 사회"라는 제목으로 논설을 하나 내보낸 적이 있다.[8] 이 논설은 다름 아닌 위디어에 대한 기성 매체의 불편한 심기를 가감 없이 드러내 보인 사설인데 나는 이 논설을 읽으면서 기성 매체와 위디어에 대한 몇 가지 사실을 보았다. 우선 그 사설의 내용은 대강 이렇다.

"대통령, 종교인, 학자, 소설가, 판사, 기자, 어느 누구도 마찬가지다. 이제는 아무도 누구를 향해 존경의 말을 쓰지 않는다. 마지막 보루 같았던 성직자도 대통령을 향해 서슴없이 '쥐 같다'는 표현을 쓴다. 판사도 '뼛속까지 친미(親美)', '각하에게 엿먹인다' 같은 표현으로 비웃는다. 1차 세계 대전 때 프랑스가 독일을 막으려 했던 마지노선(線)이 허망하게 뚫렸듯이 한 나라의 정신 문화는 언어의 마지노선을 지키지 못하고 있다."

이 사설에서 볼 수 있는 첫 번째 사실은 논설의 주제에도 나타난 것과 같이 위디어가 한국 사회에서 예전에는 상상도 하지 못할 언어의 가벼움과 막말의 전성 시대를 열고 있다는 점이다. 만약 위디어의 입장에 서 있는 사람들이 이 글을 읽는다면 이 논설은 보수 언론의 자기 방어, 혹은 진보 세력과 진보 언론의 공격에 대한 수구 언론의 비판으로 몰아붙일 가능성도 있다. 그러나 여기서 우리는 분명한 사실(fact) 하나를 간과하면 안 된다. 여태까지 기성 매체(보수 혹은 진보든 간에)의 논조는 그래도 그 나름대로의 품격과 언어의 정제가 이루어졌다. 《조선일보》이건 《한겨레신문》이건 둘 다 언어 품격을 유지하려고 했었다. 그런데 언제부터인가 이 논설위원이 말한 것처럼 우리 사회의 지도층이나 리더층에 해당하는 사람들이 개방된 매체나 개방된 언로를 통해 쓰는 말의 품격이 시정잡배들과 다름없이 저질스러워지기 시작했다. 성직자가 대통령을 보고 '쥐 같다'라는 말을 쓴 것이나, 현직 판사와 같은 국가의 녹을 먹는 공직에 있는 사람들이 자신이 섬기는 국가의 통치자에게 '가카새끼 짬뽕'이라든가, '엿먹인다'는 표현을 스스럼없이 썼고 그 표현들은 여과되지 않고 모두 온·오프라인의 언로를 통해 나갔으며 또한 확대·인용·재생산되었다. 대부분 위디어의 힘을 입고 순식간에 세상에 나온 것이다. 이러한 언어의 전파는 미처 취소하거나 수정할 틈을 주지도 않는다.

성직자도 욕을 할 줄 아는 인간이고 또한 친구들과 허물없는 대화 가운데 과격한 표현을 쓸 수 있다고 치자. 그런데 정말 과연 그래도 될까? 혼자 말로 욕하는 것이야 그렇다 치더라고 공개적으로 그렇게 막말을 써도 될까? 판사 역시 마찬가지이다. 사법부에서 법을 집행하고 국가를 섬기며 민중의 죄와 벌을 결정하는 판사의 위치에서 아무렇게나 공개적으로 자신의 생각을 걸리는 것 없이 해도 되는 것일까? 아무리 온라인이고 위디어라 하더라도 서로에 대한 최소한의 예의는 필요하다. 그 사람이 잘났고 못났고를 떠나 한 사람의 인격체로서 우리는 서로를 존중해 주어야만 마땅하다. 대통령이면 그 사람이 그 자리에 있는 동안 그 자리의 격에 맞는 대우를 해 주고, 판사라면 그 판사의 격에 맞는 대우를 해 주어야만 한다. 그래야만 사회 체제가 유지된다. 설령 자연인으로 돌아왔다 치더라도 한 사람의 인격체로서 우리는 서로를 마땅히 존중해 주어야만 한다. 튀고 싶어 난리가 아닌 사람들이 많다지만 특히 사회지도층의 사람들은 이러면 안 된다고 생각하는 것이 맞다.

계급장 떼고 맞짱뜨고자 한다면, 만약 상대방이 "니가 다해라"라고 책임과 의무를 넘겨 주면 마땅히 그 책임과 의무를 감당할 자질과 자세가 되어야만 하고 또 그것을 감당할 마음가짐이 준비되어야만 한다. 그렇지 않다면 서로의 위치와 맡은 일에 대한 존중과 예의가 필요한 것이고 그 존중과 예의는 격에 맞는 언어로 표현된다. 그러나 위디어가 대중에게 허용한 이 언론의 자유는 유감스럽게도 사회구성원들끼리 서로가 서로에 대한 인간적인 존중과 배려를 깡그리 무시하고 부수는데 굉장한 힘을 실어 주었다. 그 전파력과 치열한 감정 싸움은 한치의 숨쉴 틈도 수지 않는다. 만약 잠시라도 쉰다면 사이버 공간 상에서 속도면에서 뒤처지고 만다. 오로지 숨 쉴 틈 없이 몰아붙여야만 상대방으로 하여금 정신을 차릴 틈을 주지 않는다.

두번째 사실은 이 논설에서 쓴 비주류 언론이라는 표현에서 나타나는 시대착오적인 생각이다.

"조롱의 목소리는 비아냥대기를 판매 전략으로 내세운 비주류 언론의 전유물로만 알았다. 그들은 제도권의 정상에 오른 기득권 세력을 조롱함으로써 짧은 시간 안에 제 이름을 알렸다. 고발자 역할도 하고 반격도 피해 가려면 비유적 요소를 많이 섞은 조롱이 효과적이었다. 10년 전쯤 그들은 사회 모퉁이에 자리를 잡았다. 감시 역할을 한다는 뜻에서 조롱꾼들은 없어서는 안 될 간잽이처럼 보였다. 그러나 그렇게 생각한 내 어리석음이 하늘 끝에 닿았다. 그들은 비주류에 머물지 않았다. 조롱을 능수능란하게 써먹을 줄 아는 세력들은 이제 세상을 농단(壟斷)하고 있다."

유감스럽게도 《조선일보》는 여기서 시대의 흐름을 놓친다. 이제 이 사회에서 더 이상 비주류란 존재하지 않는다. 위디어의 부상은 진정한 의미에서 언론의 자유를 가져왔고, 사이버 미디어는 기성 언론 그들만의 리그를 더 이상 허락하지 않는다. 기자가 여기 사설에서 말하는 것처럼 만약 비주류가 있다면 오직 참여하지 않는 자, 동참하지 않는 자만이 비주류가 되는 세상이 되었다. 그렇기 때문에 이 사설을 쓴 기자의 논조는 아직 시대의 흐름을 파악하지 못한 채 자신의 기득권(대형 매체 언론이라는) 안에서 시대를 보고 있다. 이런 면에서는 《조선일보》가 진보 진영의 거센 추격을 받아도 할 말이 없다. 위디어는 이제 비주류가 결코 아니다. 오히려 주류였던 기성 언론과 맞먹는 영향력과 세력을 갖기 시작했으며 어쩌면 그 대중성에서는 이미 우위에 섰는지도 모른다.

하지만 앞에서도 짚어보았듯이 여기서《조선일보》기자가 지적하는 언어의 천박함과 상대방에 대한 배려없음, 혹은 빈정대기가 한국 사회 전반에 걸쳐 심하게 팽배하게 된 것은 우려할 만한 사실이다. 일반 대중의 저자거리 언어가 사회지도층이나 어린아이들 사이에서나 관계없이 스스럼없게 나온다는 사실 또한 심각한 사회적 병리 현상이다. 그러한 표현들 대부분은 유감스럽게도 위디어를 통해서 먼저 나오고 기성 매체에서 뒤따라 모방하고 있다. 기존 매체가 가진 편집과 교정의 방식이 위디어에서는 다르게 작용하기 때문에 위디어에서 먼저 이런 '실수'가 나왔다고 본다면, 기성 매체는 그것에 상관없이 언어의 품격을 유지할 수 있어야 하는데 불행히도 흉내 내기에 급급하다. 그렇기 때문에 이러한 언어의 남용은 위디어나 기성 매체 양쪽에서 모두 나타나고 있다. 이것은 정말 어리석기 그지없는 행동이고 모두 다 천박함만을 보여 주는 것이다.

풍자와 해학 그리고 비판은 얼마든지 혼용해 쓸 수 있다. '딴지일보'가 초창기에 그랬었다. 비록 황색 저널의 모습과《선데이서울》같이 성인을 대상으로 하는 자극적이며 근거없는 기사가 많았지만 말이다. 그때에는 '딴지일보'의 방침도《선데이서울》을 표방한다고 아예 공표하고 내 놓았으니 달리 탓할 수 만은 없다. 또한 '딴지일보'는 나름대로의 접근성이 제한(?)되어 있었다. 언세부터인가 우리 사회의 학사, 종교인, 교수, 정치인, 판사, 기자 할 것 없이 사회의 모든 계층에서 사용하는 언어들이 천박하고 상대방을 조롱하며 비하하는 것을 즐겨할 뿐 아니라 어쩌면 그것을 자랑스럽게 떠들고 있다는데 문제의 심각성이 도사리고 있다.

서로가 서로의 정신과 감정을 황폐하게 만드는 언어 폭력을 저지른다. 이것은 사회를 어긋난 방향으로 이끄는 범죄 행위라고 감히 말할 수 있다. 성경에 "그들이 칼 같이 자기 혀를 연마하며 화살 같이 독한 말로 겨누고"(시 64:3)라고 쓰여진 것과 같이, 사람들은 이제 폭력적이고 상스런 말로써 서로의 인성과 영혼에 상처 주기에 여념이 없다. 여기서 올바른 의식을 가진 사람들의 참여는 어디에 있는가? 이렇게 언어가 무너지고 서로에 대한 예의가 무너지고 인격에 대한 배려가 없는 미디어의 현장에서 올바른 양식과 영혼의 울림을 가진 사람들은 어디에 있는가? 왜 그들의 목소리는 보이지도 들리지도 않는 것처럼 보일까? 우리는 이 상황을 깊이 생각해 볼 필요가 있다.

 주

1. '아이팟'과 '브로드캐스트'라는 말을 조합해서 만든 말로서 인터넷을 통해 유포되는 오디오나 비디오 등의 미디어 파일 형식으로 이루어진 방송으로 일반적으로 구독자에게만 서비스되는 방송이다. 소자본과 소수의 개인들이 모여 만들 수 있는 것이 기존의 방송과 틀린 제작 여건이다.
2. 글렌 레이놀즈, 『다윗의 군대, 세상을 정복하다』, 베이스캠프미디어, 2008, p127.
3. 진보와 보수를 떠나 온라인 상에서 나타나는 일종의 무정부주의 상태. 국가 내에 존재하는 일체의 정부, 정치 조직 일체를 부정하는 무정부주의가 사이버 상에서 만연하는 상태.

4. 글렌 레이놀즈, 『다윗의 군대 세상을 정복하다』, 베이스캠프미디어, 2008, p123.

5. Marshall Mcluhan, "the medium in the message", A Benthm, 1967, p16.

6. 홍영주, "포스트모던 시대의 사이버 공간 문화에 대한 이해", 숭실대학교, 2008.12, p16.

7. Ibid.

8. 《조선일보》, "아무나 조롱하는 사회", 2011.12.12. http://news.chosun.com/site/data/html_dir/2011/12/12/2011121202160.html?news_Head2 (2011-12-12 오후 1:09:51)

사이버 공간은
"무수히 많은 개체와 독립된 인격들이
자유롭게 존재하고 평등하게 교류하는 장소이며
이러한 존재들이 서로 상호 이해하는 과정 가운데
커져 가는 공간"이다.
여기에는 어떤 중앙화된 권력이나 존재가 있을 수 없다.
이러한 "탈 중앙화 문화는
결국 다양성과 다원성을 수용"하게 될 수밖에 없다.
사이버 공간의 다원성과 다양성 추구는
지금까지의 서구 문명 중앙화에 대응한
주변 문화들의 자각적인 다양성을 옹호하는 것이라기보다는
오히려 철저히 "서로 상대적인 가치들을
보편화 해가는 작업 과정"이라고 볼 수 있다.

8. 공지영과 트위팅

공지영 필화 사건

공지영 씨의 소설 "도가니"는 영화로 만들어지면서 소설보다 더 대중적 관심과 깊은 사회적 반향을 일으켰다. 소설과 영화의 주제는 한국 사회에서 인간의 죄성에 대해 침묵으로 동조하는 사람들을 강하게 비판하였고 이전보다 성숙해진 한국 사회에서 많은 사람들의 반성과 회개를 가져왔다. 이 작품으로 인해 더 유명해진 공지영 씨는 높아진 사회적 인지도와 더불어 사이버 미디어에 – 구체적으로 트위터– 열심히 글을 올리며 오피니언 리더로서의 역할을 하고 있는 것 같다. 나는 그녀의 이런 모습을 보면서 그녀의 직업이 작가이기에 다른 사람들보다는 더 많이, 그리고 더 깊이 생각하는 습관을 몸에 지니고 있으리라고 나름대로 기대했었다. 소설가라는 직업은 사회를 보는 시각과 지적 스펙트럼에 있어서는 보통사람들보다 더 훈련되고 또 성숙한 자질을 요구한다고 생각했기 때문이다. 하지만 의외의 사건들이 그녀를 언론에 빈번히 나오게 만들었고 그 가운데 나는 그녀에 대한 생각을 다소 수정하게 되었다. 그 결정적인 계기는 2011년말 그녀의 트위터 필화 사건이다. 이것은 트위터에 올린 작가 자신의 글 몇 마디 때문에 네티즌들로부터 그녀가 호된 비난을 받은 사건이며, 그런 네티즌들의 격한 반응과 여파 때문에 급기야 일반 매체 뉴스에서도 그녀가 의도하건 의도하지 않건 많은 주목을 받게 된 사건이다.

여기서 잠깐, 그냥 한 소설가가 자신의 개인적인 의견을 트위터 올린 것과 그에 반응하는 팔로어들의 행동이 왜 온·오프라인 상에서 주목을 받게 되었을까? 뉴스거리가 없어서 그럴까? 아니면 그들의 논점이 사회의 관심을 받을 만큼 중요한 이슈라서 그럴까? 그도 아니면 이 사회가 눈에 거슬리는 사람을 가만이 놓아 두지 않는 집단 이지메의 쾌감에 점점 물들어서 그런 것일까? 하지만 이런 현상은 이전 글에서도 밝힌 것처럼 개인이 사이버 공간에 자신을 드러내 보이는 그 순간, 그는 온 세상에 자신을 드러낸 것과 마찬가지가 된다는 사실, 즉 사이버 공간의 개방성 때문에 그렇게 된 것뿐이다. 이러한 속성은 글을 올린 사람의 사회적 인지도에 따라 사적 경계와 공적 경계를 허물어뜨리는 시간이 각기 다르게 나타나며 공지영 씨의 경우는 그 반응과 속도가 매우 빠르게 나타났다.

논란이 된 그녀의 트위터 글은 그 당시 사회적으로 말도 많고 탈도 많은 한 종합편성 방송사 TV 개국 축하 방송에 대한 언급이었다. 그것도 그 방송 자체의 품격이나 내용보다는 그 방송에 나온 사람에 대한 말이었다. 공지영 씨가 국민적 지지와 사랑을 받는 가수 인순이 씨와 스포츠인 김연아 씨를 대놓고 빈정거린 것이다. 방송사의 프로그램도 아니고 솔직히 대가를 받고(혹은 초청을 받고) 그 자리에 선 직업인들에 대해 공지영 씨가 멋대로 비판한 것은 일정 한도를 넘어선 개인적인 실수라고 볼 수 있다. 만약 평범한 무명의 개인이 그런 글을 올렸다면, "니나 잘해"라는 핀잔을 들을 정도였겠지만, 문제는 그 말을 올린 사람이 공지영 씨라는 것에서 사안의 초점과 중요도가 달라졌다. 그 당시 그녀의 트위터 팔로어는 무려 24만 명이었다. 이 말은 결국 그녀의 팔로어 24만 명 전부는 아니었겠지만, 그만큼 되는 사람들이 그녀의 말을 동시에 들었다는 뜻이다. 여기서 그녀는 과감히 '개념 없다'는 언어로 인순이를 폄하("인순이님 걍 개념 없는 거죠 뭐")하고, 또한 비아냥거리는 말투로 김연아의 나이와 행동을 비꼬았다. ("연아 ㅠㅠㅠ 아줌마가 너 참 이뻐했는데 네가 성년이니 네 의견을 표현하는 게 맞다. 연아 근데 안녕 !")[1]

　　이렇듯 작가 자신이 자신의 나이와 품격에 어울리지 않는 말투로 한 개인에 대해서, 그것도 자신의 팔로어 24만 명이 듣기를 원해서 글을 올렸다. 그런데 뜻밖에도 그녀의 청중인 네티즌들은 그녀의 경솔하고 예의 없는 말에 곧 실망과 반격으로 쏘아 붙였다. 비록 그녀가 자신의 경솔함을 시인하지 않는다고 하더라도 말이다. 여기서 더 나아가 재미있는 현상이 파생했는데 그녀의 실수에 대해서, 역시 사회적 인지도가 높은 진중권 씨가 '개념'에 대한 올바른 이해와 어법을 강조하며 그녀에게 또 다른 비꼬는 조언을 하니까 그 또한 포털 사이트에서 논란을 일으키기도 했다.

이러한 현상은 일회성으로 잠시 반짝이다가 사라지기도 하고 오랜 기간 동안 사이버 미디어 상에서 이야깃거리로 남아 있기도 한다. 혹 사이버 생활을 즐기지 않거나 나이든 사람들은 "이 뭐꼬?"라고 말할 만한 현상이다. 어떻게 생각하면 쓸데없는 소모적인 논쟁이고 어떻게 보면 재미있는 이런 현상은 한 개인이 그저 툭 던지는 말로 시작되었다. 그러나 트위터라는 이 소통 도구는 앞 장에서 글렌이 말한 위디어의 한 축을 담당하기 때문에 이런 표현은 사회적인 반향을 일으켰고 앞으로도 이와 같은 일들이 비일비재할 것으로 예상한다.

그렇다. 이것이 바로 위디어의 힘이다. 만약 공지영 씨가 트위터의 역할과 전파력에 대해 충분히 잘알고 또 그 영향력이 어떻게 파급되는가를 알고서 이런 말을 던졌다면, 그 또한 치밀한 계산이 들어 있어 나름 영악하거나 섬뜩한 일이 되겠지만, 나는 그 당시 그녀가 그렇게까지 트위터의 속성을 잘 알고 있었고 또 그것을 이용했다고 생각하고 싶지 않다. 단지 여기서 우리가 알 수 있는 것은 이러한 공지영 씨의 필화 사건과 같이 지금 이 사회는 이 새로운 매체- 위디어-의 위력과 영향력에 무지하거나 아니면 그 신기함에 취해 좌충우돌로 배워가고 있는 중이라는 현실 상황이다.

자신을 드러내는 것, 자신의 생각을 표현하는 것을 누가 뭐라고 할 수는 없으나, 우리는 자신의 사회적 위치에서 올바르게 서서 자신을 드러내고 표현해야만 한다. 가령 한 회사를 이끄는 사장이 자신이 개방적이 되고 싶다고 해서 스스럼없이 행동하고 말한다면 그 회사에 속한 구성원 누가 그를 존경하고 그의 지시를 따를 것인가? 그 사람이 사장이라는 자신의 위치와 품격에 맞지 않게 행동한다면 필연적으로 그 대가를 치르게 되어 있다. 또한 목사가 혹은 어떤 절의 주지승이 자신의 생각과 마음을 아무런 거리낌 없이 나오는 대로 표현한다면 그 성도들 중에 마음에 상처받는 사람이 부지기수일 것이다. 그렇게 거리낌없이 말할 때 "우리 목사님, 우리 주지 스님이 세속을 초월하네!"라고 박수를 치는 성도들이 혹 있을지는 모르지만 이것은 자신의 자리를 망각한 그들에게 더 망각해도 된다고 부추기는 행동과 같다. 그렇게 자유롭게 행동할 것이라면 왜 목사나 주지승이 되었는가? 오히려 일반인으로 살아가야 하는 것이 맞는 이치이다.

나는 전직 대통령 한 사람이 자살한 사건을 두고 못내 가슴이 쓰리다. 그 이유는 그가 비록 세인들의 평가를 어떻게 받는다 치더라도 스스로 목숨을 끊으면 안 되는 그런 위치에 서 있었기 때문이다. 그는 일개 개인의 위치에 있지 않았다. 그는 평범한 사람도 아니었다. 한 국가의 통치자의 위치에 있었기에 자신이 죽고 싶다고 해서 자살을 시도하고 죽으면 안 되는 자였다. 그가 자살을 한 후 한국 땅의 후안무치한 많은 정치인들은 그 자살을 각자 자기들 편에 유리한 쪽으로 끌어당겨 이용하기에 급급했지만, 그의 자살은 정작 대다수의 국민들에게 엄청난 정신적인 상처와 황폐함을 주는 사건이었다. 뿐만 아니라 이미 한국 사회에 만연한 자살 문화에 그는 더 막대한 영향을 주었다. 만약 한 가정의 아버지가 살기 싫다고 자살하겠는가? 한 기업의 회장이 자신이 견디기 힘들다고 자살하겠는가? 그러면 그 가정과 기업은 누가 책임지는가? 전직이라는 타이틀이 있어도 이것은 마찬가지이다. 그렇기 때문에 자신을 드러내고 자기 의견을 말할 때 자신이 서 있는 자리를 생각하고 말을 가려서 해야 한다는 것은 동서고금을 막론하고 사회적 인간으로서의 책임과 의무에 대한 기본 자세이다.

트위팅의 속성

　공지영 씨의 예에서 보듯이 이 트위터(tweeter)라는 사이버 매체는 극도로 개방적이며 또한 엄청난 자기과시성을 지녔다. '트위터'라는 용어는 '지저귀다(tweet)'라는 뜻을 지닌 영어 단어에서 파생한 말이다. 여기에서 이름을 따온 트위터 서비스는 이름이 의미하는 그대로 140자 이내의 단문으로만 짧게 표현하는 제한성을 가졌다. 하지만 오히려 그 짧은 제한성이 개인의 의견이나 생각을 더 의미 있고 또한 재치 있게 함축해서 활발히 공유하고 소통하게 만든다. 나는 이 트위터라는 이름을 처음 들었을 때 오디오 시스템의 스피커 인클로저에서 고음역 재생 스피커 유니트가 떠올랐다. 어쩌면 바늘처럼 콕 내면의 언어를 강하게 표현한다는 점에서 둘은 비슷한 성격을 가졌다. 트위터 서비스는 웹에 접속하지 않더라도 휴대전화의 문자메시지(SMS) 혹은 스마트폰에서 다양한 어플리케이션, 앱을 통해 사용할 수 있는 장점을 가졌고, 네트워크에 연결만 되어 있으면 자신과 연결된 사람들과 끊임없이 대화를 즐길 수 있다. 이 트위터 서비스는 순간 파급력과 전달력에 있어서 타의 추종을 불허한다. 역사상 최초로 "미국의 첫 흑인 대통령이 된 버락 오바마가 대통령 선거에서 이 트위터를 이용하여 굉장한 홍보 효과를 거두었다"는 점에서도 이 서비스의 강점은 탁월하다. 인도 뭄바이의 대규모 테러, 이란 반정부 시위, 중국 위구르족 탄압 등의 굵직한 세계 뉴스도 한 개인이 전하는 트위터에서 출발했었다.[2]

그러나 우리가 여기서 짚고 넘어가야 할 중요한 이슈는 공지영 씨의 경우에 보듯이 트위터에서는 어떤 사실(fact)에 대한 명확한 전달이 아닌 일반적인 사건(incident, affair)에 대한 자신의 의견이나 생각을 전달할 때 예기치 않은 문제가 발생한다는 점이다. 이러한 경우에 자신의 감정과 생각을 제대로 절제하거나 깊이 새겨보지 못한 채 내뱉듯이 트윗하게 되면 전혀 뜻하지 않는 결과를 만든다는 맹점이 트위팅에는 존재한다. 그런 경우 트위팅은 너무나 쉽게 사실과는 또 다른 하나의 사건, 즉 우발적인 사건(happening)을 만드는 도구가 될 수 있다. 사실적인 뉴스라면 그에 따른 진실 확인이 다른 매체를 통해 곧 뒤따를 수도 있지만 개인의 의견이나 생각은 그렇지 않다.

트위팅 서비스는 개방적이며 또한 뛰어난 전파력을 가졌기에 자신을 팔로잉(Following : 자신의 트위팅을 따르는 행위)하는 팔로어(Follower)의 반응, 그리고 그 팔로어의 팔로어의 활동에 따라 순식간에 지구를 몇 바퀴 돌 수 있는 순간전파력을 지녔다. 더구나 이 서비스는 자신의 상대방이 비록 허락하지 않아도 언제든지 자기 마음대로 팔로어로서 등록할 수 있는 특징이 있기 때문에 사회적 유명인사나 정치인, 연예인 등은 트위팅에 올리는 자신의 동정과 감정을 순식간에 무한대중에게 전달하는 힘을 가질 수 있다. 그것도 자신이 얼마나 많은 사람들에게 사신의 감정과 생각을 전달하는시 미처 깨닫시도 못한 채 말이다. 즉 앞에서 본 공지영 씨의 경우처럼 정제되지 않은 글들이 그 자체의 오류와 잘못된 생각을 순식간에 일반 대중에게 전달하고 또한 확대 재생산될 수 있다. 그리고 그 후에는 돌이키고 싶어도 이미 엎질러진 물이 되어 버린다.

트위팅은 또한 감정적이며 직선적인 성격을 지니고 있다. 트위팅의 단문 반응으로만 연결되는 서비스 속성은 오랜 생각, 깊은 배려, 사리 분별보다는 즉각적인 감정 표출, 순간적인 판단과 재치, 그리고 이에 따른 반응(reaction)으로 대부분 움직인다. - "잠깐만, 생각 좀 해보고"라고 뜸을 들이면 그 주제는 이미 지나간 이슈가 되기 십상이고 자신은 뒷북치기의 달인이 되어 버린다. 트위팅에서는 자신의 감정과 생각을 사이버 공간에 짧게 실어 보내는 순간 즉각적으로 친구나 팔로어로부터 반응이 돌아온다. 번뜩이는 언변과 촌철살인의 표현 가운데 순간적인 감정의 배설이 그 이면에 또한 작용한다. 따라서 때로는 무책임한 것처럼 보인다. 뿐만 아니라 자기 뜻대로 자신의 생각을 스스럼없이 드러내는데 특정 상대가 없기 때문에 타인에 대한 배려는 무시될 수도 있다. 때로는 처음의 의도는 사라지고 자신의 감정과 말의 표현에 대한 팔로어의 반응만이 트윗을 지배하기도 한다.

그러나 한편 트위팅은 본연의 기능을 십분 활용하면 나름대로 유용하다. 단순 일기장, 메모장으로 쓰일 수도 있고, 각 개인이 위치한 현장에서의 속보를 전달하는 메시징 기능, 상품과 서비스에 대한 마케팅 수단으로도 적극 활용할 수 있다. 친구나 팔로어와의 교제에서 트위터는 흥미진진하고 재미있는 방향으로 무궁무진한 사용의 묘미가 있기 때문에 스마트폰과 결합하여 언제 어디서든지 소통의 훌륭한 도구가 되는 것은 말할 것도 없다.

사이버 매체로서의 트위터

어쨌든 이제 트위터는 사이버 매체의 중요한 축으로서 권력을 얻기 시작했다. 적어도 한국에서는 가장 강력한 위디어 중 하나로 들어온 것 같다. 공지영 씨의 경우, 앞에서 살펴본 논란이 된 트윗 사건 며칠 전에 한미 FTA 협정에 대한 자신의 견해를 특정 정당의 대표를 비꼬는 표현을 통해 올렸다. 그때 비판의 대상이 된 정당 대변인은 공지영 씨가 자기당 대표자를 비하하는 발언을 했다고 공지영 씨에게 해명을 요구하였다.[3] 자. 잘 살펴보자. 한 소설가가 자신의 생각을 단순하게 그러나 거침없이 트윗하였다. 거기에는 어떤 격식과 예의를 솔직히 적을 틈이 없다. 140자 이내에 요점을 전달하는데 무슨 "기체후일양만강 하옵시고……" 운운 하겠는가? 그럼 날새고 만다. 그래서 그녀는 당사자에게 직접 대면적으로 만나 개인적으로 의중을 묻는 것이 아니면서도, 마치 그런 말투로 상대방을 몰아붙이는 표현을 공개된 공간에 그냥 올렸다. 당연히 그 해당 당사자는 당혹스럽고 자존심이 상처 입게 된다. 몰랐던지 혹 의도했던지 간에, 상대방의 입장이나 행동에 대한 충분한 이해와 조사 없이 자기만의 정의로 행하는 일종의 언어 폭력이 트위터를 통해 이루어진 것이다. 이것은 사이버 매체로서의 위디어의 역기능에 속한다고 볼 수 있지만 이런 역기능에도 불구하고 기존 매체가 가질 수 없는 파급력과 전달력을 보여 주었다. 여기서 주의 깊게 볼 점은 바로 오프라인 세상의 대응 방식이다. 그녀의 트위팅에 정당의 대변인이 직접 해명을 요구하고 나섰다. 일반 신문의 사설이나, 방송을 탄 의견도 아니며 또한 간행물에 게재된 의견도 아닌 한 개인의 트위팅에 대한 정치인의 반응이었다. 신기하지 않은가? 물론 만약 필자같이 무지렁이

서민이 그런 내용을 트윗팅했다면 그렇게까지는 격한 반응이 나오지는 않았을 것이다. 당연하지 않은가? 나에게 속한 팔로어는 열 손가락에 꼽을 정도니 말이다. 이렇듯 사이버 매체는 누가 그것을 어떻게 이용하는가에 따라 사회적 반응이 다르게 나타나지만, 위디어가 이미 오프라인 매체 이상의 힘을 가지게 된 것을 보여 주는 좋은 예가 된다.

트위팅 서비스는 한국에서만 요란한 것은 결코 아니다. 미국에서 일어난 사례 하나를 소개한다. 이 사례는 미 연방 상원의원 출신의 거물 주지사와 18세 여고생 사이에 생긴 트위팅 해프닝이다.

2011년 11월 21일 미국 캔자스주 토피카에서 샘 브라운백(Sam Brownback) 주지사가 한 학교에서 교육 강연을 했다. 어느 나라든지 이런 강연은 강사가 초감성 강력 교육전문가가 아닌 이상 십대들이 재미있게 들을 리가 만무하다. 하물며 주지사와 같은 정치인일 때는 말할 것도 없다. 급기야 이를 듣던 고교 졸업반 학생 가운데 에마 설리번이라는 여학생이 휴대전화로 트위터에 접속해 "주지사가 말이 너무 많다. 방금 그에게 형편없다(sucked)고 욕을 해 줬다"는 글을 올렸다. 그러나 그녀는 실제로 주지사에게 이런 말을 하지는 않았고 단지 친구들에게 장난성 글을 올린 것에 불과했다. 팔로어가 60여 명뿐인 그녀의 글에 사실 그 누구도 주목하지 않았었다.

그런데 그 다음 날 주지사의 SNS 담당 비서가 주지사 관련 글을 검색하다가 이 글을 발견했고, - 즉 이 말은 인터넷 상에 검색하니 그 트윗이 검색되어 나왔다는 말이다. - 주지사 측에서는 괜히 흥분해서 관할 교육당국에 이 사실을 알렸다. 그 학생이 다니는 학교에서는 당연히(?) 재학생인 설리번에게 "무례한 행동으로 학교 명예를 실추시켰다"

면서 11월 28일이라는 구체적인 날짜를 제시하면서까지 주지사에게 사과편지를 쓰라고 지시했다. 이 사태를 옆에서 보던 설리번의 언니는 언론에 이 사실을 즉각 알렸다. 그리고 사태는 급격히 확대됐다. "주지사가 할 일 없이 고등학생 글이나 감시하고 있느냐"는 비난이 빗발쳤고, 트위터에는 주지사를 조롱하고 설리번을 응원하는 글이 넘쳐났다. 설리번의 팔로어는 갑자기 1만2000여 명으로 급속히 늘어났고 이에 흥분한 그리고 용기를 백배 얻은 설리번은 언론 인터뷰에 나와서 "사과편지를 쓰지 않겠다. 내 행동을 후회하지 않는다. 이는 '언론·표현의 자유' 문제이다"라고 말했다.

한마디로 신이 난 것이다. 그러나 어쨌든 고등학생의 장난 글이 '표현의 자유' 문제로까지 비화되자, 난처해진 브라운백 주지사는 ─ 그는 3선 상원의원, 공화당 대선 경선 후보 출신으로 그 전 해에 주지사에 당선되었었다. ─ 결국 사과성명을 발표하기에 이르렀다. 그는 "참모진의 과잉대응에 사과한다. 언론·표현의 자유는 가장 중요한 가치 중의 하나이다"라고 진땀흘리며 해명했다. 학교측도 결국 "설리번이 사과편지를 안 써도 징계하지 않겠다"고 무마하고 말았다. 《워싱턴 포스트(WP)》는 이 사건을 두고 "빠르게 진화하는 소셜 미디어와 기존 정치권의 간극을 보여 준 사례"라고 평가했었다고 한다.[4]

위의 사례에서 우리는 몇 가지 중요한 현실을 파악할 수 있다. 첫째는 사이버 세계가 서로 긴밀히 연결되어 있다는 것이다. 휴대폰에 올린 트위팅이 이내 인터넷으로 옮겨졌고 또한 검색 가능한 것이 되었다. 둘째로 기존 언론과 사이버 매체가 상호 연결되어 같은 주제를 확대 재생산했다. 주지사라는 정치적 인물이 물론 호재로 작용했다. 셋째로

SNS와 같은 사이버 매체의 속성을 잘 알지 못했던 노련한(?) 정치인은 한 순간에 바보가 되었다. 넷째로 한 여고생의 단순 행동을 변호하는데 사이버 매체가 동원되고 급기야 언론·표현의 자유 구호로 번졌다. 이것이 바로 위디어의 힘이다. 《워싱턴 포스트》도 '소셜 미디어'라고 시인한 위디어의 힘이다.

여기에서 잠깐 우리가 간과하지 말고 넘어가야 할 사실 하나가 더 있다. 그것은 바로 그 여학생이 사용한 언어의 표현이다. 강연에 대한 그 학생의 표현은 십대들 사이에 흔히 쓰는 비속어이지만 현실에서도 사이버 상에서도 결코 바람직한 용어는 아니었다. 설리번은 트위터를 사이버 매체 혹은 소셜 매체라고 생각하지도 않았을 것이다. 그저 친구들과 흔히 하는 말로서 'Sucked'라는 비어를 썼다. 강의나 연설은 사실 지루할 수 있다. 또 그런 말로서 표현할 수도 있다. 다만 욕설 같은 비속어로 또래 사이에 킥킥거리며 표현하는 것이 아닌 사이버 매체에 올린 사실은 결코 적절한 처신이 아닌 것이 되었다. 누구라도 마찬가지이지만 사람들은 현실에서 비속어와 욕설을 내뱉을 때 일종의 쾌감 내지는 압박감 해소를 느끼는데 문제는 그것이 사이버 공간이 될 때, 자신이 내뱉은 말을 한두 사람이 듣고 마는 것이 아니라 전 세계 인구가 듣는다는 사실을 망각한다. 설령 언어가 다르다 하더라도 지구반대편에 그 언어를 아는 사람이 당신의 욕설을 들을 수 있다. 그리고 그 표현은 여전히 검색가능한 것으로 인터넷에 남게 된다. 그것도 문자로 또렷히 남아 있는 것이다. 바로 설리번의 경우가 그렇다. 여기 한국에서도 우리는 미국 캔사스 주 토피카에 있는 쇼니미션이스트고교의 2011년도 졸업반 여학생인 에마 설리번이 2011년 11월 21일에 'Sucked'라는 욕을 했다는 사실을 알고 있다!

　"나는 네가 지난 늦가을 'SUCKED'라고 욕을 한 사실을 알고 있다!!!"

　섬뜩하지 않은가? 이 'sucked'라는 말을 신문이 점잖게 번역해서 '형편없다', '나쁘다'라고 번역할 뿐이지, 이곳 영미권에서는 실제로 아무데서나 쓰는 그런 용어는 아니다. 청소년들끼리나 친한 친구들 사이에 거리낌없이 쓰는 비속어일 뿐이다. 이렇듯 트위팅이란 미디어는 자칫 잘못 사용하면 사이버 공간에서 무한 반복 생산되고 지속적으로 흔적이 남아 있으며, 또한 그 지역을 넘어서서 전 세계로 나가는 무한 경계성을 지니고 있다.

임플로전(Implosion)

이와 같은 트위팅의 연쇄 반응(Chain Reaction)—즉 어떤 사건의 단초가 한 개의 매체에서 발생하여 다른 영역으로 급속히 연쇄, 확대 재생산하는 경우, 바로 앞의 설리번의 트위팅 같은 사건들 - 을 흔히 임프로전(Implosion) 현상이라고 부른다. 임플로전이란 그 단어가 의미하는 그대로 사회생활에서 여러 가지 경계들이 허물어져 가는 것을 뜻하며 이는 현대 전자문화의 성격을 설명하는 중요한 개념 중의 하나이다. 지금의 우리 사회는 "사이버 공간이 만들어 낸 임플로전으로 인해 시공간 경계가 급속히 허물어져 가고 있다"는 맥루한의 분석과 같이 "정보의 즉각적인 흐름이 전례 없는 규모와 범위에서 시공간의 장벽을 초월하여 이루어지기 때문에 이 임플로전은 우리 생활 가운데 전반적으로

만연"해 있다.[5]

사이버 공간은 맥루한 시절의 전자 문화에서도 예측 가능했던 임플로전 현상을 지금에 와서는 상상을 초월하는 규모로 급속히 만들고 있다. 여기서 사람들은 일종의 시공간적 압축 또한 경험하고 있다. "모든 정보 운동이 즉각적이고 동시적으로 나타나기 때문"에 말 그대로 다국적 환경 속에서 매일 현재를 살고 있는 것이다. 맥루한은 이러한 전자 문명의 임플로전을 예측하면서 이미 오래 전에 매체를 통한 인간의 감각과 신경의 확장을 다음과 같이 표현했었다.

> "3천 년 동안 세분화와 기계화된 기술이 확장함으로써, 여태 일어났던 폭발적인 기능의 분화, 점증하는 전문화, 그리고 소외 과정의 극단에서 우리가 사는 서구 세계는 그 역동적인 역전(逆轉)에 의해서 압축되고 있다. 전자 기술이 발달한 지난 1세기 동안 압축된 지구는 공간과 시간의 제약을 소멸시키며 우리의 중추신경체계 자체를 전 지구적인 것으로 확장(implosion)하고 있다. 매우 빨리 휴먼 임플로전의 최종 국면, 즉 인간기술적으로 시뮬레이션 하는 단계에 접어들고 있는 것이다."[6]

만약 그가 지금의 사이버 공간 안에서의 매체의 흐름을 본다면 어떤 말을 했을까? 그도 이미 오래 전에 전자통신으로 인해 많은 사람들이 반드시 한 장소에 모일 필요도 없이 어떤 장소에서나 중심을 모을 수 있는 탈중심화를 촉진시킨다고 예측한 바 있지만, 지금의 트위터나 위디어들을 보고 너무나 경악할지도 모른다. 아니면 입에 거품을 물고 더욱 충격적인 학문적 체계를 잡아갈 수도 있겠다.

임플로전이라는 개념이 나온 김에 장 보들리야르(Jean Baudrillard)라는 사람의 생각을 잠시 살펴볼 필요가 있다. 보들리야르는 "임플로전이란 결국 한극에서 다른 한극으로의 융합, 혹은 모든 의미를 판별해 내는 대립하는 쌍들의 뒤섞임"이라고 보았다.[7] '이거 무슨 말이 이렇게 헷갈리냐'라고 생각해서 다시 풀어서 설명하자면, 미디어와 실재 사이에서 임플로전(확장 내지 붕괴)에 의해 만들어지는 모의실험 현상이 일어나는데 이것은 결국 상상적인 세계와 실제적인 세계 사이의 간극을 없애 버리는 현상으로 볼 수 있다는 말이다. 따라서 『사이버 중독 탈출기』에서 소개한 적이 있는 바로 그 시뮬라크라(Simulacra)[8]의 세계가 보들리야르가 해석한 임플로전이며 바로 사이버 매체의 가장 큰 특성이 된다. 다시 말해서 그것은 바로 이미지의 실재화, 가상 현실의 현실에 대한 우위를 차지하는 현상을 말한다고 볼 수 있다. 사이버 공간이 만들어 내고 확대 재생산하는 이미지는 현실의 실재적인 것보다 오히려 더 큰 현실적인 힘을 가지고서 대중들을 이끄는 것이 지금의 사이버 공간, 즉 디지털 세속도시의 힘이며 또한 이것이 곧 사이버 매체의 위력이 되기도 한다.

위디어는 결국 정치적 색깔을 띨 수밖에 없다. 이 현상은 사이버 공간이 참여 민주주의의 방식을 가지기 때문에 생기는 어쩔 수 없는 현상이다. "대부분의 사이버 매체는 미래지향적이고 해방적인 가치를 향해 나아가며 다양성과 다원성을 예찬하고 추구"하게 된다. 통제된 특정 이데올로기나 사상이 위력을 떨치던 과거와는 달리 "사이버 매체는 비판적인 합의를 통해서 기존의 사상과 이데올로기의 검증을 가능하게"
한다.[9] 그러나 솔직히 지금 현실의 위디어는 아직 그러한 성숙된 모습
에는 이르지 않았다고 볼 수 있다. 대중의 판단을 선도하던 대중 매체의
기능은 약화되고 개인의 비판적 견해가 모여서 오히려 정론을 찾아가는
것이 가능한 공간이 이제 사이버 공간에 마련되었고, 사이버 매체가 점
차적으로 그 주도적인 역할을 감당하고 있는 상태인 현재 결국 우리는
사이버 매체의 태동과 함께 그 미디어의 성숙 과도기에 살고 있다.

비록 그 미디어가 아직은 발전하고 적응하고 진화하는 단계에 있
지만, 따라서 많은 시행착오가 있고 이에 따른 정제가 필요하지만, 점
차 수정되고 성숙할 것이라고 본다. 그렇지만 사이버 매체에서 사람들
이 현실과는 다르게 행동하고(특히 위와 같은 언어 사용의 경우) 사이
버 공간이 마치 무한한 자유가 허용된 곳인 것처럼 착각하는 것은 위험
천만한 행동이 될 수밖에 없다. 사람들이 자기 자신의 사회적 위치와
나이에 아랑곳 하지 않고 자신의 마음이 내키는 대로 행동한다면 이는
다름 아닌 방종이 된다. 개방과 소통이라는 미명 아래 철없이 행동하는
면책권을 그 어느 누구도 갖고 있지 않다는 것을 염두에 두고 우리는
위디어에 참여하고 또한 성숙한 위디어 문화를 만들어 나가야만 할 것
이다.

공지영 씨의 경우가 하나의 예가 되었지만, 사회적 영향력을 지닌
개인이 수많은 팔로어를 대상으로 사이버 상에서 깊은 고려나 배려 없
이 자신의 생각을 쉽게 표현하는 것은 마땅히 주의를 기울여야만 할 행
동이다. 자칫 자신도 모르게 트위팅에서 그냥 툭 내뱉듯이 말할 수는
있다. 이것은 트위터 서비스가 가지는 속성에 기인하는 탓도 있다. 우

리는 소설을 쓸 때처럼 트위터에서 한 자 한 자 땀 흘려 인고의 가치를
쏟아 넣지는 못한다. 그러나 한편 50대 나이의 사회인이라면 응당 그
나이에 맞는 올바른 가치관과 비전을 사람들과 나누어야 하는 것이 중
요하다고 볼 수 있다. 그러나 유감스럽게도 사이버 매체에서 많은 사
람들이 그녀처럼 미디어의 속성에 취한 나머지 자신의 위치와 영향력
을 망각하거나 과신하는 오류를 범한다. 아버지나 어머니라는 위치,
중년이라는 위치, 사회인이라는 정체성, 공직에 있다는 사실, 교사라
는 입장, 학생이라는 위치 등 모든 위치에서 남녀노소를 무론하고 사람
들은 부지불식중에 현실과는 다른 무책임한 행동과 과도한 표현 방식
으로 자신을 드러내기 쉽다. 그리고 서로가 상처를 주고받고 하다가 마
침내는 이것을 현실 세계로 가져오는 행동을 하고 만다. 사이버 세상
은 현실과 결코 동떨어져 있지 않다. 우리는 이 사실을 잊어서는 안 된
다. 오히려 현실보다 더 적극적인 것이 사이버 공간이라는 것을 사람들
은 똑바로 인식해야만 한다. 사이버 공간은 무엇이든지 순식간에 현실
로 임플로전 하는 힘을 가졌기 때문이다.

나꼼수와 SNS 그리고 디지털 원주민

지금까지 7장과 8장에서 다룬 위디어는 디지털 원주민 세대와 뗄
래야 뗄 수 없는 상관관계가 있다. 위디어의 힘이 득세하기 시작한 것
과 디지털 원주민 세대가 사회에 본격적으로 진출한 것은 시기적으로
꼭 들어맞는다. 김어준의 말투처럼 '다이렉트'하게 말하자면 나꼼수와
같은 팟캐스팅이나 트위팅, SNS가 힘을 얻는 이유는 2040의 힘이 현

실 사회에서 점점 커진 것을 의미한다.

신진욱 중앙대 사회학과 교수에 따르면 한국은 2000년대 이후 온라인 공론장의 영역에서 네 단계의 변화를 거쳤다. "첫째, 2002년 효순·미선 사망 사건에서 나온 휴대 전화 여론이다. 둘째로 나타난 것이 2008년 촛불 시위 국면에서 떠오른 '아고라'와 같은 공론의 장이다. 셋째는 2009년, 2010년 국면의 '인터넷 커뮤니티'이다. 그리고 네 번째는 마침내 2011년도에 SNS의 본격적인 등장"이다.[10] 신 교수 자신도 이러한 분석이 사실 민감한 영역이고 아직 더 살펴볼 여지가 있다고 전제하지만 이 네 가지 흐름에서 우리가 확실히 파악할 수 있는 것은 1980년대 이후에 태어난 디지털 원주민의 사회 진출과 이 온라인 공론화의 장이 같이 움직이고 있다는 점이다. 이 디지털 원주민 세대는 성인으로서의 자아의식 표출이 본격적으로 시작되는 2000년부터 한국 사회의 여론을 형성하는데 적극적인 역할을 시작했다. 디지털 원주민 혹은 인터넷 세대들에게 있어서 휴대전화나 전자메일 메시징 서비스는 다른 세계와 연결하는 중요한 통로가 된다. 앞의 신 교수의 분석이 "휴대전화 - 인터넷 커뮤너티 - SNS - 트위팅"의 순서로 나가는 것도 디지털 원주민의 소통의 통로를 따른 것이며 공론화의 현장 역시 이것을 따라 기존 매체에서 위디어로 급속히 넘어갔다.

위디어가 기존 언론들과 차별되는 특징 중의 하나는 "개별적인 사실 전달에서 한 발 더 나아가 사실과 사실을 연결하는 고리에 해석과 의미를 부여하는 역할"을 한다는 점이다. 위디어의 수용자는 이 역할을 가지고 사건을 새롭게 바라보는 태도를 가질 수 있다. 이것은 경희대 언론정보학과 이기형 교수의 표현처럼 "팩트에 내러티브를 부여하는 일"이 된다. 그러나 사실 이러한 행위는 오히려 위디어의 약점이 될 수도 있다. 왜냐하면 "어떤 현실적 사건에는 절대적인 선과 악의 대결이 잘 드러나지 않지만 이것을 내러티브 즉 이야기 차원에서 답습했을 때, 이야기를 수용한 팬덤이 진영 내 다른 목소리에 대해 폭력적이 될 수 있고 진실을 왜곡할 수도 있기 때문"이다.[11] 위디어의 공정성과 진실성은 이럴 경우에 급격히 훼손된다.

그럼에도 불구하고 이런 약점이 2040세대들을 위디어로부터 멀리하게 만드는 요소가 되지는 못한다. 가령 '나꼼수'와 같은 위디어의 진실 공방이 기존 보수층의 반론으로 제기된다 하더라도, 이러한 주장과 반론이 기성세대에게는 받아들여질 가능성이 있는 반면 디지털 원주민 세대에게는 잘 먹혀들지 못한다. 왜냐하면 "그들 세대를 이어 주는 연결고리가 바로 사이버 네트워크 혹은 SNS라는 공간"이기 때문이다. 지금의 20대는 종이신문, 시사잡지나 월간지는 말할 것도 없고, 온라인 신문 사이트도 잘 보지 않는다. 이들이 주로 정보를 공유하는 공간은 자신들의 친목 공간인 트위팅, 카카오톡, 페이스북과 같은 SNS의 세계이다. 그런 그들에게 SNS가 거짓을 유포한다고 말을 하며 자제하기를 원한다면 "이것은 곧 이들에게는 친구 관계를 끊으라는 소리"와도 같다. 이들은 정작 가족이나 친구나 이웃의 얼굴을 보는 대면적인 접촉에는 무관심하지만 사이버 공간과 소통이 되지 않으면 불안해 한다.[12] 이와 같은 이유로 위디어는 현실 세계에서 점점 더 큰 지지와 힘을 얻고 있다. 위디어는 지금 사회의 주류를 형성하는 2040세대들에게 그들의 집단 지성(collective knowledge)의 대표자가 되었다. 이런 시각으로 볼 때 한국에서의 나꼼수 · SNS 열풍은 충분히 이해가 가능하다.

사이버 공간 문화 현상과 크리스천

사이버 공간은 "무수히 많은 개체와 독립된 인격들이 자유롭게 존재하고 평등하게 교류하는 장소이며 이러한 존재들이 서로 상호 이해하는 과정 가운데 커져 가는 공간"이다.[13] 여기에는 어떤 중앙화된 권력이나 존재가 있을 수 없다. 이러한 "탈 중앙화 문화는 결국 다양성과 다원성을 수용"하게 될 수밖에 없다.[14] 사이버 공간의 다원성과 다양성 추구는 지금까지의 서구 문명 중앙화에 대응한 주변 문화들의 자각적인 다양성을 옹호하는 것이라기보다는 오히려 철저히 "서로 상대적인 가치들을 보편화해 가는 작업 과정"이라고 볼 수 있다. 그렇기 때문에 이러한 상대화된 문화적 가치는 어떤 의미에서는 예기치 않은 위험성을 가지고 있다. 왜냐하면 "기존의 가치와 편견들이 다양한 지식과 정보의 확산 가운데 끊임없이 도전을 받고 갈등하지만, 아직 새로운 가치와 이념은 정립되지 않았기 때문"이다. 사이버 공간에서 나타나는 개인적인 가치 추구가 이전의 그 어떤 시도들보다 인간 본연의 가치에 새로운 지평을 열 수 있다는 장점도 있지만 이것은 "기존 문화와 전통의 입장에서 보면 충격과 반동의 연속"으로 보일 수도 있다.

사이버 공간은 또한 비판적인 합의 형식을 통해서 기존의 사상 혹은 이데올로기의 검증을 가능하게 한다. 뿐만 아니라 "글로벌한 것과 개별적인 것에 대해서 의미와 가치를 동시에 부여하는 문화를 가능하게" 한다. 즉 글로벌한 가치와 문화가 곧 개인적인 것이 될 수 있고, 그 반대의 경우도 성립한다. 이러한 현상은 순식간에 국경과 나라와 인종의 차별 없이 보편적으로 나타나게 된다. 최근 가수 싸이의 "강남 스타일" 노래의 범세계적인 호응도 이와 같은 맥락에서 이루어진 것이다.

결국 사이버 공간이라는 세계는 독립된 개체의 가치와 글로벌한 가치를 동시에 고려하는 문화 형성을 강조하게 된다.

한스 큉(Hans Küng)은 "사이버 공간에서 일어나는 이러한 글로벌한 차원과 개인적 차원 혹은 종교적 차원이 함께 공유할 수 있는 가치를 무시하거나 외면하는 행동을 하는 것은 대단히 위험할 수 있다"고 경고한 적이 있다. 그에 따르면 만약 이러한 행동을 하는 주체가 개인이 되건 혹은 어떤 단체가 되든 간에, "그러한 입장을 표명하는 정치, 경제, 사회, 문화, 종교 주체는 사이버 공간에서 날카로운 비판과 도전을 받게 될 것"이라고 경고했다. 사실 우리는 지금 그러한 경우를 수없이 보고 있다. 결론적으로 "사이버 공간이란 글로벌한 네트워크 속에서 글로벌한 만남과 대화를 하며 각각의 개체를 존중하는 동시에, 글로벌한 가치와 존재 의미를 서로 공유하는 삶을 추구하는 공간"이 되었다. 그런 가운데 사람들은 서로 성숙하고 창조적인 삶의 모습을 지향한다.[15]

바로 여기에서 유독 상대적인 진리를 인정하지 않고 절대적인 진리를 지키며 전파하고자 하는 기독교적 가치와 윤리는 도전을 맞게 된다. 성경적 원리로 가르침을 받고 자란 크리스천들은 지금까지 자신이 가지고 있던 세계관과 이 사이버 공간의 세계관이 정면으로 충돌하는 것을 경험할 수밖에 없다. 다른 종교나 개인에게도 사실 이것은 가능하다. 자신이 가진 세계관과의 충돌은 사이버 공간에서 수시로 극적으로 나타난다. 위에서 서술한 이 사이버 문화의 글로벌한 특성을 한 마디로 줄여 말하자면 사이버 공간에 만연한 포스트모더니즘 문화라고 볼 수 있으며, 대부분의 경우 크리스천에게 이 포스트모더니즘 문화는 불편

하다. 위디어를 통해 표출되는 의견들과 그 생각의 흐름 또한 포스트모
던적이 될 때 이것 역시 거북할 수 있다. 하지만 이 부딪치는 세계관의
갈등에서 크리스천이 물러설 수는 없을 것이다. 크리스천에게는 이 땅
에 임하는 하나님 나라의 통치를 사이버 공간에서도 똑같이 실현해야
하는 사명감이 존재하기 때문이다. 따라서 위디어라는 사이버 매체를
통해 표현되는 정치, 경제, 사회, 문화, 예술 그 전 영역에서 크리스천
들은 적극적으로 동참할 필요가 있다. 그래서 올바른 언어와 올바른 정
서와 올바른 세계관을 드러내야 할 것이다. 이것은 기독교적 신앙 의무
와 책임이라고 말할 수 있다.

사회 부조리에 대해서 방관하는 자의 자리에 서지 않는 것, 결코
움츠러든 모습을 보이지 않으며 혹 혼자서 고고한 척하지 않는 그런 삶
의 자세를 크리스천들은 사이버 공간에서 보여 주어야 할 것이다. 사이
버 매체를 활용할 때 절대로 남을 비방하거나 인신공격하지 않으며 토
론하는 법을, 정치를 이야기하지만 사람을 우선으로 하는 법을, 거짓
을 용납하지 않으며 자신이 먼저 참된 것을 말하고 실천하는 법을 보여
줄 수 있어야 한다. 비단 크리스천뿐만이 아니라 모든 뜻있는 사람이
이러한 자세로 사이버 매체에 참여해야 할 것이다. 그래서 아픔을 감
싸 안으며 위로하는 법을, 많은 사람들과 공감하며 살며 사랑하고 배우
고 실천해야만 한다. 현실의 어려움에 매몰되지 않는 지혜, 더러운 것
을 용납하지 않으며 아름다운 것을 보여 주는 지혜를 나누어야 할 것이
다. 그리고 크리스천이라면 자신이 품은 모든 성경적 원리를 이 위디어
라는 장에서 적극 참여해 나간다면 보다 생명 있는 사이버 문화를 만들
어 갈 수 있을 것이다.

주여,

나를 당신의 평화의 도구로 써 주소서

미움이 있는 곳에 사랑을,

상처가 있는 곳에 용서를

의혹이 있는 곳에 믿음을,

절망이 있는 곳에 희망을,

어둠이 있는 곳에 광명을,

슬픔이 있는 곳에 기쁨을 심는 자 되게 하소서.

위로받기보다는 위로하고,

이해받기보다는 이해하며,

사랑받기보다는 사랑하게 하여 주소서.

우리는 줌으로써 받고,

용서함으로써 용서받으리니…

당신의 죽으심 안에,

우리 또한 자기를 버리고 죽음으로써

영생을 얻기 때문입니다.

"평화를 위한 기도", 聖 프란치스코

주

1. 《서울신문》, "김연아, 공지영의 비판에 '노코멘트' 차분한 모습", 2011.12.03.
   http://ntn.seoul.co.kr/?c=news&m=view&idx=123553
2. 『시사 경제 용어 사전』, 기획재정부, 2010.
3. 공지영, "한나라당서 파견되신 분, 맞죠?", 노컷뉴스, 2011.11.23.
   http://www.nocutnews.co.kr/Show.asp?IDX=1983356
4. 《조선일보》, "여고생 장난 트위터 글에 대응했다가… 美 거물 주지사, 비난 역풍 맞고 사과". http://news.chosun.com/site/data/html_dir/2011/11/30/2011113000136.html?newsplus (2011.11.29 오후 1:33:05)
5. 이항우, "인터넷 문화와 온라인 상호 작용 연구의 쟁점과 동향", 「정보화 정책」, 제11권 제1호, 2004년 봄, p8.
6. Ibid. p8, 재인용. Marshall Mcluhan, "Understanding Media: Extension of Man", MIT Press, 1964, p5, 마셜 맥루한, 『미디어의 이해』, 김상호 역, 커뮤니케이션북스, 2011.4, p5.
7. Jean baudrillard, "Simulacra and Simulation", trans S.F. Glaser, Ann Arbor, University of Michigan Press, 1994.
8. 원본과 단절되어 나타나는 이미지를 의미하는 말. 그리고 그 이미지들은 그 자체가 또 다른 실재가 될 수도 있고 다른 형태를 재생산할 수도 있다.
9. 홍영주, "포스트모던 시대의 사이버 공간 문화에 대한 기독교적 이해", 숭실대학교, 2008, p26.
10. 《경향신문》, "2040은 왜 나꼼수 SNS에 열광했나", 2011.12.17. http://news.khan.co.kr/kh_news/khan_art_view.html?artid=201112171136311&code=940100
11. Ibid.
12. 윤혜성, "사이버 공간에서 소통이 갖는 교육적 의미", 인하대학교, 2009.8, p115.
13. 사회과학연구소, 『이데올로기와 정보화 사회』, 성균관대학교 출판부, 1990, p166.
14. 홍영주, "포스트모던 시대의 사이버 공간 문화에 대한 기독교적 이해", 숭실대학교, 2008, p24.
15. Ibid, p22~28.

구글, 야후, 다음, 네이버 같은 검색 엔진이나
페이스북과 같은 SNS 서비스,
그리고 기타 다른 뉴스 매체를 사용할 때,
우리는 유감스럽게도
"공개적이면서도 공정한 정보"를 무작위로 받아보지 않는다.
그와는 반대로
사실 지금의 인터넷은
각각의 개인 성향과 기호에 알맞게 맞추어진 맞춤 정보를
개인에게 제공하고 있다.
우리 자신이 검색하고 방문하는 사이트들과
페이스북과 같은 소셜 네트워크가
우리 눈 앞의 모니터에 뿌려 주는 정보는
공개된 자료에서 나오는 공평한 정보가 아니라,
우리가 여태까지 즐겨 찾았고
관심을 가지던 분야만의 정보와 사람들을
선별해서 보여 준다.

9. 필터링 된 정보
- 필터 버블(Filter Bubble)

TED와 엘리 파라이저(Eli Pariser)

미국의 비영리재단 중 TED(Technology, Entertainment, Design)라는 단체가 있다. 사람이나 단체 이름을 기억하는데 둔한 나는 옆집 아저씨의 이름이 테드(Ted)인 덕분에 이 TED라는 단체의 이름을 금방 외울 수 있었다. TED는 1984년에 창립된 조직이다. 그 이름이 뜻하는 그대로 기술, 오락, 디자인에 관련된 주제를 가지고 강연회를 열뿐 아니라 기타 새로운 사업 유형과 상품, 국제적인 관심사에 걸쳐 전 세계적으로 왕성한 지식 전도사 역할을 하고 있는 유명한 단체이다.

TED 강연의 특징은 첫째, 현재 진행중인 이 시대의 중요한 관심사들과 흐름을 주제로 최고의 전문가들이 새로운 발상으로 무장하여 나온다는 점이다. 둘째, 그 강연들은 일반인이 들어도 이해하기 쉽도록 친절하게 풀어서 지식을 전달해 준다는 점이다. 그리고 셋째, 강연 시간이 18분~20분 정도만 되도록 해서 청중이 짧은 시간에 집중하고 이해하도록 만든다는 점이다. 더군다나 이 강연은 전 세계의 주요 언어들로(한국어를 포함해서) 번역해 주는 자원봉사자들이 있기에 언어의 장벽 없이 들을 수 있다는 매력이 있다. 무엇보다 인터넷으로 강연을 볼 수 있으니 청중의 입장에서 큰 특혜가 아닐 수 없다. 마치 이웃집 테드(Ted) 씨가 언어낚시에 대해 나에게 설명할 때 직접 낚싯대를 가지고 세세히 시연해 보이며 설명하듯, 이 TED의 강연자들은 목에 전혀 힘을 주지 않고 자신이 연구한 전문 분야의 지식과 정보를 최상의 발표 기법으로 친절하게 알려 준다. 그렇기 때문에 설령 그 분야를 잘 알지 못해도 무척 재미있게 들을 수 있다.

2011년 3월, 이 TED 강연에 엘리 파라이저(Eli Pariser)라는 탄탄한 인상의 건장한 남자가 푸른 셔츠 차림으로 나타난 적이 있다. 여기서 그는 우리가 일상생활 가운데 무심코 사용하는 인터넷의 기술적인 측면 하나를 알게 함으로써 대중의 관심을 불러 일으켰다. 그것은 바로 '필터 버블(Filter Bubble)'이라고 이름 지은 인터넷 정보 작동 원리에 관한 것이었다. 이 필터 버블이란 엘리 자신이 직접 쓴 책에 소개한 개념으로서, "인터넷 상의 정보제공자와 정보사용자 사이의 정보 흐름의 작동 원리가 원래의 의도와는 상관없이 전혀 뜻하지 않은 방향으로 흘러 왜곡된 결과를 가져오는 모든 현상"을 일컫는 말이다.

우리가 인터넷을 통해 세상과 소통할 때, 우리는 자유로우면서도 평등하고 어느 한쪽으로도 편협되지 않는 정보의 수집과 교류를 원한다. 사람들은 마우스를 클릭하며 인터넷 서핑을 통해 세상의 구석구석을 자유롭게 드나들고, 다양한 사람들과 자유롭게 소통하며 온갖 공개된 정보를 편견이나 검열 없이 보기를 기대한다. 이것이 인터넷이 생긴 초기의 목적이었고, 지금도 대부분의 사람들은 인터넷 서비스가 그럴 것이라고 기대한다. 그러나 상호교류의 효율성 추구 때문에 비롯된 이 원리들이 지금 인터넷의 현실에서는 전혀 그런 방향으로 흐르지 않고 있다. 그것은 바로 필터 버블 때문이다.

필터버블 – 가공된 정보

구글, 야후, 다음, 네이버 같은 검색 엔진이나 페이스북과 같은 SNS 서비스, 그리고 기타 다른 뉴스 매체를 사용할 때, 우리는 유감스럽게도 "공개적이면서도 공정한 정보"를 무작위로 받아보지 않는다. 그와는 반대로 사실 지금의 인터넷은 각각의 개인 성향과 기호에 알맞게 맞추어진 맞춤 정보를 개인에게 제공하고 있다. 다시 말하자면, 우리 자신이 검색하고 방문하는 사이트들과 페이스북과 같은 소셜 네트워크가 우리 눈 앞의 모니터에 뿌려 주는 정보는 공개된 자료에서 나오는 공평한 정보가 아니라, 우리가 여태까지 즐겨 찾았고 관심을 가지던 분야만의 정보와 사람들을 선별해서 보여 주는 것이다. 즉 이미 알게 모르게 당신의 입맛에 맞추어 걸러진 것만을 보여 주는 맞춤정보 제공 방식이 바로 인터넷 상에 현존하는 정보 필터 원리인 것이다.

간단한 예를 들자면, 엘리 파라이저가 TED 강연에서 시연하면서 보여 주었듯이, 지금 나 자신이 구글에서 검색 단어로 '이집트'를 치면, 내 컴퓨터 화면에 뿌려지는 정보는 내 친구가 그의 컴퓨터에서 검색한 정보와 다르게 나타난다. 이렇게 다르게 나타나는 이유는 구글이 이제까지 내가 검색한 패턴과 나의 개인적 취향과 관심사를 구글의 데이터베이스에 저장하고 있다가 내게 적합하다고 판단한 정보들만 '이집트'라는 단어와 연관지어 보여 주기 때문이다. 만약 내가 평소에 여행과 음식에 대한 검색을 많이 했다면 이집트 여행과 관광회사들 그리고 휴가에 관한 정보를 우선적으로 보여 주고, 만약 종교나 고고학 등에 관련된 검색을 많이 했다면 그와 관련된 정보들과 사진을 보여 줄 것이다. 내가 평소에 구글을 통해 경제나 국제 정치 등에 관한 검색을 많이 했다면 이집트와 중동의 정치상황 등에 관련된 정보를 또한 먼저 보여 줄 것이다. 이러한 필터링은 구글 뿐만이 아니다. 네이버나 야후, 다음과 같은 주요 검색 엔진들과 모든 포털들은 내가 무엇을 클릭했는지, 어느 사이트를 주로 방문하는지 자신들의 서버와 내 컴퓨터에 동시에 검색 기록으로 고스란히 남겨 놓는다(가령 인터넷 익스플로어의 쿠키 같은 것들). 그리하여 나의 관심사와 성격, 기호에 맞는 정보만을 선별하여 제공한다. 일례로 네이버나 구글의 검색에서 같은 단어를 여러 번 입력했을 때 펼쳐지는 페이지에서 이미 자신이 한 번 방문한 사이트나 문서들은 다른 색깔로 구분되어 있는 것을 누구나 자주 발견할 수 있을 것이다.

이것은 쇼핑몰과 같은 상업 사이트도 마찬가지이고, 페이스북과 같은 SNS 서비스 역시 그렇다. 이 모든 사이트들은 내가 관심을 가진 분야와 사람들을 연결하고 더 많이 소개하지만, 이와 반대로 정작 내가 잘 찾지 않는 것들은 점점 소외시켜 버린다. 엘리 파라이저의 경우는 자신의 페이스북에서 교류관계가 적었던 우파 성향의 사람들이 피드

(Feed)에서 모두 다 사라진 경험을 했다. 비록 엘리 그 자신은 좌파 성향이라고 생각했지만, 그는 자신의 의도와는 전혀 상관없이 페이스북의 알고리즘(algorism)에 의해 우파 성향의 친구들과 점점 차단됨으로써 자신도 모르는 사이에 좌편향적인 정보와 사고에 더욱 깊이 빠지게 되었고, 그는 다른 견해를 가진 사람들의 의견을 들을 기회 및 접촉할 시기를 박탈당했다. 한마디로 그러한 정보 자료의 통로가 자신도 모르는 사이에 완전 차단되어 버렸던 것이다.

잠깐, 그렇다면 당신이 만약 섹슈얼한 인상과 정보를 평소 즐겨 찾던 사람이라면 비록 마음을 바꿔 건전해지고 싶다고 해도 인터넷은 계속 당신에게 맞는 정보를 걸러내서 야한 정보와 관련 페이지들을 당신의 의도와는 달리 계속 제공할 것이다. 오호! 당신은 잘못된 생활 양식을 그만두고 싶은데 세상은 오히려 당신을 더욱 유혹한다. 아니 어쩌면 당신은 세상이 성적인 것에 점점 더 열광하고 있다고 오해할 수도 있다. 사실 세상은 전혀 그렇지 않은데도 말이다. 결국 당신은 당신이 만든 과거 취향에 의해 이상한 단절을 경험할지도 모른다. 선하고자 하는 마음에 인터넷이 따라 주지 않을지도 모른다. 그러다 결국 그러한 습관에서 벗어나려는 당신 스스로를 오히려 이상한 사람처럼 느낄지도 모른다. 너무 극단적인 비약같지만, 아주 엉터리 추측은 아니다.

이렇듯이 인터넷은 개인에게 맞는 정보를 걸러서 수분형식(customize)[1]으로 보여 준다. 이 거대한 자동여과기능(filtering algorism)은 당신이 사이트에서 빠져 나와도 그대로 작동한다. 구글의 경우, 사용자가 보던 페이지에서 빠져나오더라도 약 57개의 신호를 계속 감시하고 있다고 한다. - 당신이 어디에 사는지, 어떤 브라우저를 사용했는지, 어떤 컴퓨터로 언제 접속했는지 등의 신호이다. 이제 인터넷에서는 어느 누구에게나 공통적으로 적용되는 그런 평범한 검색 서비스는 존재하지 않는다. "구글(Google)이라는 이름은 10의 100제곱을 의미하는 단어인 구골(Googol)에서 따왔다고 한다. 결국 구글은 이름 그대로 웹상에 있는 무한한 정보를 체계화해서 제공하는 것을 목표"로 삼는다. 구글과 같은 검색 서비스를 제공하는 회사의 수익은 사람들이 정보를 빨아들이는 속도와 직접적인 관련이 있다. 우리가 검색을 통해서 더욱 더 빨리 웹페이지들을 검색하고 서핑할수록, 그리고 더 많은 링크들을 찾아가고 더 많은 페이지를 볼수록 구글은 우리에 대한 정보를 더 많이 수집하고 우리로 하여금 더 많은 광고를 보게 만든다. 결국 이 말은 우리가 그냥 여유롭게 앉아 한 사이트에 오래 있으면, 구글이 돈을 벌지 못한다는 말과 같다.[2]

이러한 검색 엔진의 지능형 서비스에서 개인 사용자들은 자신에게 최적화된 맞춤형 정보 서비스를 당장은 좋아하겠지만, 결국에는 사용자 자신이 검색 알고리즘이 정해 주는 한정된 시각만을 가지게 됨으로써 그 스스로 우물 안 개구리가 되기 쉽다. 사용자들은 마침내 새로운 생각과 흐름을 접하지 못하게 되어 자신도 모르게 원하지 않는 고립을 경험하게 된다. 이러한 틀에 정해진 검색은 마침내 바깥의 진실과 단절된 상태로 혹은 단절된 사회로 개개인을 인도하게 될 가능성이 있다. 개인화된 인터넷이란 사실상 기업 판촉이나 판매자들에게 좋은 방법일 뿐, 새로운 시각과 생각을 나누려는 사람들에게는 장애물이 되고 만다. 만약 인터넷이 우리가 듣고 싶은 것만 듣게 하고, 보고 싶은 것만 보여 준다면, 그래서 세상 모든 것이 자신의 취향대로만 흘러간다고 착각한다면 결국 스스로를 무너뜨리는 창구가 되고 만다.

너무 세분화된 필터링 알고리즘은 결국 어느 누구도 사실에 대해 명확히 알 수 없는 상태가 되도록 만들 수 있다. "자기가 선호하는 시각으로 편집된 정보를 보고 길들여지며, 자신이 선택하지 않은, 또한 선택할 수도 없는 인터넷 필터링을 통해 세상을 본다는 것은 사람들로 하여금 자신이 미처 생각하지 못하던 분야나 사람에 대한 정보가 차단되게 만든다." 그렇게 되면 결국 사용자의 생각은 점점 편향되거나 극단화 될 수밖에 없다. 결국 "같은 경험과 정보로 공유되는 것이 불가능해진다는 것은 사람들이 더욱 더 편을 나누고 갈라서게 만드는 것을 의미"한다.[3]

그렇다면 왜 이러한 걸름장치가 존재하는가? 그것은 정말 단순한 경제적 논리 때문이다. 스마트폰의 경우 『사이버 중독 탈출기』에서 밝힌 것과 같이 사용자의 개인 신상 정보와 취향, 즐겨찾는 장소 등과 같은 시시콜콜한 모든 정보가 세세히 수집되어 기업의 마케팅에 이용된다. 개인의 동의를 구하는 것은 지극히 요식적이며 형식일 뿐이다. 인터넷에서 수집되는 모든 정보 역시 이와 마찬가지이다. 구글이나 페이스북, 네이버 등의 고객은 사실 사용자가 아니라 광고주들이다. 이 점을 인터넷 사용자들은 자주 잊고 지낸다. 뉴스 사이트 역시 마찬가지이다. 극단적으로 말하자면 모든 온라인 신문기사의 가치는 클릭수에 있다. 얼마나 많이 그 신문의 온라인 기사들이 클릭되는가에 따라 그 신문의 온라인 광고 금액이 정해진다. 이 사실만 알면 왜 그토록 자극적이고 선동적이며 사용자를 기만하는 기사 제목이 인터넷 상에 난무하는지 금방 이해할 수 있다.

개인화(Personalized - customized – tailored)

이러한 필터링 알고리즘은 쉽게 말해 '개인화(personalization)'라고 불리는 서비스이며, 이것은 그 원래 의도와는 다르게 작용하여 인터넷이 결국 우리가 보아야 할 것들을 보여 주는 것(what we need to see)이 아니라, 인터넷 – 필터링 알고리즘이 – 스스로 판단해서 우리가 보고 싶다고 여기는 것을 보여 주는(what it thinks we want to see) 체제로 변질되게 만들었다. 구글의 CEO인 에릭 슈미츠는 이런 현실을 다음과 같이 말했다.

> "어떤 의미에서, 사람들이 그들 개개인의 특성에 맞춤 형식으로 되지 않은 것을 보고 소비하는 것은 불가능하다.(It will be very hard for people to watch or consume something that has not in some sense been tailored for them.)"

문제는 어떤 특정 서비스만 그런 것이 아니다. 우리가 사용하는 대부분의 인터넷 서비스는 모두 그러한 필터링과 자체적인 정보 알고리즘을 가지고 있기 때문에 개인적인 선택의 폭은 없어지고 최종 사용자들은 필터 버블이라 불리는 덫에 걸리고 만다. 개인이 가지게 되는 필터 버블(검색 엔진, 쇼핑몰, SNS, 뉴스 사이트, 커뮤니티 등을 거쳐 만들어진 여러 개의 필터 버블)들은 우리가 누구인지, 무엇을 하는가에 따라 개인화를 실행한다. 그렇지만 "필터 버블들이 보여 주는 내용에 검색 당사자의 의사는 결코 제대로 반영되지 않는다." 그렇기 때문에 엘리가 말한 것처럼 "실제로 무엇이 편집되어져 우리에게 보여지지 않는지 최종 사용자는 결코 확인할 수가 없다."

가령 내가 즐겨 찾는 어떤 쇼핑몰에 들어갔을 때, 나에게 보여지는 상품들은 쇼핑몰의 검색 엔진이 자체적인 알고리즘으로 파악한 나의 기호를 따라 물건을 보여 주는 것이다. 이때 나는 자신도 모르는 사이에 나의 평소 관심사 밖의 물건들을 어쩌면 알 수도 있는 그런 기회를 아예 놓치고 만다. 그렇지 않으면 미처 보지도 못한 채 그냥 넘어갈 수도 있다. 이런 알고리즘 필터는 서비스 제공자가 정한 - 즉 컴퓨터, 혹은 구글이나 쇼핑업체의 소프트웨어 엔진이 정한 - 우선순위를 따라 고객이 클릭하는 것을 파악해서 진행하기 때문에 정말 제대로 균형 잡힌 필터링이란 결코 존재할 수 없다. 엘리는 이것을 두고 "우리가 제대로 영양이 갖추어진 식사를 하는 것이 아니라 마치 정크푸드를 섭취하듯이 편협되고 왜곡된 정보에 계속 노출되는 것"이라고 주장한다.

페이스북의 경우를 보자. 자신의 페이스북에 수많은 친구들이 존재한다고 할지라도 만약에 어떤 친구가 자신의 글에 댓글을 달지 않거나, 클릭하여 읽지 않게 되면 그 친구는 점차적으로 자신의 글에 대한 상태 업데이트에서 제외되기 시작한다. 수백 명의 친구들 중에 어쩌면 수십 명만이 자신의 글에 대한 업데이트를 받을 뿐이다. "페이스북이 나름대로의 기준(필터링)을 통해 사용자가 신경을 덜쓰는 친구에 대한 업데이트를 전달하지 않기 때문이다." 모든 인터넷 서비스와 포털들은 이런 개인화 알고리즘과 필터링에 기반한 콘텐츠 서비스를 한다. 결국 "지금 이 상태로는 그 어느 누구도 어떤 인터넷 세상이 만들어질지 알 수 없게 된다."[4]

"여러분의 필터 버블은 온라인에서 살아가는 여러분만의 개
인적인 유일무이한 정보 우주입니다. 여러분의 필터 버블 안
에 있는 것은 여러분이 누구인가, 여러분이 무엇을 하는가에
달려 있습니다. 하지만 무엇이 포함될지 여러분이 결정하지
않습니다. 그리고 보다 중요하게는, 실제로 무엇이 편집되어
사라지는지 확인하지 않습니다."

엘리 파라이저 – TED 2011 3. 강연 中

필터 버블에 대한 대응

앞에서 살펴 본 필터 버블로 발생한 문제점들을 해결하기 위해「컴
퓨터 월드(Computer World)」잡지에서 마이크 엘간(Mike Elgan)은 다음
과 같은 대응책들을 제안했다.[5]

1) 개인화 엔진이 사용자들을 분류하기 힘들도록 의도적으로 링크
들을 클릭하라. 즉 컴퓨터로 하여금 당신 스스로를 정형화하기 힘들도
록 만들라.

=> 이런 시도는 결코 쉽지만은 않다. 즉 인터넷 서핑 중에 의도적
으로 엉뚱한 곳을 클릭하라는 말인데, 시간이 남아돌지 않는 한 실천하
기 어려운 부분이다. 다만, 자신의 의견과 반대 되거나 관심이 덜 가는
항목이라도 기웃거리는 버릇을 가지면 나름대로의 시각이 넓어질 기회
를 갖게 될 것이다. 그의 요점은 그런 방법을 강구하라는 말처럼 들린
다.

2) 가끔 브라우저 히스토리와 쿠키를 제거하라.

=〉 인터넷 익스플로어에서 "도구-인터넷 옵션-일반 탭"에 들어가면 검색 기록이라는 항목이 보인다. 여기서 삭제를 클릭하면 된다. 아니면 자기 나름대로의 설정을 시도해도 괜찮다..

3) 나중에 그다지 보고 싶지 않은 콘텐츠를 찾아볼 때는 '익명'의 윈도우를 사용하라.

=〉 자신의 아이디로만 인터넷을 들어가지 말고 로그아웃한 뒤 익명으로 검색을 시도하라는 말이다.

4) 페이스북 대신에 트위터를 이용해 뉴스를 보라.(트위터는 개인화를 하지 않는다.)

=〉 결국 개인화를 하지 않는 서비스를 찾아서 쓰라는 뜻인데, 이것은 사실 거의 불가능에 가깝다. 설령 찾는다 해도 그것 또한 편협된 인터넷 사용이 되니, 오직 다양한 주제에 대한 왕성한 호기심으로 개인화를 최대한 막는 마우스 클릭을 습관화해야 한다.

5) 페이스북이 이미 차단한 친구들의 상태 업데이트를 차단 해지하라.

=〉 페이스북 뉴스피드 페이지의 바닥에 있는 "옵션 설정(Edit Options)" 링크를 클릭하라. 그러면 누가 차단되어 있는지 보여 주는 대화상자가 보일 것이다. 친구들을 수동으로 숨기거나 나타낼 수 있고 모두를 차단 해지할 수도 있다. 이 대화상자는 오직 친구들로부터 사용자

에게 오는 것에만 영향을 끼친다.

6) 매주 글을 게재하고 관심 있는 페이스북 친구들에게 "좋아요" 링크를 클릭하고 댓글을 달도록 요청하라. 이런 활동을 통해 추후에 페이스북이 이런 친구들의 댓글을 걸러내는 것을 막을 수 있다.

=〉 이런 행동보다는 오히려 오프라인에서의 친구들과의 대면적 교류를 확장하는 것이 좋다. 페이스북이란 결국 현실의 연장이거나 현실로의 확장일 때에만 진정한 친구 관계가 정립될 가능성이 많다. 물론 온라인 상의 친구로 존재하는 경우도 많지만, 대부분의 실질적인 사적 공감은 오프라인에서의 긴밀한 친구 관계가 온라인으로 연장될 때 바람직하다.

마이클 엘간 자신도 "필터 버블"에 있어서 가장 중요한 것은 이런 알고리즘이 존재한다는 것을 사용자가 인식하는 것이라고 말했다. 지금 이 글을 읽는 독자가 보는 인터넷은 필자가 보는 인터넷과 같지 않다. 개인 사용자가 지금 보고 있는 인터넷이란 사용자를 이용하고, 입증하고, 도전하지 않는다. 지금의 인터넷 알고리즘은 결국 사용자를 이해시키고 교육시키기 위해 최근에 재설계된 것이기 때문이다. 따라서 마이클 엘간의 말처럼 사용자 자신이 필터 버블의 존재를 알고 그에 대해 나름대로의 철학으로 접근하는 것이 현재로서는 가장 최선의 인터넷 이용 방법이 된다.

1. 개개인의 취향과 요구에 부응하는 맞춤 정보를 의미한다.
2. 니콜라스 카, 『생각하지 않는 사람들』, 최지향 역, 청림출판, 2011, p228.
3. 엘리 파라이저, 『생각 조종자들』, 이현숙, 이정태, 알키.
4. 한국 IDG, "개인화 인터넷의 빛과 어둠 "필터 버블"을 깨트리는 방법", 2011.05.
   11. http://www.itworld.co.kr/news/65398
5. Ibid.

신문/미디어들이
오프라인만으로는 결코 살아남을 수 없는 현실적 상황 가운데
그들은 모두 온라인의 클릭 수에 목을 매게 되었다.
이 클릭 수는
신문의 대중성을 드러내는 지표가 되고
종국에는 그 신문의 온라인 광고단가를 결정하는 척도가 된다.
따라서 당연히 이러한 클릭 수를 높이기 위해
신문사를 비롯한 사이버 매체는
속칭 낚시성 기사와
떡밥성 기사를 무차별 생성하게 된다.

10. 위디어와 정보관리자

정보관리자

우리가 만들어 내는 미디어, 즉 위디어는 어떤 의미에서는 참된 민주주의의 통로가 될 가능성이 많다. 현장에서 직접 올라오는 정보, 어떤 이익에도 관여되지 않는 사람들의 참여, 혹은 신앙적이거나 혹은 자신의 신념에 따라 행동하는 양심이 올린 정보들일수록 그 가능성은 더욱 커진다. 그러나 여기에는 몇 가지 전제 조건이 필요하다.

우선 첫째는 사실(fact)만 전달하는 매체 본연의 역할이다. 트위터이건 페이스북과 같은 SNS이건, 혹 블로그, 독립 인터넷 뉴스나 팟캐스팅이건 모든 위디어를 만드는 주체가 자신의 논점과 견해를 발생한 사실이나 정보에 더하는 순간, 그것은 어떤 의미에서는 가공된 정보가 된다. 쉽게 말해 로이터나 연합뉴스가 가지는 입장과 《조선일보》와 《한겨

례신문》이 가지는 정보 전달에는 명확한 차이가 존재하는 것과 마찬가지이다. 위디어로서는 로이터와 같은 정보 소스보다는 신문과 방송 같은 미디어에 그 성격이 가깝기 때문에 기존 매체들이 오랜 시간 동안 갈고 닦으면서 갖춘 기자 정신과 신문 윤리 같은 강령을 위디어 나름대로 정립할 때에 올바른 철학을 가진 매체로서 역할을 할 수 있을 것이다.

둘째는 외부의 유혹에 흔들리지 않는 초심을 견지하는 것이다. 위디어가 대중의 동의와 힘을 얻기 시작하면 필연적으로 덩치와 범위가 커진다. 이에 따라 자연스럽게 외부 세력의 유입과 자금에 대한 유혹이 있게 된다. 여기에 현혹되지 않고 자신이 만드는 매체의 중립성을 유지하는 일은 결코 쉽지는 않겠지만 이것은 필수적인 부분이다. 트위터는 예외로 치더라도 후원기업이 제공하는 자금은 위디어에도 역시 필요악 내지 생명줄이 될 수 있기 때문이다. 따라서 이 두 가지만 철저히 지켜진다면 위디어는 민주주의의 좋은 매체 통로가 될 수 있다.

엘리 파라이저가 밝혔듯이 우리가 검색하는 정보들은 수많은 필터링과 소프트웨어 알고리즘에 의한 편집을 통해 우리 눈앞에 나타난다. 인터넷 서비스를 제공하는 사업자는 서비스의 특성상 이것을 무시할 수 없다. 사용자는 어쩌면 자신이 원하지 않는 정보를 선택의 여지도 없이 보고 듣지만 실제 자신이 알고자 하는 정보에는 차단된 채로 지나칠 수 있다. 위디어 역시 이러한 필터링의 유혹에서 벗어나기 힘들 수 있다. 모든 커뮤니티, 포털, 트위팅, SNS 서비스들은 자신들만의 취향과 정치·사회적인 성격을 띠고 있다. 아이러니하게도 인간의 부패한 속성은 상대방의 반대 목소리는 자주 묵살하는 동시에 자신의 주장은 한없이 옳다고 생각하는 경향이 강하다. 트위터에서도 마찬가지로 어떤 정치적인 견해가 나오면 그 역시 공정한 취급을 당하기보다는 빈번하게 소수는 다수의 목소리에 눌릴 수 있다. 좌편향이건 우편향이건 모두 똑같다. 결국 오직 사용자가 스스로 찾아 자신이 선호하는 사이트에 접속할 때, 그리고 그 사이트가 앞에서 말한 두 가지 요건을 충족할 때, 우리는 정확한 사실에 접속(connect)할 수 있다.

과거의 정보 배급 사회에서는 정보관리자, 즉 신문, 방송의 데스크와 편집자들이나 기자들이 정보의 흐름을 제어했었다. 그러던 것이 인터넷이 등장하자마자 사람들은 자신만의 자유의지로 순식간에 모두 함께 거리낌없이 연결된 듯 보였다. 하지만 엘리 파라이저가 주장하듯이 인터넷의 세계에서 어느덧 인간 정보관리자의 자리가 기계적인 알고리즘으로 바뀌었다. 그리고 이 컴퓨터 알고리즘의 문제는 이전의 인간관리자와는 달리 일종의 내면적 윤리 기준을 가지고 있지 않다는 점에서 문제의 심각성이 존재한다. 이것은 엄청난 차이를 만든다. 이 기계적 알고리즘은 사람인 우리가 무엇을 보고 느껴야 하는지, 또한 무엇을 보지 않아야 할지 결정할 때, 그 사회나 문화적 배경에 따른 적절한 윤리와 사고를 바탕으로 해서 의사결정을 하지 않는다. 아니 그렇게 할 수 있는 이성과 능력이 배제되어 있다. 기계이며 소프트웨어 알고리즘이기 때문이다. 따라서 철저히 경제적인 논리에서 출발한 미리 셋팅된 기계적 시스템이 바로 현재의 인터넷 알고리즘이며 필터 버블이라 불리는 논리 기계이다. 따라서 이 정보관리자는 기계적인 매카니즘과 철저히 배금주의적인 성향을 동시에 갖고 있다. 자신만의 철학이 아니라 입력된 기준에만 따른다. 잘못된 습관을 계도하는 것이 아니라 오히려 그 습관을 고착화한다.

낚시성 기사의 존재 이유

인터넷이 등장한 이후 한국뿐 아니라 전 세계적으로 내로라하는 오프라인 신문들은 현재 지속적으로 저조한 구독률 때문에 골치를 앓고 있다. 모든 기사와 뉴스들이 인터넷에 동시에 올라오는 현실 여건에서 사람들이 굳이 신문을 사 볼 때는 여행을 할 때나, 전철과 같은 교통 수단을 이용할 때뿐이다. 사실 그것도 이제 와이파이와 모바일 네트워크가 모두 서비스되는 상황에서 점점 설 곳을 잃고 있지만 말이다. 아이패드나 스마트폰 하나만 있으면 신문이나 책이 필요 없기 때문이다. 이렇듯 기성 신문이나 매체들이 오프라인만으로는 결코 살아남을 수 없는 현실적 상황 가운데 - 그 성향이 좌파이건 우파이건 혹은 중도이건 간에 - 그들은 모두 온라인의 클릭 수에 목을 매게 되었다. 이 클릭 수는 신문의 대중성을 드러내는 지표가 되고 종국에는 그 신문의 온라인 광고단가를 결정하는 척도가 된다. 따라서 당연히 이러한 클릭 수를 높이기 위해 신문사를 비롯한 사이버 매체는 속칭 낚시성 기사와 떡밥성 기사를 무차별 생성하게 된다.

포털이나 검색 엔진을 통해 나타난 기사를 사람들이 클릭할 때, 아쉽게도 자극적이고 흥미를 유발하는 제목들과 내용들에 우선 끌린다. 따라서 올바르고 좋은 기사보다는 대중의 기호에 맞는 적절한 화제가 과거의 오프라인 때보다 더 기승을 부린다. 그러나 사실 과거에도 그랬다. 가령 가판대의 헤드라인 기사에 따라 신문 판매 부수가 달라지는 경우처럼 말이다. 이제 그 무대가 단지 온라인으로 옮겨졌을 뿐이다. 하지만 오프라인 지면 특성과 온라인의 그것은 여건이 다르기에 그 양상은 사뭇 짜증 날 정도의 피로감을 독자들에게 준다. 어쩌면 똑같다

싶을 정도의 헤드라인과 유치한 표현으로 범벅이 된 기사가 인터넷에 지속적으로 올라온다. 솔직히 종이신문의 가독성과 선택성은 온라인보다 훨씬 자유롭다. 종이신문은 그냥 넘겨 보면 되는 것이다. 그러나 온라인은 한정된 첫 페이지뷰에서부터 클릭해 들어가는 방식을 취할 수밖에 없고 따라서 그 헤드라인들은 오프라인일 때보다 훨씬 자극적이며 유혹적일 때 마우스의 선택을 받는다. 만약 그저 그런 제목과 주제라면 사용자는 순식간에 다른 링크로 점프한다. 이것은 사이버 매체의 신뢰성에 지대한 영향을 미친다. 일례로 네이버의 경우 2012년 8월 현재 낚시성 기사는 전체 기사의 68.1%에 육박한다.[1] 한국 최대의 포털로 여겨지는 네이버의 뉴스 기사가 이런 형편인데 다른 인터넷 신문이나 포털들은 오죽하겠는가? 한국언론진흥재단이나 기타 많은 단체에서는 "선정성, 낚시성 기사에 대한 우려와 과도한 트래픽 — 즉 클릭 수를 통한 광고 유치 — 경쟁을 특정 언론사가 아닌 모든 매체의 문제점으로 시인하는 지경"에 이르렀다.

여기서 중요한 것은 이미 올라오는 정보 자료 자체가 공정하지 않다는 현실이다. 그리고 필터링 알고리즘은 그 후에도 여전히 적용된다. 자신이 좋아하는 기사들도 있겠지만, 간혹 자신이 알아야만 하는 기사보다는 자신의 평소 취향이나 선택에 따라 분류된 기사가 우선적으로 나열된다. 혹은 대중이 원하는 기사들을 포털 사이트나 매체들이 알아서 선별해서 온라인에 올리기 때문에 어떤 경우 자신의 화면에 나타나는 기사들이 자신의 선호도와는 전혀 다른 내용들도 화면에 뿌려진다. — 네이버, 야후, 다음과 같은 포털 사이트의 경우 — 이 경우 혹 거북하거나 혐오스러운, 그리고 자신이 별로 읽고 싶지도 않는 기사들만 눈에 들어오는 때도 있는데 그것은 곧 고문과도 같다. 그것이 정치적이든, 문화적이든 혹은 은밀한 욕구를 강요당하든 간에 말이다.

　　과거의 신문들이 신문의 사회적 책임과 봉사에 대한 사명감으로써 독자들에게 유익하면서 필요한 정보를 골라 제공할 때 그들은 그 나름대로의 윤리적, 사회적 책임감으로 필터링을 했을 것이다. 즉 그때에는 사람이 정보관리자가 되어 기자 윤리와 행동 강령을 따라 기사를 내보냈다면, 지금 온라인 상의 정보관리자는 유감스럽게도 그러한 기준을 과거만큼 투철하게 가지고 있지 않다. 앞에서 언급했듯이 정보관리자가 인간이 아닌 기계 혹은 소프트웨어적인 알고리즘으로 대체되어 가고 있기 때문이다. 이 필터링 알고리즘은 우선순위로 올라가는 기사를 과거와 다르게 정한다.

　　필터 버블을 만드는 알고리즘에는 공공의 삶이나 윤리, 또는 참된 시민의식이라는 개념이 없다. 그렇기 때문에 우리는 이것이 과연 어떻게 작용하고 있는가를 진지하게 고민해 볼 필요가 있다. 온라인 상에서 기존 미디어들이 정보관리자의 역할을 인간의 보편적인 윤리와 사고방식에 근거해서 수행하지 않고 기계적인 알고리즘에 이 역할을 맡기기만 한다면 사용자들은 편협되고 공정하지 못한 정보에 세뇌당할 수밖에 없다. 기존 미디어이든 위디어이든 여기에 명확한 가치 기준을 주지 않고 난립한다면 우리는 더욱 더 긴 시행착오의 시간을 가질 수밖에 없다.

주

1. 《미디어 오늘》, "'낚시성' 기사, 포털 탓만 하는 것도 문제", 2012. 8. 12.
   www.mediatoday.co.kr/news/articleView.html?idxno=104215

11. 아담과 집단지성

검색해 봐(Google it!)

한국에서 인터넷이 처음으로 연결된 것은 1982년이었다. 서울대학교와 한국전자기술연구소(지금의 전자통신연구소)는 학술적인 목적으로 SDN(System Development Network)망을 서로 연결하였다. 이 회선은 지금은 그 누구도 상상하기 어려운 속도인 1,200bps의 속도로 연결되었다.[1] – BPS란 bit per second의 의미이니 지금 가정에 연결된 인터넷 속도가 (공식적으로는) 초당 100MB의 속도라고 생각할 때, 30년만에 자그마치 7,000배나 증가한 것이다. 실로 어마어마한 발전이아닐 수 없다. – 그리고 상업적인 인터넷 서비스는 그로부터 약 12년이 지난 1994년에 KT(한국통신)의 인터넷 계정 서비스가 시초라고 볼수 있고, 1995년도에 와서 데이콤과 KT가 비로소 본격적으로 인터넷 서비스를 대중에게 제공하게 된다. 1995년도에 상용 인터넷 서비스를 즐길 때가 기억난다. 그때 인터넷에 접속하기 위해서는 통신 에뮬레이터라는 소프트웨어 프로그램으로 1200bps 혹은 2400bps의 속도로 데이콤이나 KT같은 통신회사에 접속해야만 했다. 그리고 이것이 성공하면 "삐~"라는 모뎀 접속 소음을 들을 수 있었다. 이 소리를 듣고 나서 넷스케이프와 같은 웹브라우저 프로그램을 띄워 인터넷 서핑을 할 수 있었다. 전화선을 이용한 1,200~2,400bps의 속도로 즐기던 시절의 추억이지만 그것은 결코 잊혀지지 않는 별천지의 세계였다. 지금과 비교하면 반딧불과 형광등, 아니 반딧불과 햇볕의 차이였지만 컴퓨터 모니터 위로부터 차례대로 하나씩 보이던 사진들과 하이퍼텍스트의 세계는 황홀함 그 자체였다.

　그 당시 알음알음으로 알게 된 외국의 웹사이트들은 무한한 정보의 보고였다. 루브르 박물관과 대학도서관 자료, 그리고 온갖 분야의 전문가들이 올린 사이트들을 검색하느라고 날밤을 새운 적이 하루 이틀이 아니었다. 그러한 사이트를 일일이 찾고, 필요한 정보를 검색하는 것은 때로 수많은 착오와 인내와 시간을 요구했었지만 하나도 피곤한 줄 몰랐었다. 그것은 원대한 지적 항해였으며 대부분의 사이트가 남들은 모르는 자신만의 개척 항로였다. 그런데 지금은 어떤가? 네이버나 구글에서 몇 마디 단어만 적어 넣으면 온갖 정보가 뜬다. 백과사전 정보부터, 블로그, 뉴스, 웹문서, 사진, 연관 사이트 할 것 없이 그냥 좍~ 하고 화면에 뿌려진다. 요리, 장소, 인물, 사건, 역사, 취미, 과학, 소설, 뉴스 할 것 없이 자신이 찾고자 하는 주제에 관련된 모든 정보가 끝없이 나온다. 이제 인터넷만 연결하면 우리는 모든 것을 알게 된다. 당신이 알고자 하는 모든 것은 인터넷에 있다. 그냥 검색만 하면 된다. Just google it!

'구글(Google)'이라는 단어가 '검색(search)'이라는 고유명사를 제치고 일반동사로 그냥 쓰인지는 꽤 되었다. 이제 사람들은 "google it!"이라고 말하면서 오늘도 인터넷에서 막강한 검색 권력을 누린다. 그렇다. 이것은 일종의 권력이다. 과거에는 상상도 못했고, 일반인들에게 결코 주어진 적이 없던 정보와 지식에 대한 장악력이다. 과거의 지배층은 대중이 모르는 지식을 가지고 권력을 삼고 유지했었다. 하지만 이제 더 이상 그런 권력의 독점은 존재하지 않는다. 단지 표면적일지라도 말이다(아직도 이 시대의 권력 엘리트는 일반인이 모르는 그들만의 지식이 있기 때문에 통치 혹은 지배가 가능한 것은 사실이다.). 하지만 지식의 생산과 분배가 과거와는 분명 다른 방법으로 바뀌고 있다. 이 시대의 인터넷과 사이버 공간은 모든 지식의 공유와 공개를 가능하게 만들었고 지금도 끊임없이 그 영역을 확대해서 더 이상의 신성불가침의 영역이 없게 만들고 있다. 위키리크스(Wikileaks)라는 사이트는 심지어 나라와 나라 사이의 기밀 외교문서까지 까발린다.

호모 서치엔스와 집단지성

"인간은 검색하는 존재다(Homo Searchiens)."

이제 검색은 인터넷 시대를 사는 사람을 특정짓는 말 중의 하나가 되었다. 이 책의 원고를 다듬고 있는 가운데 『호모 서치엔스』라는 제목의 책이 출판된 소식을 들었다. 인터넷 광고마케팅 회사를 운영하는 저자 최용석 씨는 그의 책에서 "참된 검색 능력이란 사색과 독서를 통한 자신만의 검색 능력을 보유하는 것"이라고 주장한다. 그리고 사람들로 하여금 단순한 기술적인 검색에서 벗어난 창조적인 검색에 대해 눈뜨라고 강조하고 있다. 그에 의하면 "검색은 기술이 아니며, 정보와 데이터를 얻어 내는 것을 일련의 창조적인 과정"이다. 생각하는 능력이 뛰어나고 원하는 바를 얻을 때까지 끈기 있게 도전하는 호모 서치엔스가 그가 원하는 정보화 시대의 바람직한 개인상이다.[2]

그렇다. 인간은 이제 검색하는 존재이다. 세금 내는 법도, 길을 찾고 싶을 때도, 쇼핑을 할 때도, 음식을 만들 때도, 숙제를 할 때도 그 어느 때나 사람들은 이제 컴퓨터나 스마트폰을 켜고 검색창을 뒤진다. 이제 현재 존재하는 모든 지식과 지혜는 앞의 9장과 10장에서 살펴 본 것과 같이 정보의 생산 체계와 검색 작업을 통해 형성되는 듯 보인다.

호모 서치엔스란 결국 집단 지성(Collective Intelligence 혹은 Collective Knowledge)이 존재하기 때문에 가능하다. 집단 지성이란 "다수의 개체들이 서로 협력하거나 경쟁하는 과정을 통하여 얻게 된 집단(group)의 지적 능력을 의미하는 말로서 대개 이런 집단 지성은 그 개체가 속한 사회에서 각자의 지적 능력을 훨씬 넘어서는 힘을 발휘하는 경향이 있다." 이 개념은 미국의 곤충학자 윌리엄 모턴 휠러(William Morton Wheeler)가 1910년 출간한 『개미 : 그들의 구조 · 발달 · 행동(Ants: Their Structure, Development, and Behavior)』에서 처음 제시한 것으로서 "개체로는 미미한 존재인 개미가 공동체로서 협업하여 거대한 개미집을 만들어 내는 것을 관찰한 것을 근거로 한다. 즉 개미처럼 개체로서는 미미하지만 군집해서 높은 지능 체계를 형성하는 집단 현상"

을 나타내는 용어가 되었다.[3] 그리고 지금 이 용어는 사이버 공간(인터넷)에서 형성되는 집단의 공통적인 가치와 지혜과 지식에 대한 표현으로 쓰이며 서서히 사람들에게 인식되고 있다.

피에르 레비(Pierre Levy)는 "누구나 자신의 공간(사이트)을 가지고 형성하는 시대가 오면 어디에나 분포하고, 지속적으로 가치 부여되며, 실시간으로 조정되고, 역량의 실제적 동원에 이르는 집단 지성이 발현될 것"이라고 주장한 적이 있다. 이러한 집단 지성은 사회나 정치, 과학, 경제 등 다양한 분야에서 발현된다.[4] 쉬운 예로 위키피디아(Wikipedia)를 들 수 있는데 이는 집단 지성의 대표적인 사례로 볼 수 있다. 인터넷에서 백과사전적인 정보를 제공하는 "위키피디아에서는 지식/정보의 생산자와 수혜자가 따로 존대하지 않는다. 누구나 참여하여 지식을 생산할 수 있고 자유롭게 공유한다. 그러면서도 정체되지 않고 계속 진보하는 것이다."

이러한 위키피디아의 지식은 집단 지성의 특성을 잘 보여 준다. 단순히 지식의 생산과 공유뿐만 아니라 집단 지성이 행동으로 나타나기도 한다. 한국에서 미국산 쇠고기 수입 협상 문제가 발생했을 때였다. 인터넷, 트위터, SNS를 중심으로 토론이 확장되다가 급기야 촛불집회로까지 발현된 것은 집단 지성의 현실화로 본다.[5] 결국 집단 지성에 참여하는 사람들은 각기 쌓은 자신만의 경험을 서로 공유함으로써 예전에는 그 분야 특정전문가들에게서 찾을 수 있었던 그 나름의 고유의 지성과 지혜를 능가하는 효과를 나타낼 수도 있다.

기업은 사실 전통적으로 집단 지성의 힘이 발휘되는 곳이다. 기업이란 결국 개개인의 지혜와 지식을 모아 하나의 응집된 힘으로 문제를 해결한다. 사이버 공간이라는 환경 속에서 조직 안팎의 개념이 모호해지는 지금의 현실에서는 집단 지성의 영역은 기업이 더욱 적극적으로 또한 새롭게 인식하고 개발해야 할 경쟁 역량이 될 수도 있다. 이것은 개인에 있어서도 마찬가지이다. 최용석 씨가 말하는 호모 서치엔스란 결국 "집단 지성의 힘을 이끌어 내고 그 과정 가운데 획득하는 자신만의 정보의 힘이다." 이 힘은 곧 자신의 권력이 되고 자신의 경쟁력이 된다. 지금까지 세계의 모든 국가와 사회는 소수의 엘리트 그룹이 이끌어 왔다고 볼 수 있다. 이것은 기업과 단체에 있어서도 마찬가지이다. 그렇지만 사이버 시대의 집단 지성의 힘은 이러한 소수 그룹의 독단적인 리더십을 부인하게 만든다. 더 이상 독점된 지식의 세계는 점점 줄어든다. 여기서 우리는 집단 지성이 집단 광기나 집단 폭력이 되지 않아야 하는 현명함을 필요로 한다.

믿을 만한 사이트에 대한 힌트

지금까지 필터 버블과 정보관리자에 대한 이야기와 검색과 집단 지성에 대한 이야기를 했다. 사실 이와 같은 인터넷의 알고리즘에 대해 알면 알게 될수록 '어떤 측면에서 믿을 수 있는 정보란 과연 무엇일까?'라는 그 기준을 잃어버릴 수 있다. 이것은 지금 우리 자신이 접하는 정보의 진실성에 대한 경각심을 가져온다. 따라서 나는 여기서 잠시 그러한 주제에서 벗어나 원론적으로 인터넷이 지원하는 '바른 정보'라는 측면을 잠시 돌아볼 필요를 느낀다. 자신이 검색한 정보가 과연 믿을 만한 것이냐는 것은 질문은 가장 기본적인 정보에 대한 신뢰성 문제이다.

개인적인 호기심이나 단순한 흥밋거리를 위한 검색에서 발생하는 오류나 거짓된 정보의 유통도 사실 문제이지만, 결국 그 비중이 큰 문제가 되지 않을 수도 있다. 하지만 만약 학문적인 연구와 발표 혹은 공개적으로 발표되는 기사(article)에서는 이것은 가장 중요한 문제로서 마땅히 검증되고 진실된 것이어야만 한다.

이 책의 앞부분에서 소개한 디지털 문화 유산 보존 사업에서 잠시 소개한 것과 같이 국가나 공공단체가 제공하는 도서관과 지식저장소는 이러한 신뢰성의 좋은 예가 된다. 일개 개인이나 기업과 같은 이익 집단이 만든 것도 아니요, 이미 모든 타당한 연구와 검증을 거친 자료들만 그들이 제공하기 때문이다. 그러나 우리가 자주 접하는 구글이나 야후, 네이버 등에서 검색한 다양한 지식 정보와 위키피디아, 블로그, 지식백과사전 등에 나오는 자료들은 공식적인 신뢰성을 갖기에는 여러 가지 문제점들이 산재해 있다.

캐나다에 와서 늦깎이 공부를 하던 때였다. 내가 공부했던 트리니티 웨스턴 대학(Trinity Western University, TWU)은 비록 캐나다 서부의 랭리라는 작은 도시에 있는 대학이지만 학문적 열정과 가르침에 있어서는 기독교 정신으로 똘똘 뭉쳐져서 가히 교육의 정도를 걷는 학교였다. 이 TWU학교는 전 캐나다 교육 평가에서 연속적으로 트리플 에이(A+++)을 받을 정도의 인정과 신뢰를 받는 수순 높은 교육을 하고 있는 대학으로 세계 어느 나라 대학과 비교해도 전혀 꿀릴 것이 없는 긍지를 갖고 있다. 이곳에서 대학원 과정을 거치면서 다시 접한 문헌학과 도서관학 과정 가운데 나는 정확하고 신뢰할 만한 자료의 중요성과 어떻게 그러한 자료를 찾고 인용하는가를 배웠다. 그 과정을 가르친 빌 배드케

(Bill Badke) 교수는 우리가 일반적으로 접하는 인터넷 상의 정보와 자료에 대해서 상당히 조심스러우면서도 결연한 입장을 견지했었다.

그에 의하면 인터넷의 수많은 사이트와 라이브러리 가운데 결국 신뢰할 수 있는 정보와 자료란 다음과 같은 경우이다.

첫째로 그 사이트가 온라인 상에 문을 열기 이전부터 이미 오프라인 세상에서 대중의 신뢰를 쌓아 온 공신력 있는 기관이어야 한다. 대부분의 경우, 그것들은 정부나 혹은 오랜 역사를 지닌 재단이나 비영리 공공단체에서 비롯된다. 예컨대 캐나다 정부 사이트, 하버드 대학, 옥스퍼드 대학 같은 명문학교로서 학문의 양심을 지키는 곳, 로이터나 연합뉴스 같이 객관적인 사실만 전달하는 뉴스매체 등을 들 수 있다. 혹은 그 반대로 온라인 상에서 문을 열었지만 오프라인으로 전파되어 공공의 검증을 거친 기관이 될 수도 있다. 둘째로 되도록이면 정치적 중립성을 가지고 있는 비영리단체로서 모든 정보와 자료에서 저자와 출처를 명확히 밝힌 사이트가 되어야 한다. 가령 연구소, 정부출연 공공기관. 오랜 역사 속에 검증된 백과사전, 역사 가운데 신뢰성을 검증 받은 신문사 사이트 등이 그런 곳이다. 셋째로 굳이 한 가지를 더 추가한다면 사회적인 책임과 봉사를 한 법인 규모의 연구소, 리서치센터, 시장조사기관 등도 신뢰할 만한 사이트가 된다.

어느 날, 교회 고등부 아이들과 대화하다가 황당한 경험을 한 적이 있다. 이성계에 대한 이야기로 기억하는데 아이들이 터무니없는 낭설 혹은 야사 같은 것을 턱하니 정설로 믿고 서로 이야기하는 것이었다. 그것도 어찌나 확고한 신념으로 주장하는지 오히려 나 자신이 잘못 알고 있나 하는 정도였다. 그렇게 믿는 이유인 즉슨, "네이버 지식 검색에, 인터넷에서 그렇게 나왔다"는 것이었다. 세상에나!!! 엄연한 역사적 사실을 기술한 교과서도 아니요(한국사 교과서는 캐나다에 없으니까 어쩔 수 없었다), 백과사전도 아닌데 녀석들은 인터넷의 단순 검색 내용을, 그것도 몇 번만 찾아보고 철떡같이 믿는 것이었다. 이 웃지 못할 현실 앞에서 나는 인터넷을 맹신하는 세대의 지식 수준에 우려를 금할 수 없었다. 혹 아이들이 너무 순진하거나 어쩌면 바보 수준인가 자문해 보지만 그것은 아니라고 믿고 싶다.

우리는 이전에는 없던 미증유의 정보 홍수 속에 살고 있다. 또한 이전에는 결코 존재하지 않았던, 개인이 자유롭게 자신의 의사 표시를 전 세계로 언제든지 내 보낼 수 있는, 그런 놀라운 통신 혁명을 경험하고 있다. 이러한 현실 상황 속에서 무엇을 듣고 보고 읽고 믿을 것인가 하는 문제는 정말 중요하다. 디지털 혁명은 정보의 혁명이며 통신의 혁명인 동시에 세계를 향한 개인의 혁명이다. 그렇지만 그 세계에 존재하는 정보에 대한 신뢰성과 진실성은 언제든지 철저히 검증되어야만 한다. 예컨대 인터넷의 그 많은 정보 사이트들 가운데 이 책의 앞에서 열거한 국가 아카이브와 같은 것들은 가장 신뢰할 만하고 궁극적인 정보원이 될 수도 있다. 그리고 잊지 말아야 할 중요한 사실은 "정보 그 자체는 결코 지식이 아니다"라는 사실이다. 사람들은 많은 정보를 보고 취득하고 분배한다. 학생들은 자신이 취한 정보를 가지고 자신이 많은 것을 알고 있다고 착각한다. 하지만 명심하자. 정보와 지식은 별개다. 자신이 알고 있다는 것과 자신만의 지성을 가진다는 것은 또 다른 차원이다. 읽고 생각하고 고민하고 궁구하는 가운데 참된 지성이 싹튼다.

1. 아이뉴스, "한국 인터넷 30주년 – 인터넷이 뒤바꾼 세상", 2012.05.08.
   http://news.inews24.com/php/news_view.php?g_serial=655524&g_
   menu=020310
2. 최용석, 『호모 서치엔스』, 퍼플카우, 2012.
3. 네이버 백과사전, http://100.naver.com/100.nhn?docid=854825
4. Ibid.
5. Ibid.

12. 여전히 성(sex)은 존재하지만

도매가로 정자를 팝니다

라울 월터스는 어느 날 인터넷 사이트에 접속했다가 상상도 못할 충격에 빠지고 말았다. 낯선 사이트에서 자신의 어릴 적 모습과 너무나 닮은 아기 사진을 보았기 때문이다. 장고라는 이름을 가진 그 아이는 자신의 두 자녀들과 비교해 보아도 너무나 닮았고 서로 형제라 불러도 전혀 의심하지 못할 정도였다. 그리고 실제로 조사해 보니 그 아이는 신짜 라울의 아이였다! 사연은 이렇다.

라울은 법대를 다닐 때 등록금이 필요해서 크라요뱅크(Cryobank)라는 정자은행의 문을 두드렸다. 다행히 그는 정자은행이 선호하는 잘생긴 외모에 키도 크고 명문대를 다니는 두뇌에 병력이 전혀 없는 건강한 사람이었다. 그래서 하바드대 입학율보다 훨씬 센 2만6천 대 1이라는 어마어마한 경쟁률을 통과해서 정자 기증자로 뽑혔다. 그는 크라요뱅크 같은 정자은행이 인정하는 미국 사회의 엘리트 중의 엘리트로 입증받은 것이다. 그 후, 그는 1년 반 동안 그 회사에 매주 2~3회씩 들러서 정자를 제공했다. 그리고 그 대가로 1만 달러를 받아 학비에 보태 썼다. 그리고 이제 7년이 지난 후 그가 발견한 것은 자그마치 22명의 아이가 자신도 모르게 태어나 살고 있다는 믿기 힘든 현실이었다.[1]

라울은 자신의 아이들을 찾기 위해 인터넷 검색 엔진에서 자신의 '기증자 번호'(donor number)를 입력도 해 보고 장고의 엄마(비록 그와 성관계는 하지 않았지만)가 만든 블로그를 통해서 자신이 기증한 정자로 아이를 낳은 여성들과 연결하는 등 인터넷을 통해 자신의 아기들을 확인할 수 있었다. 자생적으로 만들어진 온라인 커뮤니티와 검색 엔진을 통해 그는 자신의 생물학적 자녀들을 전부 확인한 것이다. 사실 이러한 경우 온라인 커뮤니티 생성은 필수 요소이다. 누가 누구인줄 알게 되면 최소한 나중에라도 근친상간 할 수 있는 가능성을 미리 차단할 수 있다. 라울의 황당한 경우를 처음 기사화 한 미국 잡지는 "인기 있는 기증자의 경우, 한 여성이 구입해 임신하고 남은 정자를 인터넷으로 재판매하는 사례도 있으며 이와 같은 경우 순식간에 생물학적 자녀가 급증하는 상황이 생기기 쉽다"고 분석했다고 한다.[2]

현재 인간이 보유한 기술만능주의는 이렇듯 뜻하지 않은 결과와 재앙을 불러온다. 아이러니하게도 인터넷은 이럴 때 유용한 도구가 되어 버린다. 넓은 땅에 흩어져 사는 자신도 모르는 혈육을 찾는 훌륭한 방법을 만들고, 예기치 않은 사건을 서로 피해 갈 수도 있게 만든다. 그러나 한편으로는 라울의 경우처럼 정자은행과 기증자를 처음 연결하는 방편이 되기도 한다. 이제 사람들은 자신의 성(性)을 기계적으로, 생물학적으로 존재하는 제품처럼 판다. 성 관계를 통하지 않은 성의 판매, 인간의 생명을 거래한다. 이것이 또한 사이버 시대의 성 풍속도로 자리잡아 가고 있다.

　라울은 도매가로 자신의 정자를 팔았다. 그리고 자신의 학업을 미래를 준비했다. 그러나 정말 그가 판 것은 무엇이었을까? 자신의 생명이었을까? 자신의 양심이었을까? 아니면 또 다른 매춘이었을까? 손오공의 머리칼처럼 널리 흩날려 간 그의 정자는 그 자신도 모르게 생명을 잉태하는 씨앗으로, 어쩌면 자신이 체결한 계약과는 다른 용도로 쓰였을지 아무도 모른다. 그러나 그의 일화는 웬지 우리를 혼란스럽게 하고 가슴 한구석을 답답하게 만든다.

인터넷 비속어

　세계 어느 나라 언어든지 욕과 비속어는 있다. 이러한 것들은 조상 때부터 전승되어 온 말들도 있지만 시대에 따라 바뀌는 은어 또한 새롭게 생성되며 각 나라마다 비슷한 양상으로 존재한다. 예컨대 영어의 'Fuck'이나 한국말의 '씨발'이나 다 일맥상통하는 의미를 가지는 것만 봐도 그렇다. 딴지일보의 김어준 씨가 한국 사회에 기여한 것 중의 하나가 바로 욕의 일상화라고 앞에서 언급했다. 물론 김어준만이 욕을 일반 대화에 강조어나 형용사로 혹은 감탄사나 경어로까지 자연스럽게 사용한 사람은 아니었다. 그러나 '졸라~', '씨바~' 등과 같은 유사어를 사용한 그의 어법이 욕의 일상화에 기여한 바는 매우 크다. 개인적인 견해인지 모르지만, 요즈음 학생들은 욕을 욕으로 생각하지 않는 언어의 혼동 가운데 살아가고 있다. 이것은 마치 욕의 평준화 현상이라고 할까? 이게 말이 되는 것인지 모르지만 김어준 어법으로 그냥 말이 된다고 생각하자. 어쨌든 초등학생들까지도 욕의 유사 발음으로 감탄사와 형용사를 남발하는 것은 이제 너무나 일반화 되어 버렸다. 그런데 지금 한국 사회에 양산되고 있는 성적 표현을 바탕으로 하고 있는 은어들은 사이버 공간이 분화구가 되고 있다.

'꿀벅지'라는 말을 인터넷 포털에서 처음 보았다. 그것도 사회적으로 꽤 알려진 사람의 신체 부위를 민망하게 찍은 사진을 버젓이 싣고서 이 표현은 썼다. 이 글을 읽는 사람들 가운데 이 용어를 모른다면 대한민국의 인터넷 포털 사이트를 한 번도 가 보지 않은 사람이라고 단언할 수 있다. 이 말은 인터넷이 유포한 대표적인 성적 비속어 중에 하나이다. 당연히 여성의 특정 신체부위를 지칭한다. 만약 남자의 허벅지를 보고 이런 말을 한다면 완전히 변태로 취급 받을 것이다. 설마 내가 이런 말을 한다고 남녀 성차별이라는 등 퀴어(queer)적인 코드(퀴어란 여기에서는 동성애를 지칭하는 말이다 – 편집자 주)를 가지고 말하는 사람이 없기 바란다. 이 후안무치하고 노골적인 성적 이미지를 내포한 말이 아무렇지도 않게, 인터넷에서 수많은 기사들과 광고에 사용되고 있다. 대부분 여성의 다리에 초점을 맞춰 찍은 사진과 함께 나온다. 여성 연예인이나 혹은 남자연예인의 부인이고 상관없다. 기혼이건 미혼이건 가리지 않고 나온다. 엄연히 여성비하적이며 천박한 표현이 버젓이 쓰이는데도 사람들은 무덤덤해 한다. 혹은 태연한 척하다가 속으로는 은밀한 욕망과 함께 컴퓨터 화면 속으로 빠져 드는지도 모른다.

'여자가 만족하는 길이', '속궁합 잘맞는 법', '성인女 밤마다 흥분시킨 그것은?', '절벽녀 A양 C컵 된 비밀은', '지나의 지나친 몸매', '수술 없는 질수축, 남편이 더 좋아해'. 이와 같은 제목들은 결코 포르노 사이트나 성인 사이트에만 올라오는 문구가 아니다. 예전에는《선데이 서울》이나《야담과 괴담》같은 황색저널에서나 실리던 문구들이 이제는 유명한 포털 사이트의 측면이나 하단에 혹은 인터넷 신문과 사이버 매체의 측면 배너와 하단 광고에 거리낌 없이 나온다. 거기에는 물론 특정 신체부위를 클로즈업한 사진이 늘 함께 붙어 다닌다. 이제는 너무나 흔한 광고이다 보니 속칭 낚이는(클릭하는) 사람도 많지 않지만, 늘 자주 보게 되니 식상해지기까지 한다. 그리고는 점점 강한 사진과 자극성 있는 문구들로 바뀌어진다.

이런 선정성 짙은 문구와 광고가 초등학생도 볼 수 있는 일반 포털 사이트나 신문 기사와 함께 나란히 보여 주는 것이 현실이다. 한국 사회가 이렇게나 전부 성에 굶주렸나 싶다. 마치 한국인들 대다수가 현실에서 성생활을 즐기지 못하고 있거나, 설령 만족한다 하더라도 기필코 무슨 수를 쓰던 간에 더욱 더 성을 누려야만 한다는 이상한 강박관념과 열등의식에 쌓여 있는 것 같다.

유명인이건 보통사람이건, 그 배우자건, 혹은 그 자녀건 모두 가리지 않고 섹시미, 선강미, 동안, 생얼 등의 찬사와 더불어 그들만의 성적 이미지를 들추고 열광한다. 관음증과 집단 성희롱이 난무한다. 소돔과 고모라가 이러했을까? 이게 어디가 정상적인 사회의 모습인가 싶을 정도로 심하게 나간다. 인터넷은 이미 현실과 함께 돌아가는 사회인데도 사람들의 언어 사용과 그 표현법에 있어서는 현실에서는 차마 볼 수 없는 경지로 추락하고 있다. 아동 성 학대와 청소년의 성적 무지 그리고 십대 성행위뿐만 아니라 중년층의 성적 타락이 이미 사회의 통제를 벗어난 원인이 모두 인터넷의 성적 집착 때문이라고 말할 수는 없지만, 상당 부분은 사이버 공간 상의 여과되지 않은, 아니 여과하려는 의지조차 잘 찾을 수 없는 무검열성 때문이다. 물론 외국의 사이버 공간도 이런 폐해에서 자유롭다고 말할 수는 없지만, 최소한 외국의 경우에는 유명 뉴스 사이트나 포털의 링크에서는 이런 류의 문구가 버젓이 나도는 것은 결코 찾아보기 힘들다.

"인간 생활에서 성(sex)처럼 강력하고 결코 쫓겨나지 않는 귀신처럼 달라붙어서 성화를 부리는 것도 없다"고 하비 콕스는 말했다. "어떤 신화나 어떤 논리 이전에 성만큼 생명력이 강하게 나타난 곳도 없으며, 삶의 인간화의 노력이 좌절된 곳을 찾아보려면 이 성(sex)을 보면 된다"고 그는 말했다.[3] 그리고 그의 말처럼 그런 성의 모습이 한국 사이버 공간에서 확연히 나타난다. 유감스럽게도 현실 사회보다 더 노골적이며 치명적이다. 성적으로 소외된 사람들에게나 혹은 성적 강박증에 걸린 사람들뿐만 아니라, 사이버 공간에 접속하는 모든 사람들에게 성(Sex)은 나이, 성별, 국가 구별 없이 '문화'라는 간판을 내걸고 돈을 벌겠다고 망종을 부린다. 사이버 공간이 어느새 온갖 매춘과 음란의 영이 판을 치는 곳으로 점점 변해 가고 있는 듯 보인다.

이와 같은 인터넷 사이트들의 최음제적인 문화가 어른뿐만 아니라 아이들과 청소년들의 영혼을 공격할 때, 그러한 여건 속에서 그들의 행동과 마음이 정결해지기를 바라는 것은 한 마디로 정신없는 짓이다. 실컷 유혹하도록 놓아 두고, 성에 대한 환상과 매음의 바람을 온갖 모습으로 심어 놓고는 이들에게 정결을 강조한다는 것은 불가능하다. 아니 사실 이 사회는 금욕이나 정결을 싫어한다. 성은 즐겨야 마땅한 것이고 부족하다면 더 적극적으로 쟁취하라고 부추긴다. 그러면서도 우리의 십대들이, 자신의 배우자가, 아들과 딸들이 성적으로 순결하거나 혼전 임신에서 자유롭기를 바란다. 더 나아가 이 사회에서 성범죄가 없기를 희망한다. 이 무슨 이율배반적인 행동인가?

인터넷에 떠도는 음란의 영은 비단 한국 문제만은 아니다. 유튜브에 들어가면 또한 부지기수로 깔려 있다. 어떤 영화의 한 장면이 아니다. 포르노물의 선전도 아니다. 개인이 자신의 몸을 먼저 내놓아 보인다. 젊은 여성이 가슴을 내 보이고 육감적인 입술로 뜻도 모를 이야기를 횡설수설 이야기하며 자신을 상품화한다. 남자들도 마찬가지이다. 나이를 불문하고 초콜릿 복근을 사모한다. 물론 똥배는 서럽다. 나이가 들어 보면 알겠지만 똥배가 나오면 먹고 싶은 음식도 마음껏 먹지 못한다. 소화가 잘 되지 않으니 식식거리며 숨만 가쁘다. 그런데 몸을 만들 때도 역시 잘 먹지 못하는 것은 마찬가지이니 그럴 바에는 그냥 똥배로 사는 것이 행복하지 않을까 생각도 해 본다. 초콜릿 복근이라는 말은 꿀벅지보다는 건강한 말이다. 비록 건강을 상품화하는 것이 어느 정도 필요하다고 할지라도 성을 상품화하고 그 성의 연령대도 고려하지 않는 문화 코드는 사이버 공간에서 주류가 된지 오래이다. 그리고 사람들은 언어의 품격이 떨어지는 현실 앞에서 또한 무덤덤하거나 무관심하다.

사이버 음란물의 여파

2011년 현재 한국에서 스마트폰을 가진 초중고등 학생들이 170만 명을 넘어섰고 그 가운데 "스마트폰을 이용해서 음란물을 보았다는 학생이 12%를 넘어섰다"고 한다. 자~ 이것은 일단 공식적인 통계이다. TV 뉴스기자가 인터뷰한 학생들의 현장 대답은 이들 중 절반 이상이 스마트폰으로 음란물을 보는 것 같다고 응답했다.[4] 여성가족부가 조사한 바에 의하면 중고 남학생의 54.5%가 온라인을 통해 음란물을 경험했다고 공식발표되었다.[5] 음란물을 처음 접한 연령도 초등학생과 중학생 때이다. 여기서 우리는 좀 더 솔직해질 필요가 있다. 지금의 기성세대들도 처음 성에 관한 정보와 음란물을 접한 시기는 그 정도의 연령이었다고 생각한다. 솔직히 말하자면 나도 그랬었다. 그 당시는 인터넷과 컴퓨터가 없었기 때문에 대부분 사진이 있는 잡지같은 서적 위주로 접하게 된다. 여학생이 아닌 남학생들의 경우는 아무래도 수컷의 생물학적 특성상 대담하게 이런 성인물에 쉽게 노출된다. 그러나 적어도 지금과 같은 강도와 수위는 아니었다. 겨우(?) 《플레이보이(Playboy)》지나 《선데이 서울》과 같은 잡지를 통해 읽거나 보는 수준이고(고백하자면, 나도 중학생 때, 《플레이보이》지를 오려 대담하게 교과서책 커버인양 씌워 수업시간에 읽은 적이 있다. 영어 선생님이 아닌 이상, 학생의 책커버 용지를 주의 깊게 읽어보지 않으니, 완전 범죄에 속했다.) 혹은 이름 없는 만화가가 그린 춘화도 같은 것이 고작이었다.

그러나 지금은 그 강도가 상상을 초월한다. 인터넷 세대들은 온라인을 통해 전 세계에서 만들어진 온갖 음란물에 그대로 노출된다. 그것도 생생한 동영상으로 말이다. 이것은 정말 곤란하다. 충격적인 영상을 눈으로 보는 것과 그저 상상력을 자극하는 글과 정제된(나름대로 '청소년간행물윤리위원회의 심의'를 거친) 사진으로 보는 것은 뇌에 주는 임팩트에서 엄청난 차이를 보인다. 무엇보다 성적 개방성이 그 당시와 지금은 비교가 되지 않는다. 뿐만 아니라 앞에서 말한 것과 같이 온 세상이 성을 상품화하고 희화화한 이 시대는 호기심 많은 학생들에게 잘못된 성(sex)인식을 심어 주기에 여념이 없다.

이제는 '섹시하다'라는 말이 칭찬으로 바뀐 시대다. 이것은 단순히 건강미와는 다른 말이다. 나이든 사람이건 어린 아이건 성을 내세워 자신을 가꾼다. 심지어 자신의 모습을 스마트폰으로 찍은 동영상을 실시간으로 교환한다. 아이폰이 화상 채팅을 내세울 때 이미 일각에서는 성적으로 악용될 것을 우려하는 시선이 많았지만 이제는 별다른 조처도 취할 수는 없다. 3000만 명 이상의 스마트폰 가입자를 가진 한국에서는 청소년들이 성인인증 없이 아무렇지도 않게 해외에 서버를 둔 음란물 사이트를 방문하고 있다. 2012년 3월 현재 나름대로 심각성을 깨달은 정부부처와 통신사의 자정 노력으로 음란물 차단 정책과 서비스를 만든다고 하니 그 효과를 기다려 볼만 하겠지만 인터넷 자체가 이미 벗고 설치는 서비스로 가득한 현실을 어떻게 손을 쓰지 못하고 있다. 한 신문기사가 소개한 'www.axxxxx.com'이라는 인터넷 주소는 '야동(야한 동영상)'을 약 50만 건 이상 담고 있다. 그리고 사이트 접속시 그 흔한 회원가입도 요구하지 않으며 신용카드같은 결제도 없다. 더욱이 다운로드 없이 웹페이지 상에서 클릭 한 번에 모든 동영상 플레이가 가능하다. PC나 스마트폰으로 인종별, 연령별, 상황별로 분류된 야동을 쉽게 볼 수 있게 한다. "포르노 등 음란물은 단 한 편도 합법적으로 제작

할 수 없는 한국은 오히려 상대적으로 발달된 정보기술(IT)을 이용해 외국에서 제작된 음란물의 유입과 유통이 자유롭고 쉬워서 말 그대로 '포르노 공화국'이 되었다."[6] 참다 못한 외국의 포르노 제작업체가 국내 법률 법인을 통해 자사의 포르노를 불법유통시킨 사람들을 저작권법 위반으로 고소를 한 적도 있다. 이러한 불법 유통은 대부분 웹하드나 동영상 사이트를 통해서 쉽게 이루어지는 곳이 바로 한국이다.

사이버 공간에서 성은 과거와는 다른 차원으로 해방되었다. 그리고 사람들은 일종의 합의된 환각에 빠져 든다. 이 사이버 공간에서 자아의 존재는 급속히 해체되고 새로운 정체성이 나타난다. 일명 사이버 자아(cyber-self)의 등장이다. 우리들 삶의 구체적인 시간과 공간으로서의 장소는 어떤 조작의 대상인 '공간(cyberspace)'으로 쉽게 대체된다. 여기에서 진정한 자아상은 왜곡되어 다중 정체성 혹은 사이비 자아(Pseudo-self)로 대체되어 버리는 것이다.[7] 그래서 사람들은 벗어젖힌다. 그리고 현실에서 과도한 폭력성으로 표출된다. 언어 폭력, 비방, 과격한 공격성, 엽기적 성범죄 등 이 모든 것이 사이버 자아와 현실적 자아의 분열 때문에 일어난다. 사이버 공간의 익명성과 비대면성은 양날의 검이다. 자신을 감추는 익명성을 한쪽에 가지고, 또 다른 한 날은 비대면성을 지닌다. 이 비대면성의 칼날은 "상대방의 존재를 하나의 인격적 대상으로 인지하지 못하게 만들어 마침내 악플과 비방과 인신 공격과 언어 폭력을 스스럼 없이 자행"하게 만든다. "자신이 공격하는 상대방이 상처를 받는다는 현실감이 없기 때문에 자신의 행위에 별다른 죄책감을 느끼지 못한다."[8] 무엇보다 사이버 자아뿐만 아니라 자신의 연약성 역시 분열되어 쉽게 드러난다. 이때는 사이버 자아라고 말하기보다는 자신의 숨겨진 자아, 즉 다중정체성의 표출이 드러나는 것이다.

폭력이나 성적 판타지의 가상 현실은 경험하면 할수록 그것에 면역되고 점점 순응하게 만든다. 그렇게 빠져들수록 거부감은 점점 옅어지고 마침내 자신의 인격을 그 환상의 세계에 깊이 젖게 만든다. 이렇게 되면 실제적 세계인 현실 세계에 대한 관심과 인식도 옅어지고 마침내 일종의 인격적 퇴락을 가져오게 된다. 이런 인격적 퇴락의 상태에서는 현실 사회에 대한 적응력이 떨어지고, 현실 속의 삶의 자극이 사이버 공간만큼 강렬하지 않기 때문에 마침내 사이버 공간에 안주하도록 만든다.[9] 그리고 점점 그 세계에 중독된다. 뿐만 아니라 그 역반동으로 사이버 공간에서 경험한 것과 같은 임팩트와 강도를 현실 세계에서 실현하고자 하는 욕구로 표출될 가능성 역시 많다. 이것은 위험천만한 결과를 현실 세계로 끌고 올 것이다. 포르노그래피, 폭력, 아동 성학대, 불특정 다수에 대한 분노 표출 등이 현실화 된다고 하면 끔직하고 이해 불가능한 범죄가 만연할 것이다.

일례로 포르노와 야동의 과도한 비정상적 탐닉이 일상의 권태와 절망과 결합해 끔직한 성범죄로 나타난 현상이 있다. "2010년에 발생한 여자 초등학생 납치·성폭행 범인 김수철(46)은 범행 전날 일본 야동을 52편이나 본 것으로 수사결과 드러났다. '수원 20대 여성 살인 사건'의 범인 오원춘(42)은 평소에 자신의 스마트폰으로 하루 3회 이상 '음란물'을 검색했으며 휴대전화에 700장에 달하는 음란 사진을 저장하고 다녔다. 뿐만 아니라 오원춘은 피해자의 사체를 훼손하는 중에도 6회에 걸쳐 음란 사진을 검색하고 다운로드했다고 밝혀졌다."[10] 이들의 자아는 실제와 사이버의 경계에서 분열되었고, 포르노와 야동의 비정상적인 이미지가 준 왜곡된 성의식이 이들의 생활을 지배한 것이다. 부끄러운 통계 하나가 있다. 2011년 현재 대한민국의 강간 및 강제추행 등의 성폭력 범죄가 하루 평균 53건이나 발생하고 있다. 이것은 전년도보다 6.7%가 증가한 추세였다.[11] 뿐만 아니라 절도 폭력건도 증가하고 있다. 여러 원인이 있겠지만, 무감각해진 인성 또한 무시할 수 없는 요인이며, 그 이면에 사이버 공간에서의 면역 또한 생각하지 않을 수 없다.

청소년과 중독에 대한 단편적 사실

다른 모든 중독들은 성인층에서 주로 문제로 나타나는데 비해 인터넷과 사이버 중독은 청소년층에서 더 심각한 문제로 나타난다. 김동일 서울대 교육과 교수는 이러한 "인터넷 과다 사용은 정신병리학적 관점에서 중독 장애로 진단된다"고 말한 적이 있다. 2010년 한국정보화진흥원의 인터넷 중독 실태 조사에 의하면 "전체 인터넷 이용자의 8.0%인 174만3000명이 중독 증상을 겪는 것"으로 조사됐다. 통계청 조사에 의한 알코올 중독과 도박 중독자 비율과 비교할 때에도 무척 높게 나타난다는 것은 한국 사회에서 인터넷 중독이 심각한 병리 현상이 된 것을 의미한다. 무엇보다도 청소년들의 인터넷 중독 인구 비율이 성인들보다 높을 뿐만 아니라 매년 증가하고 있다는 사실이다. 2011년에는 급기야 전체 중독 인구가 233만 명을 넘어섰다. 초등학생의 중독률은 역시 매년 증가 추세를 보인다. 저연령층의 인터넷 중독 현상은 이들이 자라는 것에 따라 향후 모든 연령층에서 가파른 중독율을 보일 수 있는 전초징후라고 보아도 무방하다.[12]

스마트폰의 경우도 마찬가지다. 2010년 스탠포드 대학에서 사용자를 대상으로 한 스마트폰 중독 조사를 한 적이 있다. 그 조사 결과, "응답자의 44%가 '완전히 중독되었다'거나 '중독되었다'고 답한 것으로 나타났다. 75% 이상의 응답자는 아이폰을 갖고 잠이 들고, 69%의 응답자는 아침에 집을 나설 때 아이폰보다 지갑을 잊고 나온다"고 답했다. 이러한 수치는 한국 역시 마찬가지라고 생각한다. 더하면 더했지 그보다 적지는 않을 것이다. 지금 한국뿐 아니라 전 세계는 동시에 스마트폰이 개인용 컴퓨터 사용을 점점 대체하고 있다. 2011년 한국정보화진흥원의 스마트폰 중독 기초 연구에 따르면 "스마트폰을 사용하면서 인터넷 사용 시간이 줄었다"는 응답이 55.5%로 나타났다. 이 숫자는 실질적으로 인터넷 사용이 준 것을 의미하는 것이 아니라 단지 그 사용 플랫폼이 PC에서 스마트폰으로 이전된 것을 의미한다. 때문에 "개인용 컴퓨터 중독만이 아니라 스마트폰 내의 음란물 중독, 게임 중독, 특정 중독 등 스마트폰 중독 현상이 함께 진행될 것"이라고 서울대 교육학과 김동일 교수는 주장했다.[13] 나는 그의 말에 전적으로 동의한다. 사이버 공간은 어떤 한정된 기기에 속하지 않는다. 아이패드, 아이폰, 넷북, 위성단말기 등 모든 모바일 기기로 확장되고 있다. 그리고 중독도 그 자체가 모바일(Mobile)이 되어 버려 현실 세계와 늘 동행하게 되었다.

주목해야 할 점은 이러한 중독에 걸린 청소년들이 자신의 중독을 그리 심각하게 생각하지 않고 살아가고 있다는 점이다. 솔직히 그들도 중독 그 자체의 현상과 중독된 자신에 대한 심각성은 어느 정도 인지한다. 그러나 중독을 고치거나 중독에서 빠져나오려는 노력은 아주 미약하다. 왜냐하면 대다수의 사람들이 그렇게 살고 있고 또 그러한 중독 생활에서 빠져나오는 것은 어떤 의미에서는 무리에서 이탈하는 '소외'를 각오해야 하기 때문이다. 이것을 소통의 단절로 인식한다. 메시징 서비스를 사용하지 않거나 페이스북과 같은 SNS의 접속을 끊는다는 것은 이제 자신의 또래들뿐만 아니라 전반적인 사회 관계성 가운데 자발적인 소통의 단절을 의미한다. 그리고 무엇보다도 스마트폰이 무척 재미있는 장남감이라는 사실이다. 여기에 현실의 딜레마가 있다.

　　사이버 공간을 통하지 않는 소통 방식은 이제 어색하다. 청소년들에게는 전화보다 문자 메시지가 편하다. 친구에게 연락을 하더라도 직접적인 음성 통화보다 문자를 날리고 그에 대한 회신을 기다린다. 회신이 없으면 오히려 화가 난다. 이것을 어떻게 설명할까? 모두가 휴대폰을 가지고 있는 상황에서 문자 메시지는 휴대폰의 원래 기능보다는 문자를 주고받기 위해 존재하는 것 같다. 급기야는 군대에서조차 군인들에게 문자만 되는 휴대전화를 지급하는 방안을 병영 생활 개선 방안 가운데 하나로 상정하기도 했다.[14] 이것은 현재 젊은이들이 선호하는 소통 방식의 변화를 보여 주는 직접적인 예가 된다. 청소년 시절부터 문자 메시지에 익숙해진 세대가 군에 입대하면서 그대로 자신의 생활 습관을 가져간 것이다. 물론 군대라는 특수성 때문에 일정 시간만 메시징 서비스를 받는다고 하고 또한 이 제안이 실질적으로 도입될 것인지는 불분명하지만 군대라는 특수성을 띤 조직에서조차 소통의 방식이 사이버 공간을 통하는 현실을 볼 수 있다.

    문자 메시지는 음성 통화와 동일하게 기계라는 중간 매개체를 통하지만 이 두 가지는 질적으로 다른 차원을 갖는다. 목소리를 사용하여 실시간 소통을 함으로써 개인과 개인 사이의 직접적인 감정 교류와 의사 소통이 가능하게 하지만 문자는 2장에서 말했듯이 인간 대 기계, 기계 대 기계, 기계 대 인간이라는 사이버 공간의 속성을 그대로 답습하여 눈으로 보여 주는 CMC 소통 방식이기 때문에 차가운 감성을 지닌다. 여기에는 시간차에 따른 감정 이입과 해석의 오류가 존재한다. 실시간적으로 쌍방향으로 이루어지는 소통이 아니다. 또한 제 3자가 볼 수도 있으며 의도하지 않은 공개로 인한 개인 사생활 침해가 우려되기도 한다.

 주

1. 《조선일보》, "인터넷 발달, 정자 기증자에겐 '재난'", 2011.11.14. http://news.chosun.com/site/data/html_dir/2011/11/14/2011111401064.html?newsplus
2. Ibid.
3. 하비 콕스, 『세속도시』, 대한기독교서회, 1999, p223.
4. SBS 뉴스, "넘쳐나는 스마트폰 음란물에 청소년들 무방비", 2012.03.16.
5. YTN 뉴스, "스마트폰 – PC에 음란물 차단 프로그램 의무화", 2012.03.16. http://www.ytn.co.kr/_ln/0115_201203161634348186
6. 《문화일보》, "클릭 한 번에 야동 50만건.. 포르노공화국 한국", 2012.08.16.

www.munhwa.com/news/view.html?no=2012081401031127216002&w=nv

7. 홍영주, "포스트모던 시대의 사이버 공간 문화에 대한 이해", 숭실대학교, 2008.12, p31~32.

8. Ibid. p33.

9. Ibid, p31~32.

10. 《문화일보》, "클릭 한 번에 야동 50만건.. 포르노공화국 한국", 2012.08.16. www.munhwa.com/news/view.html?no=2012081401031127216002&w=nv

11. 《서울경제》, "낯뜨겁다. 알고 보면 소름 돋는 한국 현실", 2012.08.31. economy.hankooki.com/lpage/society/201208/e20120831113801117980.htm

12. 《내일신문》, "인터넷 중독 알코올 중독보다 심각", 2011.11.18. http://www.naeil.com/News/economy/ViewNews.asp?nnum=635343&sid=E&tid=4

13. Ibid.

14. 《코리아 헤럴드》, "Military mulls leasing text-only mobile phones to soldiers", 2012.05. 20. http://www.koreaherald.com/national/Detail.jsp?newsMLId=20120520000069

6부
그러면 우리는 어떻게 살 것인가?

1장부터 12장까지 오면서 우리는 현존하는 사이버 공간 - 디지털 세속도시의 대표적인 현상들을 몇몇 가지 살펴 보았다. 그러한 작업 가운데 첨단 디지털 기기와 인터넷이라 불리우는 컴퓨터 네트워크가 이룩한 스마트 혁명 속에서 어떻게 바람직한 사이버 생활(Cybertic Lifestyle)을 영위할 것인가를 각 장마다 나름대로 질문도 하고 대답도 해 보았다. 거기에는 긍정적인 필요성을 이야기한 적도 있지만 비판적인 시각도 많았다. 우리가 분명히 인식할 것은 이 시대의 아담(Adam: 사람)이 더 이상 땅 위에서만 살지 않는다는 사실이다. 현세의 아담은 실제적인 땅과 가상의 사이버 공간이 만든 디지털 세속도시에서 동시에 살고 있다. 그렇다면 우리는 과연 어떻게 하면 이 사이버 공간과 공존하는 삶을 지혜롭게 살 것인가? 이 질문에 좀 더 구체적인 방향성을 제시할 필요가 있다. 앞부분에서 물론 많은 언급이 있었지만, 이제 실제적으로 손에 만질듯한 조언으로 종결지을 필요성이 있다. 이 6부에서는 필자가 가진 세계관(Worldview)으로 그 부분을 생각해 보고자 한다. 이 글을 읽는 독자들도 나름대로 자신이 가진 세계관으로 같이 고민해 보기를 바란다. 당신이 불교적이거나 혹 유교적 세계관을 가지거나 상관없이 보편적인 도덕관과 건강한 이성으로 이 부분을 고민하는 것이 중요하다. 당신이 만약 나와 같은 크리스천이라면, 어떻게 하면 기독교적인 세계관으로 이 변화된 세상을 살아갈 것인가를 마땅히 진지하게 고민해 보아야 한다. 이 6부의 내용은 필자와 같은 세계관을 가지지 않은 사람들의 입장에서는 다소 생소한 접근일 수 있고 또한 기독교적인 색채가 꽤 강하기 때문에 혹 거북할(?) 수도 있음을 미리 알리고 싶다. 그러나 대부분의 종교가 그렇듯이 대중이 비록 마땅찮게 여길지라도 세상 문화의 흐름에 대한 종교적인 가치관과 견해는 일반적으로 윤리와 도덕적으로 옳바른 방향을 제시해 준다는 점에서 6부의 내용을 진지하게 읽어 보기를 간곡히 기대한다.

사이버 공간이
그 본연의 순기능과 엄청난 장점과 가능성에도 불구하고
온라인 게임 중독,
채팅중독,
악플 달기,
온라인 포르노그라피,
사이비 여론,
거짓 정보,
온라인 갬블
등
말할 수 없이 상처받고 추한 모습을 가지고 있다.
이러한 현상의 가장 근본적인 원인은
현대인들이 자신의 정체성을 상실한 채
사이버 공간에서 살아가고 있거나
혹 사이버 공간이라는 공간 자체를
외면 또는 회피하고 있기 때문이라고 생각한다.

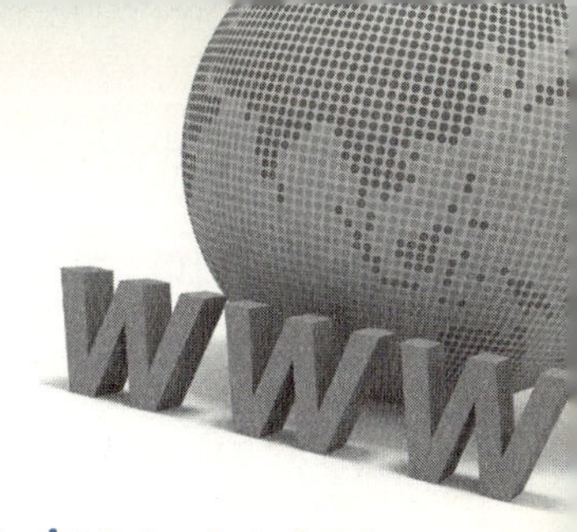

13. 사이버 공간과 하나님 나라

사이버 공간을 대하는 자세

　일반적으로 국가란 '영토'와 '주권'과 '백성', 이 세 가지 요소가 있어야 존재가 가능하다. 어느 한 가지라도 없다면 국가란 존재할 수 없다. 기독교에서 말하는 하나님의 나라 역시 이와 동일한 접근이 필요하다. 사이버 공간이라는 '영토'에 하나님의 '백성'들이 살고 있는데 그곳에 만약 하나님의 주권적 통치가 이루어지지 않는다면 그곳에 하나님의 나라는 없다. 기독교 신앙에서 말하는 하나님의 나라는 두 가지의 의미가 있다. 하나는 그리스도가 재림할 때 들어가게 되는 완성된 천국이고, 다른 하나는 그 완성된 천국이 도래하기 이전에 하나님께서 창조하신 이 땅과 하늘에서 하나님의 주권적 통치가 온전히 실현되는 나라, 즉 십자가를 통한 하나님의 의가 인간을 통해 실현되는 것 역시 하나님의 나라이다. 따라서 크리스천이라면 마땅히 현재 인간이 사는 이 땅에서 하나님의 나라가 구현되기를 위해 노력하고 헌신하는 삶을 살아야 한다. 크리스천이 진정 하나님의 주권이 이 땅에 이루어지기를 위해 헌신하고 봉사하며 사랑하고 희생할 때 이 땅에 하나님의 나라는 이루어진다. 그리고 사이버 공간 역시 동일한 터전이 된다. 크리스천이 현실적 땅에서의 삶과 마찬가지로 사이버 공간 안에서도 "크리스천답게" 살 때에 하나님의 나라는 사이버 공간에서 이루어진다.

오해하지 말자. 이 말은 단순히 크리스천들이 사이버 공간이라는 세계에서 오직 복음을 외치고 교회나 선교 웹사이트를 만들며 모든 사이트들을 찾아 다니면서 "예수 믿어라"고 말하라는 것이 아니다. 복음 그 자체를 드러내는 것은 크리스천 삶의 기본이다. 따라서 이 말은 거기서 더 나아가 현실 세계에서 그렇듯 '오직 정의를 물 같이, 공의를 마르지 않는 강 같이 흐르게 하는' 하나님의 주권적 통치가 사이버 공간에도 똑같이 적용되도록 크리스천의 역할을 감당하는 것을 의미한다. 예수께서 "회개하라 천국이 가까이 왔느니라"는 말을 한 것은 그 당시 당장 유대 땅에 천국이 실현된다는 그런 의미가 아니었다. "회개하라"고 말씀하신 예수의 메시지는 우선 인간이 "자신의 죄를 뉘우치고 전적으로 돌이키는" 본연의 의미이다. 우리는 여기서 더 나아가 예수님이 선포하신 회개를 '정치적 개념'의 회개로 이해해야 한다. 여기서 '정치적'이라는 말을 쓰는 이유는 첫째, 크리스천들이 자신이 속한 '정체성'에 있어서 '세상에서부터 천국'으로의 돌이킴, 즉 신분에 대한 확증을 의미하고 두 번째, 그에 따른 하나님의 나라에서의 주권적 순종을 결단함을 강조하기 위해서이다. 결국 이 시대의 크리스천들은 사이버 공간이라는 세계에서 천국백성으로서의 '자기 정체성'을 인식하고 그것에 합당한 말과 행동으로서 하나님의 뜻에 합당한 삶을 영위하려는 '주권적 순종'을 결단해야만 한다. 이것은 바로 사이버 공간이라는 세계에서 살 때 이 땅에서와 마찬가지로 구별된 삶을 살아가고 결코 그 세속 조류에 휩쓸려 살지 않겠다는 회개 선포이다.

다시 말해서 사이버 공간이라는 영토에서 크리스천으로 살 때, 우리는 '회개한 백성답게' 살아야만 한다. 즉 하나님의 주권에 전적으로 순종하고 그 통치를 받아들이는 자, 사랑과 용서를 넘치게 하고, 정의를 물같이 공의를 강 같이 흐르게 하는 실천적인 삶을 사이버 공간에서 살아야만 한다. 그러나 유감스럽게도 지금 사이버 공간에서 크리스천의 천국 선포는 빈약하고 회개한 백성으로서의 삶의 모습은 더욱 부족한 듯하다. 왜 이런 말을 하는가? 그것은 지금 우리가 살고 있는 사이버 공간이 그 본연의 순기능과 엄청난 장점과 가능성에도 불구하고 온라인 게임 중독, 채팅중독, 악플 달기, 온라인 포르노그라피, 사이비 여론, 거짓 정보, 온라인 갬블 등 말할 수 없이 상처받고 추한 모습을 가지고 있기 때문이다. 나는 이러한 현상의 가장 근본적인 원인이 크리스천들이 자신의 정체성을 상실한 채 사이버 공간에서 살아가고 있거나 혹 사이버 공간이라는 세계 자체를 외면 또는 회피하고 있기 때문이라고 생각한다. 이것도 저것도 아니라면 아무 생각없이 그곳에 매몰되어 살고 있는 것이다. 이렇게 말할 수 있는 근거는 기독교인이 세계 전체 인구 중 3분의 1의 비중을 차지하는데[1] 있다. 세상 사람의 3분의 1이 하나님을 믿는다는데 현실뿐만 아니라 사이버 공간이 왜 이리 엉망인가 하는 의문 때문이다. 멀리 갈 것도 없이 한국만 해도 천만에 이르는 인구가 크리스천인데 지금도 사이버 공간에서는 이해할 수 없는 엄청난 비방과 악플이 난무하고 온라인 게임 중독과 포르노그라피가 설치고 있다. 현실 속 인구 비중이 사이버 공간에서는 달라지는가? 그럴 리 없다. 안타깝게도 사이버 공간의 많은 영역에서 지금 크리스천의 정체성이 확연히 드러나고 있지 않기 때문이라고밖에 설명할 수 없다. 사이버 공간을 만드는 것은 현실의 사람들이다. 그런데 그 사이버 공간이 온갖 권력과 돈과 성과 폭력으로만 넘친다면 그래서 현실의 세속화보다 더 심하게 세속화되어 있다면 크리스천들이 그곳에 없거나 혹시 있다 하더라도 거기서 천국백성답게 올바르게 살지 않는다는 것을 의미한다. 네티즌들 가운데 크리스천들의 비율은 세상과 다른 비율일 수가 없다. 어느 누구도 그렇게 생각하지 않을 것이다. 그렇다면 결국 크리스천들이 자신의 신분을 '그곳에서는' 잊어버리거나 잃어버렸다는 것을 부정할 수 없다. 따라서 크리스천들은 지금 사이버 공간에서 마태복음 4장 17절에서 예수께서 외치신 것처럼 마땅히 천국을 선포하고 회개를 선포하는 삶을 살아야만 한다. 그럴 때 하나님의 나라는 사이버 공간에 실현될 수 있다.

조엘 오스틴과 폴 워셔

『긍정의 힘』을 쓴 조엘 오스틴(Joel Osteen) 목사는 긍정적인 사고방식으로 하나님의 축복을 강조하는 사람으로 유명하다. 그는 늘 웃는 얼굴로 현실 세계에서의 삶의 성공을 전도한다. 베스트셀러가 된 그의 책은 비록 하나님을 이야기하고 있지만 개인의 번영에 지나치게 집중되어 처세술이나 성공학 인상이 매우 강한 책이다. 그의 설교 역시 개인의 번영과 성공을 위한 하나님의 축복을 강조하다 보니 인생의 다른 측면, 즉 삶의 고난과 슬픔 가운데 있는 하나님의 섭리를 설명하는 측면은 다소 약하다. 예컨대 욥의 삶에 임한 고난의 정황, 요셉의 축복 뒤에 가려진 인생의 아픔, 모세의 광야 생활, 바울의 삶 가운데 임한 하나님의 은혜와 같은 것을 조엘은 잘 다루지 못한다. 따라서 그의 주장을 깊이 따라가다 보면, 신앙 생활의 가장 기본이 되는 처절한 죄의 회개와 십자가의 고난을 간과하는 그의 분위기에 동화되어 버린다. 따라서 정통 복음주의 기독교 기준에서 본다면 조엘 오스틴은 위험한 사람이다. 2011년말에는 미국 대선시점과 맞물려 여태까지 공공연히 몰몬교를 두둔하던 그가 좀더 공개적으로 몰몬교를 기독교로 보아야 한다는 입장을 재확인하면서 급기야 그의 신앙적 배경을 더욱 더 의심하도록 만들기도 했다.

“당신은 무엇이든 할 수 있다(You can do everything.)”, “당신의 꿈을 이루어라(Your dream be come true.)”, “불가능은 없다(There is no impossible.)”라는 그의 설교는 이전의 로버트 슐러(Robert Schuller) 목사의 메시지를 더욱 발전시킨 것이라 볼 수 있다. 일명 번영신학으로 분류되는 그의 신학적 입장은 오직 긍정적인 사고방식, 믿음과 기도로 나아가면 불가능한 것이 없다는 것에 초점을 맞추어 현대인들이 바라는 쉬운 신앙생활을 위해 맞춤형(customizing) 기독교 신앙의 표본이 되었다.

폴 워셔(Paul Washer) 목사는 이런 조엘 오스틴과 무척 대비되는 사람이다. 이 두 사람을 생각하면 각자가 좌와 우의 양 끝단에 서 있는 사람들처럼 보인다. 폴 워셔 목사는 선교사 출신으로서 그가 가진 신앙의 야성은 젊었을 적 그가 경험한 치열한 영적 전투의 현장에서 비롯된 것임을 느낄 수 있다. 따라서 폴 워셔 목사는 아마 조엘 오스틴과 같이 온실적인 환경(?)에서 신앙생활을 한 목사들을 혐오하는 경향이 강하다. - 그의 설교를 들어 보면 명확히 그런 느낌을 가질 수 있다. - 폴 워셔 목사의 설교는 매우 직설적이다. 따라서 어떤 사람들은 그의 말투와 메시지를 매우 불편해하기도 한다. 솔직히 그의 설교를 몇 개 연달아 들으면 그의 꾸짖는 말투와 억양이 그리 편하게 느껴지지는 않는다. 그러나 분명한 것은 그의 하나님이 조엘 오스틴의 하나님과 다르게 증거된다는 점이다.

폴의 하나님은 사랑과 동시에 공의의 하나님이시다. 또한 불의에 진노하시는 하나님이시며, 철저히 죄악으로부터의 단호한 단절을 요구하신다. 폴은 개인 신앙생활에 있어서 회개와 십자가의 도를 무척 강하게 강조한다. 또한 그의 하나님은 인생의 고난에 대해 때로는 묵묵히 침묵하시는 그런 모습을 보인다. 그렇기 때문에 조엘이 강조하는 풍요와 세상에서의 성공과 물질적 축복과는 다소 거리가 멀다. 폴은 오직 개인적인 성화를 통해 하나님과의 인격적 교제를 통한 예수 그리스도의 내재하심에 초점을 맞추다 보니 그에게 있어서 십자가의 고난은 필수적이다. 개인 삶의 거룩함과 세상과의 구별됨이 그의 메시지의 핵심일 때 조엘은 평안과 축복에 중점을 둔다. 세상적인 욕망과 물질적 풍요에 응답하시는 하나님이 조엘의 메시지의 중심이다. 조엘의 하나님은 또한 개인에게 심각하게 요구하시는 것도 별로 없고 그저 한없이 부어 주시는 자애로운 이미지이다.

마치 광야에서 외치는 세례 요한이 폴 워셔라면, 조엘은 성전에서 멋지게 차려 입고 대중 앞에 나서기를 좋아하는 랍비가 된다. 폴 워셔는 이 시대의 목사들과 크리스천들에게조차 삿대질하면서 설교한다. "이 독사의 자식들아, 회칠한 무덤아"라고 말이다. 반면 조엘 오스틴은 늘 웃고 인사하며 등을 다독거리는 세련된 신사의 이미지를 가지고 있다. 옷도 그렇고 생활도 그렇다. 조엘은 빛나는 샹들리에 밑과 크고 환한 예배당에서 설교하는데, 폴은 전도집회, 소강당, 작은 목회자 모임에서 소박한 모습으로 설교한다. 물론 폴의 하나님이 언제나 무서운 것은 아니다. 그의 하나님 역시 자비와 사랑과 은혜의 하나님인 것은 똑같다. 단지 그 중심 메시지 방향이 다를 뿐이다.

누가 진정한 하나님의 메신저일까? 하나님은 공의와 진노의 하나님이시기도 하지만 자비와 축복의 하나님이시기도 하다. 우리 모두는 그렇게 배워 왔고 또한 체험해 왔다. 따라서 우리는 누구를 판단하기에는 조심스러울 수밖에 없다. 조엘 오스틴은 이단으로 보이는 그의 신학적인 입장 때문에 많은 복음주의자들로부터 배척을 받고 있지만 여전히 대중적 인기를 등에 업고 하나님을 전한다. 폴 워셔 목사는 사정없이 칼로 내리치고 몽둥이로 쳐부순다. 세상의 거짓과 악에 대해, 게으름에 대해, 복음을 진실되이 전하지 않는 설교에 대해, 세상과 영합한 세속적 목회에 대해 그의 설교는 인정사정이 없다. 따라서 그의 설교는 때로는 목사들조차 불편하게 여기기도 한다. 조엘이 일반 대중을 향한 설교자라면 폴은 크리스천과 목사들을 위한 설교자 같다. 우리는 사실 누가 의인인지 판단할 위치에 있지 않기 때문에 두 사람 중 누가 더 진실된가를 섣불리 판가름할 수 없다. 나 개인적으로는 솔직히 폴 워셔 목사를 좋아한다. 내가 살아온 인생이 비록 길지는 않지만 경험상 그의 메시지가 더 현실과 가깝고 진실성 있게 느껴지기 때문이다.

나는 이 시대의 디지털 문화와 인터넷·사이버 공간을 살아가는 크리스천들을 생각할 때 이 두 사람이 생각났다. 두 사람의 접근법이 어쩌면 좋은 대조가 될 수 있기 때문이다. 조엘 오스틴 목사처럼 우리가 만약 사이버 공간을 마냥 하나님의 축복으로만 생각하고 웃으면서 그 세계를 대한다면 우리는 사이버 공간의 거친 현실에 무디어질 수 있으며 사이버 공간이라는 그 세계의 힘을 간과하고 그 세계에 매몰되어 살아가는 오류를 범할 수 있다. 반면 마치 폴 워셔 목사처럼 복음주의 입장에서 사이버 공간을 우상으로 정죄하고 너무나 경직된 자세를 취한다면 우리는 어쩌면 그 세상과 분리된 삶만을 고집하게 된다.

하지만 사이버 공간 역시 하나의 창조 세계라는 사실은 분명하다. 비록 하나님이 직접 창조하시지는 않았지만 하나님의 형상으로 만들어진 인간을 통해 만들어진 하나의 확장된 창조 세계이기 때문에, 세상 사람이 어떻게 보든지 간에 크리스천의 입장에서는 현실에서와 마찬가지로 그곳에서 하나님의 통치는 현실과 마찬가지로 이루어져야만 하고, 하나님의 나라 역시 임하여야 한다. 그렇기 때문에 우리는 사이버 공간의 삶을 생각할 때, 조엘과 같이 행복과 번영을 위한 무한한 축복으로 보거나, 폴 워셔 목사처럼 죄악과의 전쟁을 선포하는 순교자적 정신을 가지고 복음화를 위한 전사로만 나가서도 곤란하다. 사이버 공간은 우리 가운데 이미 구현된, 그리고 현실과 이미 접목된 하나의 실제 세계이기 때문에 더더욱 그렇다. 어떻게 하면 크리스천이 사이버 공간에서 올바른 영성을 유지하는 삶을 살 수 있을까? 어떻게 하면 하나님의 공의가 그곳에서도 물처럼 흐르게 할 수 있을까? 그리고 현실과 같이 유익한 삶의 연장을 사이버 공간에서도 누릴 것인가? 이것은 현시대를 주도하는 리더로서 살아가야만 하는 크리스천들이 이제 마땅히 고민해야만 하는 주제라는 것은 틀림없다.

하나님의 아방가르드

예수께서 살아 계셨을 그 당시 유대 지경에서 "예수는 귀신을 내쫓는 위대한 인물로 그들 가운데 인식되었다"고 하비 콕스는 설명한다. 즉 예수께서는 그 당시 사람들을 괴롭히던 악한 영의 활동에 대해 "물러가라"고 단호히 외치시면서 하나님 나라의 도래를 선포하신 악령추방자로서의 삶을 사셨다. 그렇다. 예수는 모든 매여 있는 사람들을 치유하고 해방시키며, 부조리한 권력과 위선과 거짓을 꾸짖으셨다. 성경의 사복음서에 나오는 예수의 이미지는 많은 부분에서 하비 콕스의 주장을 뒷받침한다. 그렇다면 예수를 가슴에 품은 현시대의 크리스천들은 과연 이러한 예수의 과업을 여전히 올바르게 이어가고 있는가? 어쩌다 한번쯤이 아니라, 우리는 늘 진지하게 이 문제를 생각해 보아야 한다. 왜냐하면 크리스천이란 다름 아닌 예수의 제자들이기 때문이다. 따라서 어떤 시기에 한정된 것이 아니라, 인생을 살면서 늘 철저히 자신을 검증하면서 살아가야 한다. 자신이 살고 있는 시대와 사회에서 귀신과 악한 영을 내어쫓고 인간을 해방하는 일은 예수께서 제자들에게 맡기신 바로 그 사명이기 때문이다.

브라질에 선교사로 간 지인들의 이야기를 들으면 브라질의 아마

존이나 밀림 지역에서 악령은 실제적인 엑소시즘의 대상인 더러운 귀신의 역사인데 반해 문명화된 서구 사회에서의 악령은 다른 모든 문화의 모습을 띄고 찾아온다고 한다. 그렇다. 신약 시대의 사람들, 즉 "지금 현시대의 사람들에게 있어서 악령이란 다름 아닌 인간의 생활을 비트는 인간 이하, 또는 인간 이상의 힘과 권력 그리고 그의 영향력을 의미"한다. 이것은 다른 표현으로 성경에 나오는 "공중의 권세 잡은 자들"을 의미하는 것으로서 이 악령들은 언제나 우리들 주변에서 우리와 더불어 살면서 "어떤 특정한 인물과 사건과 사회와 문화 속에 구석구석 도사리고 있어 인간을 괴롭히며 천국 백성으로 살지 못하게" 만든다.[2]

"한 사람의 인격성 속에는 유기적, 사회적, 문화적인 구성 요소가 포함되어 있다." 마술적인 사회, 즉 원시적인 부족 사회처럼 "강한 혈연주의와 연고주의가 힘을 발휘하는 곳에서 살면서 선대로부터 유전된 문화적 의미를 자신 속에 깊이 간직한 사람은 만일 그 문화가 그에게 죽어야 한다고 암시한다면 그는 문자 그대로 죽게 된다"고 한다.[3] 이러한 사실은 지금 한국 사회의 왕따나 자살, 소외 현상을 보면 쉽게 이해된다. 한국은 철저히 현세적인 세계관(This Worldlyness)을 가진 사회이다. 종교가 다양하다는 사회적인 통념과 달리 한국은 내세를 잘 믿지도 않으며 하나님도 잘 믿지 않는 사회이다. 한국 사회에서 가장 지배적인 종교 혹은 사상인 샤머니즘이나 유교에는 그 어떤 인격신의 존재가 없다. 그런 사회에서 사람들이 내세를 믿지 않게 되니 결국 철저히 현세상에서 모든 삶의 의미를 찾게 된다. 따라서 한국인의 가치는 철저히 현세적일 수밖에 없다. 그렇기 때문에 "한국인의 삶의 방법론은 당연히 입신양명이 주된 것이 되고 무한 경쟁 가운데 개인의 노력과 성장이 삶의 원동력이자 생존방식이 되었다.” 그리고 전통적으로 국가가 개인을 보호해 주지 않는 역사적 체험 속에서 오직 연고주의와 혈연만이 자신의 방패가 된다.[4]

　이러한 환경에서 현실 생활에 도태되거나 적응하지 못한 개인이 모든 것이 공개되어 있는 지금의 한국 사회에서 왜곡된 사회와 문화적 악령에 시달리게 될 수 있다. 그리하여 마침내 지금의 현실 문화가 자신에게 암시하는대로 따라가서 왕따와 자살과 소외로 고립되어 버리는 상황에 처할 수 있다. 사실 근대로 넘어오면서 예전의 마술적이며 미신적인 세계관에서 유래한 문화의 잔재가 많이 없어졌다고 생각하지만, 한국과 같이 급속도로 개화되고 성장한 사회에는 그러한 잔재와 세계관은 개인의 의식 깊은 곳에 여전히 남아 있다. 또한 우리가 인정하는 것보다 훨씬 더 많이 우리 사회와 문화 속에 억압되고 투사된 감정으로 존재하는 것이다.

　“예수님의 공생애에서 그 당시 문화의 신경질적이며 병적인 현상을 내어쫓는 악령 추방 사업은 주된 사역의 한부분을 차지했다.”고 하비 콕스는 말한다. 무엇보다도 인간은 “자신의 실재적인 비전을 왜곡하게 만드는 자기 안에 내재하는 모든 유선에서 해방되어야만 하고, 인간의 행동을 억압하는 모든 형식적인 율법주의에서도 해방”되어야만 한다. 따라서 크리스천(교회)의 선교는 먼저 이런 악한 영의 활동을 내어쫓는 일에서 시작되어야 한다. 그것은 예수님 시대나 지금이나 마찬가지이다. 크리스천들은 이 현실 세상에서 하나님의 부르심을 발견할 수 있는 구체적인 장소와 현실적인 사건에 직접 다가서서 주체적으로 맞닥뜨려야 한다. 자신도 모르게 자신에게 전염된, “무엇엔가 홀린 듯한 마취적인 행동이 있다면 마땅히 그것으로부터 자유로워져야만 하고 세상의 그릇된 가치와 편견들이 있다면 정면으로 부딪히며" 싸워야 한다. 다시 말해서 크리스천은 지금 자신이 살고 있는 사회의 현실을 왜곡하게 만들거나 잘못된 환상을 갖게 하는 일들, 혹은 그 모든 것에서 파생한 "잘못된 생각과 행동에서 자신과 주변사람들을 자유롭게 하고 해방되도록" 해야만 한다. 이것이 바로 사회적인 악령을 축출하는 미션, 즉 선교이다.[5] 그리고 이러한 미션은 이 글을 읽는 독자가 크리스천이건 아니건 엄밀한 의미에서 상관없다고 본다. 당신이 가진 올바른 가치관과 양심으로 이런 악령 축출 사업은 전인격적으로 이루어져야만 한다. 그 대상은 바로 온라인 게임 중독일 수도 있고, 악플과 비방과 온라인 포르노그라피, 채팅 중독, 자살 사이트 등 다양한 모습으로 산재해 있다.

예수님은 바로 이러한 사역을 하셨고 지금 시대에는 교회, 즉 크리스천들이 우선적으로 그 역할을 감당해야만 한다. 그리고 이제 그러한 사역의 현장은 현실적인 세상뿐만 아니라 사이버 공간까지 확장될 수밖에 없다. 왜냐하면 이제 두 세계가 하나로 연결되고, 교회는 여전히 자신이 사는 세상에서, 그 사회를 왜곡되게 만드는 모든 불의에 맞서야 하기 때문이다. 사이버 공간에는 세상의 바람직한 구조와 사회 기반이 그대로 복제되어 옮겨져 있지만, 그와 동시에 세상에서처럼 "잘못된 신화와 그릇된 신념과 행동, 그리고 거짓이 똑같이 난무"한다. 크리스천은 사이버 공간이라는 세계에서 마땅히 그런 잘못된 환상과 오류를 지적하고 수정할 수 있는 지혜와 행동을 보여야만 한다. 뿐만 아니라 급속히 변화하고 분화되어 가는 사회의 흐름 속에서 바르게 존재하

기 위해서는 자신이 먼저 주도적으로 변화하고 분화되어야만 한다.[6]

　　사이버 공간이 존재한다는 것은 자칫 사람들로 하여금 "우리가 지금까지 인식하고 영위한 하나님의 형상(Imago Dei)으로서의 인간에 대한 이해를 오해"하게 만드는 원인이 될 수 있다.[7] 가상 세계에서는 인간 존재의 탈육체성, 시공간성의 자유성, 익명성, 무한 개방성, 탈성별성 등 현실에서는 경험할 수 없는 특징들이 존재하고, 그곳은 사람들로 하여금 또 다른 정체성을 쉽게 가질 수 있도록 만들기 때문에 왜곡된 가치관과 세계관이 지배할 여지가 많다. 따라서 이러한 상황 가운데 처한 현세의 사람들을 위해서 크리스천들은 각자가 하나님의 아방가르드(avantgrade), 즉 전위 부대로서 사이버 공간에서 예수님의 지상명령을 감당해야 할 책임이 있다. 그리고 그것은 크리스천들이 예수님의 복음을 사이버 공간이라는 세계에서 전방위적으로 드러내는 가운데 이루어질 수 있다. 하비 콕스가 세속도시에 대응하는 크리스천의 삶의 자세를 그의 책에서 제시한 것과 똑같이 우리들도 그 구체적인 방법론으로 회개와 천국백성 됨을 선포(케리그마)하며 이 세계의 부조리와 병폐를 치유(디아코니아)하고 봉사와 헌신하며 동시에 참된 친교(코이노니아)하는 삶을 사이버 공간에서 실천해야만 하는 것이다.

주

1. 《국민일보》, "전 세계 크리스천, 인구의 32%인 21억8000만 명", 2011.12.21. http://news.kukinews.com/article/view.asp?page=1&gCode=kmi&arcid=0005673875&cp=nv 전 세계인구 69억 명 중 32%인 21억 8000만 명이 기독교인으로 집계되었다. 그 가운데 절반은 카톨릭 신자이며 개신교와 정교회 신자는 각각 36.7%, 11.9%로 나타났다.

2. 하비 콕스, 『세속도시』, 대한기독교서회, 1999, p173~174.

3. Ibid.

4. 손봉호 교수 간담회, Vancouver VIEW Student Meeting, 2012 Feb. Trinity Western University.

5. 하비 콕스, 『세속도시』, 대한기독교서회, 1999, p176~187.

6. Ibid.

7. 홍영주, "포스트모던 시대의 사이버 공간에 대한 기독교적 이해", 숭실대학교, 2008.3, p3.

14. 사이버 공간에서의
세 가지 삶의 방식

올바른 것을 외치라 – 케리그마(Kerygma)

"교회는 마땅히 사람들에게 무엇이 지금 현실에 다가오고 있으며 또 이 다음에는 무엇이 오고야 만다는 사실을 들려 주어야만 한다"고 하비 콕스는 요청했다.[1] 그의 말을 지금 사이버 공간에 적용해서 말한다면 크리스천들은 사이버 공간에 살면서 지금 무슨 일이 사이버 공간에서 일어나고 있는지 정확히 파악해서 앞으로 어떤 일이 발생할 것인지 선지자적인 입장에서 사람들을 인도할 책임이 있다고 표현할 수 있다. 만약 "내가 뭘 아나요? 사이버 공간이라는 것도 그렇고, IT나 디지털 기술에 대해서는 잘 모르는데요?"라고 말하면 곤란하다. 지금 나는 기술적인 부분을 말하거나 첨단 디지털 동향을 주도하라고 말하고 있지 않다.

'케리그마(Kerygma)'라는 말이 있다. 이 말은 전통적인 입장에서는 "예수님이 십자가의 보혈로 공중의 권세자들을 이기셨다는 것과 예수 그리스도로 인해 인간이 새 생명을 가져 하나님의 유업을 받은 자가 되었다는 것을 선포하는 일"을 의미한다. 이것을 사이버 공간에 적용한다면, 크리스천들은 사이버 공간에서 복음을 감당한 자로서 살면서 하나님의 통치를 사이버 공간에 선포해야 한다는 말로 적용할 수 있다. 앞에서 말한 것처럼 하나님의 나라는 '영토'와 '백성'과 '주권' 이 세 가지 영역에서 이루어진다. 사이버 공간이라는 '영토'에 하나님의 '백성'들이 살고 있는데 그곳에 만약 하나님의 주권적 통치가 이루어지지 않는다면 그곳에 하나님의 나라는 없다고 앞에서 정의했다. 우리가 성경의 많은 경우에서 보듯이 늘 사람-'백성'이 문제가 된다. 하나님의 백성이 그의 백성답지 않게 살 때, 모든 문제는 발생하며 하나님의 주권적 통치는 구현되기 힘들다.

사람들이 어떻게 사이버 공간의 삶을 영위하고 또 그곳에서 얼마나 현실과 밀접하게 살아가야만 하는지에 대해 아쉽게도 교회는 깊이 관여하지 못하고 있는 것 같다. 작금의 한국 교회 모습은 사실 현실 세계에서의 정화를 실현하기에도 급급한 형편이니 그럴 만도 하다고 생각하지만 이 사이버 공간의 삶의 방식과 양태도 시급한 과제라고 볼 수 있다. 솔직히 크리스천들이 하나님의 백성으로서 사이버 공간의 삶을 제대로 영위해 왔다면 지금의 사이버 공간은 많이 다른 모습을 하고 있을 것이다. 지금 사이버 공간이 혼돈과 무질서한 모습만 있다고 주장하는 것은 결코 아니다. 지금의 사이버 공간은 사회의 모든 기반을 그 안에 구축한 경이로운 세계이다. 하지만 비록 세상적인 관점에서 보았을 때는 심각하지 않거나 곧 없어질 문제로 보일지라도, 크리스천의 관점에서 보았을 때 사이버 공간은 즉각적인 치유가 필요한 세계라는 것을 이야기하고 싶은 것이다. 사이버 매체의 경우 악플과 비방, 유언비어의 난무, 인신 공격과 왕따 현상이 사람들의 믿음을 빼앗아 가고 마음과 정서를 황폐하게 하고 있다. 온라인 게임 중독과 과도한 웹서핑이 개인과 가정을 파괴한다. 음란 동영상이 청소년들을 오염시키고 도박 사이트가 성인들을 유혹한다. 컴퓨터 해킹과 바이러스가 어디든지 틈을 타고 개인의 재산을 노린다. 많은 사람들이 불법 다운로드에 대해 무감각하다. 현실에서는 어느 정도 개인의 선택과 신중함, 그리고 사회적인 제도로 인해 이러한 것들은 강력히 걸러질 수 있지만 사이버 공간에서는 현실보다 더 무방비하게 노출되기 쉽고 또한 그 범위가 측정 불가능할 정도로 심각해질 수 있다.

2010년 12월 미국의 시사주간지인 《뉴스위크》지는 인터넷의 발달로 현실에서 사라진 열네 가지를 선정한 적이 있다.[2] 그 가운데 첫 번째가 스트립쇼, 성인영화관이다. 이것은 사이버 공간이 오프라인에서 성인들만 접근 가능했던 포르노 산업을 온라인으로 끌어낸 것을 의미한다. 그 열네 가지 항목들 가운데 '사실(fact)'이라는 요소에 또한 주목할 필요가 있다. 사이버 공간에 만연한 근거 없는 거짓 정보와 유언비어의 득세는 사람들로 하여금 무엇이 진실이고 거짓인지 분간을 못하게 한다. 한국에서 일어난 '타진요' 사건에서 가수 타블로의 학력이 진실로 밝혀짐에도 불구하고 타진요 회원들이 끝내 자신들은 믿을 수 없다고 항변하다가 징역 10개월을 구형받았다. 재판장은 그 당시 "객관적 증거가 나왔는데도 무조건 믿을 수 없다고 주장한다면 내가 나라는 사실조차 증명하는 게 불가능할 수 있다”[3]고 타진요 회원들을 꾸짖었다. ‘오바마 대통령이 이슬람이다”라고 거짓말하거나 장난으로 폭동과 암살을 게시하는 이러한 온라인 거짓 상황은 해당 당사자에게 엄벌을 가함으로 잘못된 사실과 유언비어를 차단할 수도 있다. 하지만 사이버 공간에서 현실과 분리되지 않는 삶을 살아가는 자세가 우선적으로 정립되어야 한다. 이《뉴스위크》기사가 지목한 마지막 두 항목에 또한 우리의 시급한 지혜가 필요하다. 그 두 가지는 바로 집중력과 예의라는 항목이다. 6장에서 살펴본 것과 같은 쿼터리즘의 만연이 학생이나 성인을 가리지 않고 나타난다. 솔직히 현재 이 땅의 모든 사람들이 주의가 산만하다. 스마트폰과 소셜 네트워킹을 즐김으로써 홀로 책을 읽거나 사색하는 시간은 없고 모두 순간적이고 즉흥적인 소통과 말초적 촌철살인에 집중한다. 악플과 비방글은 익명성을 타고 상대방의 인격을 깔아 뭉개고 급기야 자기 스스로 그 희생양이 되어 버리고 만다. 깊이 생각하는 습관은 간 곳 없고 타인에 대한 배려 역시 찾아보기 힘들다. 이것은 한국뿐만이 아닌 전 세계적인 현상이다.

크리스천들은 사이버 중독과 인터넷 몰입이라는 현실의 문제점에 질린 나머지 사이버 공간을 죄악시하거나 그 세계를 경멸하고 그 세계 안에 갇힌 사람들과 점점 멀어지는 잘못을 범할 수 있다. 아니면 별다른 문제의식 없이 오히려 그 세계에서 매몰되어 세상사람들과 구분 없는 삶을 살아간다. 그러면서 교회와 선교 홈페이지를 만들고 기독교인들만의 공동체에 열심히 드나들며, 마치 현실에서와 마찬가지로 분리되거나 혹은 고립된 교회생활을 영위하여 사이버 공간에서도 세상사람들이 보기에 “당신들만의 천국” 만들기에 열중하는 잘못을 저지를 가능성이 많다.

　하지만 사이버 공간에서의 케리그마적인 삶은 교회 홈페이지를 만들고 단장하거나 선교 홍보 페이지를 만들거나 유튜브에 설교 동영상을 올리는 것과 같은 일차적인 복음전파만으로는 결코 충분하지 않다. 하나님의 주권적 통치가 이 사이버 공간에서 이루어지기 위해 크리스천들이 선포해야 할 것, 크리스천들이 취할 케르그마는 인간 삶의 전 영역에 걸친 참된 복음선포이다. "회개하라. 천국이 가까웠느니라"라고 하나님의 나라가 도래했음을 담대히 선포하는 것이다. 이 회개 선포는 세상의 모든 가치와 물질, 성, 권력, 자만, 쾌락과 같은 우상숭배와 세속 문화로 가득찬 사이버 공간에 대한 선포이며 도전이다. 참된 복음이란 인간의 전방위적인 삶 가운데 구원을 실현되는 힘이다. 복음이란 인간의 영혼과 정신과 육체의 모든 삶의 현장에서 이루어지는 해방을 의미한다. 따라서 사이버 공간에서도 마땅히 인간의 해방은 이루어져야만 하고 크리스천들은 사이버 세계의 모든 부분와 영역에서 그러한 역할들을 수행해야 한다. 그 활동 영역은 앞장에서 언급한 모든 생활 분야를 포함하고 능동적인 참여를 필요로 한다. 이것은 비단 기독교적인 입장만이 아니다. 불교나 어느 종교라도 사이버 공간에 만연한 인간성의 상실, 도덕의 실종, 거짓과 무례함에 대해 똑같이 회개를 선포하고 능동적으로 개선하는 삶을 실천해야 할 것이다.

인터넷 4대 해악

2005년도 한국정보문화원의 조사에 따르면 그 당시 사람들이 인터넷의 3대 해악을 말할 때, 스팸메일, 언어 폭력, 바이러스를 손꼽았다고 나타난다.[4] 그리고 요즈음에는 이러한 것에 더해 어떤 이들은 온라인 게임 중독, 어떤 이들은 음란물들을 말하기도 한다. 모두 다 인터넷이 만들어 낸 역기능임에 틀림없다. 나는 여기서 현재 진행중인 인터넷 해악을 네 가지로 압축해서 지목하고 싶다. 필자가 생각하는 현재의 인터넷 4대 해악은 "온라인 게임 중독, 음란물, 불법 다운로드, 언어 폭력"이다. 스팸메일과 바이러스와 같은 현상을 굳이 해악에서 제외한 까닭은 이 두 가지가 개인의 참여와는 따로 움직이는 별개성을 지녔기 때문이다. 즉 개인의 의지와 상관없이 주로 수동적인 입장에서 피해를 받는 것이 스팸메일과 바이러스이지만(원인을 제공한 범인을 제외한) 온라인 게임 중독과 음란물, 불법 다운로드, 언어 폭력과 같은 역기능은 개인의 자발적인 참여와 의지에 의해 좌우되고 결단에 의해 근절될 수 있을 뿐더러 또한 적절히 통제 되지 않으면 강한 '중독성'을 띄기 때문이다. 그래서 평범한 개인이 참여할 수 있고, 근절할 수 있는 해악이야말로 일반인적인 역기능 영역이 된다. 온라인 게임 중독과 음란물은 그 폐해로 인해 많은 사회적인 관심과 연구가 현재 이루어지고 있으니 굳이 다른 설명이나 강조가 필요 없을 정도이다. 많은 사람들이 이 두 가지에 대해서는 공감을 한다. 따라서 지금 잠깐 살펴 볼 문제는 불법 다운로드와 언어 폭력 문제이다.

나는 솔직히 한국에 사는 크리스천들(혹은 다른 종교인이라 하더라도)의 불법 다운로드에 대한 개념이 세속 일반인들과 별로 다른 차이가 없는 현실을 본다. 영화나 음악뿐만 아니라 상업용 소프트웨어, 기타 문화 콘텐츠에 대한 불법 다운로드는 도처에 만연해 있다. 교회를 다니는 일반 성도뿐 아니라 심지어 젊은 목사나 전도사들도 이 불법 다운로드에 약하다. 이것은 솔직히 끊기 힘든 습관이며 유혹이다. 사실 어디까지 불법이고 어디까지 합법인지는 사람마다 다르게 인식하고 또 미처 모를 수도 있기 때문에 애매한 부분이 많다. 가령 나와 같은 경우는 아는 게 병이라고, 불법이다 아니다를 구분하는 기준이 일반인보다 더 엄격한 잣대가 적용된다. 만약 학생이 토렌토를 이용해 영화나 음악을 즐긴다고 볼 때 이것도 콘텐츠의 성격과 상품화된 시간에 따라 다르게 적용될 수도 있다. 또 다른 측면에서 자신이 불법 다운로드를 하지 않기 때문에 스스로를 경건히(의롭게) 여기는 '율법주의'로 흐르다면 이것 또한 어떤 의미에서는 곤란하다. ― 타인을 마냥 정죄하는 시각으로 보지 말자는 의미이다. 불법 다운로드의 가장 큰 원인은 금전적인 주머니 사정 때문인 경우가 많다. 아니면 시간과 공간의 제약을 뛰어넘는 편리성도 있다. 한국에서 너무나 쉽게 구할 수 있는 불법 다운로드 콘텐츠는 그 루트의 다양함과 편리성 때문에 또한 '누구나 다 한다'는 현실 상황 때문에 별다른 죄의식 없이 만연해 있다. 하지만 이제 많은 부분에서 사회적인 계몽이 일어나는 현실에서 크리스천들이 누구보다도 먼저 음악, 영화, 소프트웨어, 문화 콘텐츠 모든 분야에서 올바른 다운로드 개념을 정립하고 그 시장을 만들 필요가 있다. 사람마다 다를 수도 있겠지만 최소한의 선한 양심과 사회적 통념이 허락하는 부분에서 용인되는 보편성 측면과 준법적인 측면에서 크리스천에게는 보다 더 엄격한 기준이 필요하지 않겠는가?

흔히 '악플'로 대변되는 언어 폭력은 유명한 연예인들뿐만 아니라 학생들 사이에 왕따와 정신적인 폭력으로, 그리고 일반 사회에서는 집단 괴롭힘과 집단 광기로까지 나타나는 해악이다. 비단 악플뿐만이 아니다. 모든 분야에서의 올바른 여론을 형성하는 일에 크리스천들은 적극 참여할 필요가 있다. 솔직히 말해서 사람들은 논란에 휩싸이기를 싫어한다. 한국인들의 성향 가운데 이러한 논란을 좋아하는 사람은 물론 드물겠지만, 크리스천들이 만약 사회의 여론이 빗나간 방향으로 가는 것을 보고도 방관하는 자세를 취한다면 이것은 또한 비겁한 인생과 다를 바 없다. 따라서 나는 크리스천들의 사이버 여론 참여와 채팅에 대해 다음과 같은 세 가지 방법을 제안한다.

첫째. 사이버 공간에서 적극적이며 능동적인 참여 선포이다. 7장에서 살펴 본 위디어의 세계에서 크리스천들은 방관자적인 위치에 서있지 말고 이 위디어라는 사이버 매체에 보다 적극적으로 크리스천의 세계관을 가지고 참여해야 한다. 세상적인 방식들과는 확연히 다른 접근법으로 말이다. 가장 먼저 실천을 필요하는 것은 언어 순화 영역이다. SNS이건 트위터이건 어떤 매체이든지 크리스천들이 올바른 언어로서 적극적으로 사회 문제에 참여하는 소통은 절실하다. 헝클어지고 타락한 언어의 현장에서 크리스천들이 참된 말, 고운 언어를 사용함으로써 사이버 세상을 이끌어갈 의무가 있다. 이러한 참여는 무엇보다 온유한 마음을 우선으로 한다. 겸비한 심령으로 사람에 대한 이해와 용서로 다가서며 사랑의 말로 위로하여야 한다. 온갖 비방과 인신 공격과 거짓이 난무하는 통신의 현장에서 크리스천들은 온유한 말과 언어로서 진실을 선포하자. 크리스천의 언어, 크리스천의 세계관, 크리스천의 양심으로 위디어에 참여하는 것은 이 사이버 세상에 복음을 선포하는 행위이며 악플과 비방과 날선 칼과 같은 언어로 서로를 공격하다가 그만 억압되고 상처받은 영혼들에게 위로가 될 것이다. 이것이 바로 인터넷 4대 해악 중 하나인 악플(언어 폭력)에 대한 케리그마이다.

둘째로 자신의 사이버 공간의 삶을 현실과 동일하게 하나님 앞에서의 경건한 삶으로 만들겠다는 선포가 필요하다. 이것은 하나님의 백성으로서의 본분을 지키는 가장 기본적인 행동 양식이다. 예컨대 크리스천 자신부터 선정성 짙은 기사나 인신공격적인 내용의 기사들을 클릭하지 않으며, 야한 사진들과 루머들에 휩쓸리지 않겠다는 실천적 자세를 갖는 것이다. 음란물 영역도 마찬가지이다. 사람들은 유언비어를 양산하고 침소봉대하며 서로 헐뜯는 비방성 기사와 올바르지 않은 주장을 편다. 이것은 좌파나 우파의 문제가 아니라 양쪽 다 똑같은 현상이기도 하다. 성적인 영역은 둘 다 한결같이 타락한다. 하지만 잊지 말자. 이 사회가 아무리 어렵고 정치가 더러워도 서로의 인격에 대한 예우, 존중하는 자세, 타인의 삶을 배려하는 정신, 서로가 가진 권위에 대한 순종, 용서하는 마음, 이 모든 성경적 가치들이 표출되고 세상의 부조리에 대해서는 "아니오"라고 담대히 말하는 문화가 필요하다.

필터 버블에서 밝혔듯이 인터넷에 존재하는 다양한 알고리즘은 개개인의 모든 클릭을 모니터링한다. 사이버 세상에 이토록 많은 음란의 영이 설친다는 것은 크리스천들이 사이버 세상에서 크리스천으로서의 클릭을 생활화 하지 않았다는 것을 의미한다. 한국에만 해도 천만 정도 되는 기독교인이 있다는데 왜 한국의 사이버 공간에는 그토록 많은, 심지어 외국의 그 어느 나라보다도 많은 사이트들이 버젓이 성적 이미지를 거리낌 없이 팔고 있는지 깊이 반성해야만 한다. 클릭하지 않으면 돈이 되지 않는다. 이것은 분명한 사실이다. 돈이 안 되면 사이버 공간에서 더 이상 성적인 이미지를 팔 수 없다. 이 간단명료한 경제 이치를 크리스천들이 명심하고 인터넷 사이트에서 올바른 클릭 습관을 생활화해야 된다. 하나님은 당신의 클릭을 알고 계신다! 이 단순한 현실 앞에서 스스로를 정화하는 크리스천들이 많아질 때 사이버 공간의 문화는 바뀌어질 수 있다.

그리고 세 번째로 현실과 균형 잡힌 삶을 위한 절제를 선포하는 것이다. 사랑에는 절제가 필요하다. 절제하지 못한 사랑은 집착이며 중독이다. 사회 공동체와 게임과 채팅 문화가 성행하는 모든 시공간성의 판타지에서 크리스천의 절제는 그 무엇보다 절실하다. 사이버 공간은 현실과 같이 움직이지만 현실을 떠나게 만드는 요소가 무궁무진하다. 이에 대응하는 방법은 누구보다도 지혜로운 절제의 삶을 생각하고 실천해 나갈 때 가능하다. 그러한 절제의 문화를 크리스천들이 만들어 갈 때 전체 사이버 문화는 변화하게 된다. 게임에 몰입하고 있다면 과감히 끊어야 한다. 밤새워 인터넷 서핑을 하고 있다면 그만두고 반성해야만 한다. 페이스북의 댓글에 감정이 휘둘린다면 스스로의 생활을 재점검해 보아야 한다. 이런 삶의 자세가 크리스천에게 절실하다. 멈출 수 있는 지점에서 멈춰야만 한다. 당신이 멈추지 않는데 어느 누군들 멈추겠는가?

만약 온라인 게임에 중독된 가족이나 친구가 있다면 돌아서도록 도와야 한다. 인터넷에 깔린 무수한 정보와 데이터 가운데 불법 다운로드라는 덫에 걸리지 않기 위해 자신을 돌아보고 스스로 준법 정신을 점검해야 한다. 솔직히 말하자면 인터넷의 탄생과 발전은 불법 다운로드와 함께였다고 말해도 과장된 표현이 아니다. 전 세계에 산재한 무한에 가까운 지적 원천, 정보와 데이터를 빠르고 쉽게 구하겠다는 것이 인터넷이 생기고 발전한 원동력이었다. 따라서 이제라도 최소한 자신이 속한 사회가 규정하는 기준에서의 불법 영화·음악·콘텐츠 다운로드에서 벗어나겠다는 결단과 선포가 크리스천들에게 먼저 실행되어야 한다. 크리스천마저 중독된 사람과 같이 사이버 공간과 현실의 삶을 분리해서 이중적인 삶을 갖게 되면, 사이버 공간은 점점 악한 영이 점령하는 공간이 되어 그곳에 하나님의 나라는 실현되지 않는다. 크리스천들은 마땅히 현실과 동일한 삶의 원칙을 사이버 공간에서도 선포해야만 한다. 지금 현실에서조차 공의와 온유와 절제와 사랑을 실천하지 못하고 있다고 새삼 의기소침해질 필요는 없다. 혹은 위선적이라고 자책할 필요도 없다. 그렇다면 먼저 사이버 공간에 실천해 보라. 먼저 사이버 공간에서 능동적이 되어 보라. 그래서 사이버 공간의 삶의 모습 때문에 오히려 현실이 치유받도록 해 보라.

이제 현실과 사이버 공간이 하나로 융합되는 시점에 우리가 살고 있기 때문에 이중성이라는 단어가 뜻하는 삶의 경계선은 곧 없어질 수 있다. 따라서 어느 곳에서든지 먼저 시도하면 둘은 하나의 모습으로 통합된다. 마찬가지로 어느 한쪽이 악한 영의 지배를 받으면 다른 한쪽도 절름발이의 모습이 된 채 병든 닭처럼 졸 것이다. 크리스천은 현세상의 파수꾼인 동시에 사이버 공간에도 역시 파수꾼으로서의 역할을 담당해야만 한다. '사이버 공간에서 어떻게 살아갈 것인가?', '어떻게 하면 사이버 공간의 삶을 실수없이 즐길 것인가?' 하는 질문은 먼저 하나님의 백성된 특징을 사이버 공간에서도 이루겠다고 선포하는 파수꾼의 역할을 감당할 때 시작한다.

> "인자야 내가 너를 이스라엘 족속의 파수꾼으로 삼음이 이와 같으니라. 그런즉 너는 내 입의 말을 듣고 나를 대신하여 그들에게 경고할지어다. 가령 내가 악인에게 이르기를 악인아 너는 반드시 죽으리라 하였다 하자 네가 그 악인에게 말로 경고하여 그의 길에서 떠나게 하지 아니하면 그 악인은 자기 죄악으로 말미암아 죽으려니와 내가 그의 피를 네 손에서 찾으리라. 그러나 너는 악인에게 경고하여 돌이켜 그의 길에서 떠나라고 하되 그가 돌이켜 그의 길에서 떠나지 아니하면 그는 자기 죄악으로 말미암아 죽으려니와 너는 네 생명을 보전하리라." (에스겔 33:7~9)

회복을 위한 선언 – 디아코니아(Diakonia)

사이버 공간에서 아방가르드적 삶을 위한 두 번째는 디아코니아(봉사. 치유, 회복)의 삶을 감당하는 것을 의미한다. 하비 콕스가 주장한 것처럼 교회의 역할은 "분열되거나 떨어져 나가 산산조각이 나서 상처투성이로 제 기능을 발휘하지 못하던 것들을 다시 원래의 기능대로 돌아오도록 만드는" 치유자의 역할이다.[5] 지금의 사이버 공간이 상처투성이라고 말한다면 일견 타당하지 않게 들릴 수 있다. 어떤 의미에서는 너무 지나친 것이 아닐까 싶을 수도 있다. 아니다. 유감스럽게도 상처투성이가 맞다.

사이버 공간은 많은 부분에서 현실에서 불가능한 영역을 가능하게 함으로써 인류에게 혜택을 주었다. 그러한 점에서는 긍정적인 면이 많다. 통신의 혁명, 소통 방식의 확대, 글로벌한 정보의 교류, 전자상거래에 의한 혁신, 방대한 지적 데이터 등등 헤아릴 수 없이 많다. 그렇다면 이 사이버 공간 세상에서 상처는 무엇일까? 무엇이 크리스천으로 하여금 봉사와 치유의 역할을 감당하기를 원할까? 그것은 바로 "현실과의 분리"로 인한 상처라고 말할 수 있다. 그리고 이로 인한 "현실로의 역반동"이 역시 사이버 공간의 상처가 된다. 가상 현실과 실제 세계의 충돌은 개인의 삶에 지대한 영향을 미친다. 사이버 공간의 익명성과 탈육체성은 알게 모르게 개인에게 정체성에 대한 혼란을 가져왔다. 우리는 아바타와 여러 개의 ID로 무장하여 사이버 공간에서 현실과 분리된 자신을 만들어 낼 수 있다. 페이스북과 같은 소셜 네트워크의 세계에서 그리고 하나의 문화가 되어 버린 게임의 세계에서 우리는 자신을 쉽게 포장할 수도 있고 또한 무한한 능력을 가진 존재가 되어 판타지의 세계를 점령해 나간다. 사이버 공간에서 개인은 생물학적 나이 제한도 초월한다. 어린이와 청소년들은 사이버 공간에서 또 다른 정체성으로 어른들의 지식과 경험을 조기에 경험할 수 있다. 또한 어른과 구분되지 않는 똑같은 힘을 구사하게 된다. 그들은 현실에서 불가능한 '성인화'를 경험하는 것이다.

이와 반대로 성인들은 오락, 게임, 놀이 등에 아이들처럼 유입되어 어른들의 '유아화'를 경험한다. 이것은 신종 피터팬 신드롬이다. 이 두 가지 모순적인 결과는 "정체성 혼돈과 역할론 부재"로 나타난다.[6]

개인 정체성의 증폭과 축소된 형태는 "다른 사람에게는 드러나지 않는 자신만의 정체성으로 외적, 내적으로 다중정체성을 가중"시킬 수 있다. 이것은 또한 현실에 있어서 사회 부적응자를 만드는 통로가 되기도 한다. 결국 분열화 된 자아는 자신뿐만 아니라 타인에 대해서도 동일한 상처를 안겨 주기 때문에 결코 바람직하지 않다.

뿐만 아니라 사이버 공간의 개방성과 시공간성은 개인의 사적인 일상과 공적인 활동 경계를 허물어뜨렸다. 앞에서 살펴본 것과 같은 트위팅의 세계와 소셜 네트워크는 사적, 공적인 소통의 경계를 허물어뜨려 진정한 대면적 인간 관계의 인격적 만남의 자리를 없애고 있다. 개인의 사생활은 공적인 것과 구분되지 않고 어쩌면 가공된 사생활만 존재한다. 디지털 유목민인 삶은 가정과 직장의 경계를 허물어뜨리고 진정한 사생활을 없애 버려 결국 사적인 것과 공적인 것의 탈경계를 이룬다. 언어의 파괴와 폭력성은 사이버 공간의 익명성과 비대면성이 불러온 두드러진 폐해였다. 악플, 비방, 욕설 같은 언어 폭력이 만연한 이유는 사이버 공간에서 자신이 드러나지 않는 익명성과 상대방과 마주보지 않는 대면성의 결여 때문이다. 이로 인해 사람들은 사이버 공간에서 만나는 대상을 살아 있는 인격체로 인식하지 못하는 상태에 쉽게 빠졌다. 그 결과 언어 폭력이 발생해도 상대방에 대한 폭력의 결과와 죄책감은 결여된다.[7] 사이버 공간의 메세징 서비스와 채팅을 통한 통신은 한편으로는 전화 목소리나 얼굴을 보면서 대화할 때 드러나는 자신의 진짜 감정을 속이는 훌륭한 도구가 된다. 혹은 반대로, 깊이 생각하거나 상대방을 배려하는 마음은 줄어들고 오직 즉각적인 감정만을 표출하게 하는 즉흥성이 만연하게 된다. 뿐만 아니라 이모티콘과 같은 형상화로 감정과 개인의 의사는 피상적으로 전달된다. 축약된 언어와 은어의 발달은 과거의 그 어느 언어 발달과는 속도면에서 비교가 되지 않을 정도이다. 각 나라와 문화의 고유 단어와 표현들이 사이버 공간에서는 급속도로 사라지거나 획일화되고 축약되어 어느 나라 문화에서나 공통적으로 쓰이게 된다. 그렇다면 마침내 한 세대가 지나고 나면 그 언어의 진정한 의미를 찾는 일도 과거와 달리 기록조차 남지 않게 될 수 있다.

나꼼수나 트위팅과 같은 뉴미디어 통신에서 드러나는 자유로운 정치 견해와 여론 형성은 사이버 문화의 특징 중 하나인 분열과 저항의 정신 문화와 결합하여 모든 권위에 대한 부정을 가능하게 한다. 합리적이고 타당한 저항은 발전의 원동력이 된다. 그렇지만 익명성을 타고 흐르는 저항은 책임지지 않는 사이버 아나키즘을 불러오기도 한다. 일체의 권위에 대한 불순종, 이것은 사회의 구조와 체제를 무너뜨리는 해악이다. 정치적인 잘못에 대해 입다물라는 것이 아니다. 좌파건 우파건 보수건 진보건 서로 공격하다가 최종 결정이 나면 승복하고 서로를 밀어주는 성숙이 필수적이다. 어떠한 나라, 가정, 조직에서 결론이 난 이후에도 끊임없이 서로 반목하고 질시만 한다면 조만간 망한다. 뿐만 아니라 현실에서의 가진 자와 가지지 못한 자의 대립이 사이버 공간에서는 오히려 더 치열하게 바뀐다. 연예인, 정치인, 기업인, 스포츠인 가리지 않고 권력과 부와 명예와 재능을 가진 자에 대한 가지지 못한 자의 부러움과 시기와 질투는 오랜 선망과 우러러 봄이 아니라 일순간에 비방과 욕설로 표출되고 이것은 개인의 상처를 심화시킨다.

바로 이러한 현상들에 대해 크리스천들은 상처를 치유하고 회복시

키는 역할과 화해하며 봉사하는 역할을 감당해야 한다. 사이버 공간에
서의 정체성의 혼란, 실제와 가상 현실의 충돌, 사적인 것과 공적인 것
의 탈경계, 언어의 파괴, 사이버 아나키즘, 가진 자와 가지지 못한 자
의 대립 심화, 모든 기존 권위에 대한 반동, 디지털 원주민과 디지털
이주민 사이에 존재하는 세대간 단절, 포스트모더니즘 사고의 만연에
따른 윤리의식 약화, 다원성의 극대화로 인한 절대 진리의 부정, 지식
의 경박단소화 등 모든 상처들에 대해 우리들 각자는 이 디아코니아의
역할을 솔선해서 감당해야만 한다.

올바른 자세를 위한 조언 - 코이노니아(Koinonia)

'코이노니아'라는 말의 뜻은 협동, 친교, 사귐, 관계 등 여러 가지
의미로 해석될 수 있다. 하지만 여기서는 어떻게 교회(크리스천)가 사
이버 공간과 올바른 친교를 할 것인가에 중점을 두고 구체적인 방법론
을 찾는 것을 의미한다. "교회가 세상에 대해 맡은 일은 천국의 징표가
어떤 것인가를 가리켜 보여 주는 것이다."라고 하비 콕스는 말했다. 그
의 말을 다시 빌리자면 "교회는 결코 과거로부터가 아니라, 미래로부터
지금의 역사 속에 돌입해 들어오는 실제적인 전위대로서의 역할을 감
당"해야 한다.[8] 이 무슨 헷갈리는 표현인가 싶지만 쉽게 말한자면, 크
리스천들은 현세의 사람들에게 지금 진행중인 역사적 사실들 가운데서
'미래가 어떻게 될 것인가?'라는 방향성을 올바로 제시해 보여 줄 수 있
어야 한다는 의미이다. 이것은 결국 소통의 문제이다. 보여 주기 위해
서는 올바로 소통할 수 있어야 한다. 어떻게 크리스천은 사이버 공간과

소통할 것인가? 이제 이것을 각 항목별로 짚어 볼 필요가 있다.

1. 올바른 사이버 생활 자세[9]

사이버 공간에서의 소통의 방법을 짚어보기 전에 소통의 자세를 먼저 정립할 필요가 있다. 마셜 맥루한은 "모든 새로운 미디어는 인간을 변환시킨다."라고 말했었다. 인류 역사의 흐름 속에서 지난 1세기 동안 사람들은 그 이전과는 비교할 수도 없는 급격하고 빠른 기술 혁명을 겪었다. 그리고 최근에는 그 가운데서도 더욱 급격한 첨단 과학 기술의 발달과 함께 새로운 미디어 혁명을 경험했다. 이제 우리 앞에 나타난 새로운 첨단 매체, 즉 컴퓨터/인터넷과 결합한 사이버 매체는 과거의 다른 어떤 것들보다 더욱 심각한 패러다임의 도전을 주고 있다.

맥루한은 매체 그 자체에 주목하기보다 사람이 매체를 어떻게 사용하느냐에 주목하는 시각은 매체에 대한 무지와 무감각적 태도라고 지적했다. 사람들은 흔히 기계나 도구, 그 자체보다는 그것을 사용하는 인간에게 모든 책임과 선택이 있다고 생각하는 경향이 있다. 틀린 말이 아니다. 일리가 있다. 그런데 인간은 자신이 만든 기술의 영향력 아래 살아간다. 종이가 발명되고 인쇄술이 발달하고, 총이 칼을 대신하고, 원자폭탄이 만들어지는 기술 혁명 속에서 인간의 삶은 급격히 변했다. 통신의 발달, 컴퓨터와 인터넷의 발달로 하나의 문화생활권이 된 지구촌에서 인간은 첨단 기술을 운영하고 지배하며 살지만 동시에 첨단 기술의 영향을 받으며 살아간다.

『생각하지 않는 사람들』이란 책에서 니콜라스 카는 컴퓨터 스크린

이 엄청난 물량과 편리함으로 사람들의 의심을 쓸어버린다고 표현했다. 일상생활 깊이 침투한 사이버 매체는 우리를 위해 봉사하는 동시에 또한 우리의 인식과 삶 가운데 깊이 관여하며 우리의 생각과 의식을 장악하고 있다.

하드웨어 기술이 소프트웨어 기술과 결합해 만들어 낸 첨단 사이버 매체가 보이는 역기능의 대표적인 사례는 과도한 몰입과 맹신, 그리고 중독의 형태로 나타난다. 이러한 역기능은 사이버 공간으로 하여금 오히려 인간의 주인 노릇을 하게 만든다. 이런 사이버 매체를 현실적으로 완전히 끊고 살 수 있을까? 유감스럽게도 그것은 거의 불가능하다. 이미 모든 문화와 인프라가 이러한 새로운 매체와 깊이 결합되어 운영되고 있다. 누구든지 사이버 매체를 떠나 살고자 한다면 심지어 어느 정도 심각한 소외를 각오해야 할 지경에 이르렀다.

사회, 문화, 정치, 교육, 경제 서비스들 대부분이 온라인화가 진행되었고 진행중이다. 인류가 쌓아 온 정보와 지식 역시 책과 신문 같은 오프라인 매체에서 디지털 아카이브와 같은 온라인 매체로 진화하고 있다. 젊은이들은 음성 통화보다는 문자 메시지를 선호하고, 아이들은 운동장에서 뛰놀기보다 인터넷 게임을 즐긴다. 대부분의 현대인은 온종일 모니터를 쳐다본다. 일을 할 때도, 오락을 즐길 때도, 관계를 구축할 때도. 부모나 친구의 얼굴보다 모니터를 더 많이 쳐다본다. 그리고 그 속에서 사람들을 만나고 의사소통을 한다. 그러나 크리스천의 입장에서 하나님을 생각하는 것보다 더 많이 인간의 정신을 빼앗는 것은 그것이 무엇이든 곧 우상이 된다. 하나님이 허락한 실제의 삶과 멀어지게 하는 모든 것도 우상이 된다. 돈과 물질, 섹스와 권력 같은 고전적 우상들처럼 이제 사이버 공간에 존재하는 것들이 사람들의 시간과 정신을 빼앗아 가는 상황이다. 인간이 주인이 되지 않고 모니터가 주인이 될 때, 사람들은 그 허상 속에서 자신을 탐닉하고, 애써 자기 존재의 의미를 찾으려고 시도하며, 그 공간에 몰입되고 그 세상에 세뇌가 된다. 이런 환경 속에서도 어떻게 하면 크리스천들이 사이버 공간에 매몰되지 않고 올바르게 즐길 수 있을까? 결코 쉽지 않은 일이다. 그래서 적어도 다음의 세 가지의 기본 생활 자세가 필요하다고 본다.

첫째는 철저한 자기객관화 능력이다. 사이버 매체에 과도하게 몰입되어 있을 경우, 그 속에서 벗어나기 위해서는 자신을 돌아보고 현실적 삶에 대한 충실도와 하나님 앞에서 시간과 생활의 건강성을 진단할 힘이 필요하다. 현재 자신의 생활을 돌아보고 사이버 매체에 중독되었는지 아닌지 진단할 수 있는 판단력과 용기가 필요하다. 자신을 그 세계에서 잃어 버렸다면 그 원인과 이유를 자신으로부터 찾아나오는 자기객관화가 절대적으로 필요하다.

"너희는 이 세대를 본받지 말고 오직 마음을 새롭게 함으로 변화를 받아 하나님의 선하시고 기뻐하시고 온전하신 뜻이 무엇인지 분별하도록 하라."(롬 12:2) 성경에서 말씀하신 것처럼 크리스천이 세상 문화를 바라볼 때 이 세대의 흐름에 흘러가지 않고 그 흐름을 주도해서 올바른 방향으로 가려는 마음가짐이 사이버 세계를 대할 때도 필요하다.

두 번째는 생명력 있는 역동적인 생활 태도를 취해야 한다. 현실의 삶이 극단적으로 자신을 몰아갈 때, 너무 바쁘거나 혹 너무 지루하거나, 절망적이거나 혹 아무 걱정이 없을 때, 그 방심의 틈으로 무절제와 중독이 파고든다. 반면 건강한 삶의 역동성을 가지는 것은 사이버 환경을 올바로 즐기는 건강 체질을 만든다. 사이버 환경은 가상과 현실이 결합해 새로운 이미지를 만들어 낸다. 허상이 진실을 대체하고 왜곡과 가공된 이미지가 권력을 가진 세계이다. 그 세계에 매몰된 개인을 현실로 끌고 오는 힘은 바로 삶의 역동성과 즐거움에 있다. 사이버 환경의 깊은 이면에는 결국 사람과 사람 사이의 관계성 만들기에 초점이 맞춰져 있다. 자신의 존재감과 타인에 대한 호기심, 자존감을 지키려는 노력과 소외되지 않으려고 사회성을 추구하는 시도가 블로깅, 소셜 네트워킹, 메시징, 커뮤니티 모임, 심지어 게임에서도 그대로 표출된다.

반면 현실의 만남을 온라인 상의 만남보다 우선으로 여기는 태도, 건강한 대인관계를 만들어가는 생활태도가 순기능적인 온/오프라인의 균형을 이루게 한다. 만약 같은 조직에 속한 사람과 실제적으로 얼굴을 보고 접촉하는 것보다 사이버 공간에서 소통하는 것이 더 편하다고 느낀다면, 이미 왜곡된 관계성이 생성되고 있다고 볼 수 있다.

세번째는 열심히 공부하는 자세를 가져야 한다. 적극적으로 사이버 매체를 알아가고 활용하는 방법을 익히는 자세와 마음가짐이 중요하다. 이런 태도를 가질 때 개인은 사이버 공간에 매몰되지 않고 올바르게 그 세계의 삶을 즐길 수 있다. 사이버 공간이 어떤 곳인지, 어떻게 그곳에서 살아야 하는지, 순기능과 역기능이 무엇인지 제대로 인식하게 되면 중독에 빠지지 않고 즐기는 능력을 소유하게 된다. 사이버 공간은 일방적 소통이 아니라 상호적 소통이 역동적으로 일어나는 장소이다. 연약한 개인이 골리앗을 대면한 다윗처럼 거인과 맞설 수 있는 기회와 힘도 제공받는 곳이다. 반면 정제되지 않은 욕망과 폭력이 상존하고, 진실인지 거짓인지 검증되지 않는 메시지들이 혼재하는 곳이다.

이런 속성들에 대해 진지하게 생각하고 대응하는 지혜를 필요하다.

지금까지 말한 세 가지 자세는 이론적인 것이 아니다. 사이버 공간을 이해하기 위한 노력을 하지 않으면 편견만 쌓일 것이고, 편견은 무지와 소외로 이어질 것이다. 실제 현실의 만남과 활동에 소극적일 때 우리는 사이버 공간이 주는 유혹에 빠질 것이다. 채팅과 문자 메시지로 많은 이야기를 나누었지만 정작 깊이 있게 인생을 나눌 친구가 없다면, 우리는 사이버 환경이 만들어 낸 왜곡된 소통을 하고 있다고 볼 수 있다. 크리스천은 현실의 세계에서뿐 아니라 사이버 공간에서도 온전한 하나님의 아방가르드여야 한다. 현실의 세속도시뿐 아니라 사이버 공간에서도 그 세계에 천국의 복음을 담당해야만 한다. 따라서 사이버 공간에 대해 소극적인 태도를 가질 때 우리의 삶과 신앙은 반쪽이 되고 만다.

2. 위디어에 대해서

앞에서 위디어란 트위터, 블로그, SNS, 사이버 매체, 공동체, 토론방 등의 모습을 띠고 있음을 알게 되었다. 이러한 위디어에 대해서 우리들 개개인은 소극적인 태도로 수용하는 입장만 고수해서는 안 된다. 보다 적극적으로 사이버 매체를 만들고 홍보하고 참여하는 자세가 필요하다.

자신이 트위팅을 즐긴다면 세상의 왜곡된 시선과 비방과 혼동된 가치관에 대해서 소신 있게 자신의 의견을 내놓을 줄 알아야 한다. 혹시 구설수에 휘말릴까 봐, 혹은 잘난 척하는 것처럼 보일까 싶어서 입을 다물고 있으면 그 공간에서 하나님의 백성된 자들의 목소리는 들리지 않게 된다. 유감스럽게도 위디어 역시 기존 매체에서 보이던 위선과 거짓이 엄연히 존재한다. 사람들은 진실을 말한다고 하면서 이내 타락하기 쉬운 속성을 지녔기 때문이다. 여기서 우리의 위디어 참여는 하나님 앞에서 이루어져야만 적어도 개인의 양심으로 자기만의 정당성과 오류에 빠지지 않도록 도와준다.

무엇보다 중요한 행동 원칙은 온유한 마음과 사랑으로 글을 쓰고, 상대방을 이해하려고 노력하며, 스스로를 절제하는 것이다. - 계속 트위팅과 카톡만 하고 있으면 안 된다는 의미다. 하나님 앞에서의 공의와 사랑과 용서를 이야기하고 절대 세상 의견에 우유부단하게 되지 않아야 한다. 위디어 참여는 사이버 세상에서 교회 다니라고 말하는 것이 아니다. '예수 천당! 불신 지옥!'을 말하는 것이 아니다. 크리스천들은 마땅히 자신의 신념대로 세상의 옳고 그름에 대해 선포하는 행동을 해야 한다. 민주화 운동을 하라는 것도 아니다. 영혼이 있는 울림으로 언어를 쏴 올려야 한다. 좌로나 우로나 치우친 것들을 바로잡는 금식을 해야 하는 것이다.

"내가 기뻐하는 금식은 흉악의 결박을 풀어 주며 멍에의 줄을 끌러 주며 압제 당하는 자를 자유하게 하며 모든 멍에를 꺾는 것이 아니겠느냐. 또 주린 자에게 네 양식을 나누어 주며 유리하는 빈민을 집에 들이며 헐벗은 자를 보면 입히며 또 네 골육을 피하여 스스로 숨지 아니하는 것이 아니겠느냐.…… 만일 네가 너희 중에서 멍에와 손가락질과 허망한 말을 제하여 버리

고 주린 자에게 네 심정이 동하며 괴로워하는 자의 심정을 만
족하게 하면 네 빛이 흑암 중에서 떠올라 네 어둠이 낮과 같이
될 것이며 여호와가 너를 항상 인도하여 메마른 곳에서도 네
영혼을 만족하게 하며 네 뼈를 견고하게 하리니 너는 물 댄 동
산 같겠고 물이 끊어지지 아니하는 샘 같을 것이라" (이사야
58 : 6-11)

이 말씀이 자신에게 비춰 한 점 부끄러움이 없도록 실천하는 자
세, 그것이 올바른 위디어를 만드는 첫걸음이라고 생각한다.

3. 소셜 네트워크에 대하여

모든 서비스는 소셜로 통한다. 이것이 지금 사이버 공간의 화두이
기도 하다. 이 새로운 사이버 공간의 소통의 장은 페이스북이나 카카오
톡으로 특징지워 설명할 수 있다. 디지털 원주민인 젊은 세대는 페이스
북과 카카오톡과 같은 SNS에서 하루 종일 산다. 만약 이들을 대체하는
다른 새로운 SNS가 나오면 역시 그 서비스에서 하루종일 살 것이다. PC
에서 태블릿으로, 스마트폰으로 가능한 모든 기기에 포팅(porting)해서
다니기 때문에 한시도 자신의 봄과 떨어지지 않고 끊임없이 소동한나.
따라서 페이스북과 카카오톡을 올바른 사용 기준을 몇 가지 정리
한다면 그것은 곧 사이버 공간에서 정의롭게 소셜 네트워크를 누리는
방법이 될 것이다.

1) 페이스북이나 카카오톡의 프로필 사진은 말 그대로 자신의 얼굴(face)을 내 놓아라.

즉 우리는 사이버 공간에서 절대로 자기 자신을 숨기는 행동은 삼가해야 한다. 따라서 페이스북이나 카카오톡의 프로필들은 철저히 자신의 실명과 자신의 이미지가 될 필요가 있다. 이것은 온라인 게임이 아니다. 이것은 가상의 세계가 아니라 바로 현실 세계의 직접적인 연장이다. 사람들은 사이버 공간에서 은근히 자신을 숨기거나 치장하고 때로는 과장하거나 축소해서 드러내고 싶어한다. 사이버 공간에서 이런 성향은 늘 극대화 된다. 어떤 이들은 익명성이 사이버 공간의 발전 동인이라고 말하고 실명제를 반대한다. 천만의 말씀이다. 사이버 공간은 현실과 분리된 공간이 결코 아니다. 따라서 게임의 세계 그 판타지를 제외하고는 실명제는 모든 곳에 필요하다.(주민등록번호를 요구하는 법적인 논란을 떠나) 왜 자신을 숨기려고 하는가? 특별한 개인적인 사정이 없는 한 프로필 사진은 실제 자신의 모습이 가장 바람직하다. 모든 SNS 활동에서 크리스천들은 자신의 실명을 최대한 나타내 보여야 한다. 그렇게 하면 당신의 언어는 숨을 곳이 없다. 결국 자신의 행동에도 책임이 따른다.

2) 가족 간의 페이스북은 비밀이 없도록 하라.

젊은 세대뿐만 아니라 기성세대에도 사생활은 중요하다. 하지만 페이스북이 타인과의 소셜 네트워크라 말하면서 정작 자신의 가족 사이에 숨기는 것이 있다면 이것은 바람직한 행동이 될 수 없다. 부모된 자들은 부모로서, 자녀들은 자녀된 입장에서 있는 그대로를 드러내어야 한다. 그럴 때, 페이스북은 매우 바람직한 소통의 장이 된다. 앞에서 밝혔듯이 제프도 나도 페이스북을 통해 아이들의 세계를 한층 더 깊이 이해하게 되었다. 아이들 역시 아빠와 엄마의 삶을 똑같이 사이버 공간에서 함께 소통할 수 있다면 올바른 삶의 자세를 배울 수 있다. 교회의 청소년들과 소통하는 장이 페이스북이고, 목사님과 자신의 멘토와 소통하는 장이 페이스북이 될 때 거기에는 치유와 사랑과 웃음과 고민이 함께 공유되는 즐거운 장소가 된다.

3) 모르는 사람과의 친구 관계는 나름대로의 검증 체계를 가져야 한다.

페이스북 친구 관계는 다단계 방식이 가능하다. 친구의 친구가 자신의 친구가 된다. 같은 관심을 가진 사람끼리 쉽게 소통한다. 호감이 가는 사람에게 친구 신청이 가능하다. 개방성과 확장성이 페이스북의 친구 관계이다. 따라서 현실 세계의 친구가 아닌 사이버 공간에서 만난 친구 사이라면 조심스럽고 예의 있는 친구 관계 형성이 중요하다. 잘 알지도 못하면서 친구 관계를 맺어놓고 관리가 되지 않으면 개인 사생활에 침해가 오고 뜻하지 않는 상처를 주고 받게 된다. 가장 허물없이 지내는 친구 관계라도 예의가 필요하다.

4) 성적 호기심은 SNS에서도 동일하다. - 당신을 구별화하라.

자. 이 점은 확실히 짚고 넘어가야 한다. 『사이버 중독 탈출기』에서도 밝힌 것과 같이 사이버 공간에서 성적 호기심은 현실과 동일하게 적용된다. 좀 더 솔직히 말하면 은밀성이 더 짙어질 수도 있다. 미국의

폭스(Fox) 뉴스에서는 페이스북을 통한 미성년자 성추행이 심하다고 발표한 적이 있었다. 놀랍게도 매춘과 성적 학대도 버젓이 소셜 네트워크 상에 만연하고 있다. 사람들은 이에 대한 대비를 철저히 할 필요가 있다. 이성간의 페친 관계는 일정한 법칙과 원칙을 고수해야 한다. 이것은 결코 고리타분한 말이 아니다. SNS는 실질적인 유혹의 장이 될 수 있는 소지가 많다. 그리고 현재 엄연히 존재하기도 한다. 소셜 데이팅 서비스는 어느 순간 일탈과 방임의 장소를 제공한다. 어느 소셜 데이팅은 선전 문구로 "고민 상담, 술친구, 애인 만들기, 역할 대행"이라는 단어로 사람들을 유혹한다.[10] SNS 서비스는 모바일 어플리케이션으로 언제든지 동행한다. 사람들은 호기심과 필요성에 그리고 외로움으로 어플에 접속한다. 우리는 각자 스스로를 구별화 할 필요가 있다.

5) 당신을 꾸미지 말라. 속이지도 말라.

상대방을 배려하고 희생하며 사랑하라. SNS는 현실과 분리된 곳이 결코 아니다. 사이버 불링이 숨쉬는 곳도 아니다. 오직 현실의 연장선에 있을 뿐이다.

4. 게임에 대하여

드디어 게임이다. 이제는 정당하게 하나의 문화로 인정 받는 컴퓨터 게임은 사이버 공간의 실세이다. 게임이 폭력성을 지닌 것은 어쩔 수 없는 태생적 한계이다. 판타지라는 것도 게임이기 때문에 당연한 설정이 된다. 이 속성에 대해 폭력성이 짙다거나, 현실을 떠나게 한다는 등과 같은 말을 하는 것은 어쩌면 공허한 외침이다. 물론 스포츠 게임과 추리 게임 등 현실성 있는 게임도 있지만, 이제 그러한 게임은 장르상 고전 게임에 속한다고 볼 수 있다.

이제 곧 실용화 가능한 가상 현실 체험 시스템은 더욱 리얼하고 더욱 환상적인 세계로 이용자들을 인도할 것이다. 따라서 우리가 사이버 공간에서 어떻게 게임을 즐길 것인가 하는 문제는 앞에서 이야기한 사이버 공간 생활 자세에서 해답을 찾을 수 있다. 셧다운제의 기본 취지인 최소한 잠을 자야 할 시간에 잠을 자는 상식적인 수준, 크리스천의 경우 하나님과의 관계를 방해하는 모든 게임과 몰입 증상과 결별, 타인과의 소통시간을 방해하는 게임 중독, 현실로부터 개인을 유리시키는 모든 게임 요소로부터의 절교하는 것이 올바른 게임 문화를 위해 필요하다. 사행성 게임(비록 그것이 고스톱 맞고 같은 게임이라 하더라도)과 선정성 게임, 갱스터 게임 등과 같은 비사회적인 게임은 아예 시도조차 하지 않는 자세는 우리 모두에게 절대적으로 필요하다.

이것은 절제라는 성경적 덕목과 일치한다. 솔직히 말해 게임은 재미있다. 하지만 재미난 것만 추구하다가 정작 중요한 생활의 진실성을 망각하게 한다면 이것은 자신의 귀중한 젊음과 정열을 허비하고 우상을 섬기는 것과 똑같다. 이 세대는 게임에 많은 시간을 허비한다. 제인 맥고니걸의 말처럼 지금의 젊은 세대는 자신의 귀중한 청춘 시간을 온갖 컴퓨터 게임에 투자하고 있다. 인생을 위한 가치와 삶의 진지함을 생각하는 시간보다 크고 작은 모니터에 시선을 집중하는 시간이 더 많다. 1만 시간의 투자를 게임에 몰두하라는 그녀의 말은 누구를 위한 외침인지 사람들은 냉철히 파악할 필요가 있다. 이 세대가 자라 예술도,

정치도, 문화도, 인생도 모든 것이 게임과 같이 다시 시작(replay)할 수 없다는 것을 알게 될 즈음에 과연 그들의 인생은 아름답기만 할까? 우리 모두는 먼저 이 질문에 진지하게 대답해 보아야 한다. 당신이 크리스천이라면 인생의 모든 순간순간이 하나님께 드려지는 예배라는 이 단순한 진리를 잊으면 안 된다. 휴식도 놀이도 모두 예배라면 우리는 그 시간을 진정한 의미의 휴식과 놀이로 사용해야 한다. 어떤 사람은 컴퓨터 게임도 휴식을 위한 것이라고 항변할 것이다. 일견 맞는 듯 생각할 수 있다. 하지만 게임은 오락이며 절제하지 못하고 몰입하는 것은 방종이 된다.

> "그러므로 형제들아 내가 하나님의 모든 자비하심으로 너희를 권하노니 너희 몸을 하나님이 기뻐하시는 거룩한 산 제물로 드리라. 이는 너희가 드릴 영적 예배니라. 너희는 이 세대를 본받지 말고 오직 마음을 새롭게 함으로 변화를 받아 하나님의 선하시고 기뻐하시고 온전하신 뜻이 무엇인지 분별하도록 하라." (로마서 12: 1-2)

5. 일과 취미에 대해서 - 디지털 유목민

사이버 공간은 무한대의 시공간이다. 인터넷 서핑을 하면서 우리는 시간과 체력만 받쳐 준다면 끝없는 그 콘텐츠의 바다를 항해할 수 있다. 아이패드와 스마트폰은 우리가 어디에 있든지 간에 한없는 접속을 가능하게 만들었다. "나는 접속한다. 고로 나는 존재한다.(I'm connected therefore I am.)"라는 말은 이제 당연시되는 그런 문화 가운데 우리는 살고 있다. '접속'되어 있다는 것이 이제는 가정과 일터의 경계를 없애고, 침실과 거실의 경계도 없애고, 지구 저편과 이편의 경계도 없앤다. 뿐만 아니라 개인과 대중의 경계도 없앴다.

존 파이퍼(John Piper)는 이것을 새로운 도전이라 불렀다. "모든 오락과 공부와 일과 유행과 패션과 예술이 살아 숨쉬는 이 공간은 또한 참기 어려운 유혹의 공간"이다. 지적 호기심과 탐구심을 무한대로 자극하고, 세상에 존재하는 모든 것이 온갖 동영상으로 넘치는 곳이 바로 사이버 공간이다. "성도들이 만약 기도에 집중하는 시간이나 성경을 사랑하며 읽는 시간 대신에 세상 재미에 '너무' 빠져 산다면 이것은 당신에게 주어진 세상을 남용하는 것"이라고 그는 설교했다.

그렇다. 우리는 우리에게 주어진 시간을 남용하고 우리에게 주어진 사이버 공간을 남용하고 있다. 이 점에 대해 크리스천이 철저히 자각하지 않는다면 그는 하나님이 주신 시간을 남용하고 있는 것이다. 모든 시간을 성경만 보라는 뜻이 아니다. 하루 종일 기도만 하라는 말도 아니다. 이 글을 읽는 크리스천이라면 하나님이 당신에게 목적하신 그 삶, 그 삶의 목적을 위해 무엇을 절제하고 무엇을 추구해야 하는지 알 것이다.

한시도 자신에게서 스마트폰을 떼어 놓지 않고 있다면, 친구와 같이 차를 마시면서도 정작 대화는 없고 서로의 폰만 만지작하고 있다면, 매순간 이메일을 체크하지 않는 것이 불안하다면, 휴가를 가서도 식구들과 대화하는 시간보다 노트북으로 서핑하는 시간이 더 많다면, 그는 진정한 소통을 외면할 뿐 아니라 하나님의 시간을 남용하고 있다. 존

파이퍼가 말한 대로 인생의 마지막 순간에 자신이 즐기던 아이폰도 자신을 매혹시키는 그 모든 세상 즐거움도 한낮 먼지보다 못하다. 일과 취미가 끝없는 콘텐츠의 바다가 디지털 유목민의 모습으로 크리스천을 지배한다면 이것은 그의 신경을 무디게 만드는 하나의 미혹에 불과하다. 새로운 유전자가 자신에게 심어져 있다고 자각될 때, 기도와 말씀 묵상으로 자신과 하나님과의 관계를 되돌아 볼 시간을 가져야 한다.

혹 당신이 크리스천이 아니더라도 이 원리는 마찬가지로 적용된다. 가장 가치 있는 시간을 단지 일한다거나 취미를 즐긴다고 말하며 그 세계에서 빠져 나오지 않는다면 현실 세계의 당신의 가족도 연인도 자식도 부모도 모두 지나가 버릴 것이다. 인생은 아름다운 순간만으로 채워지지 않는다. 놀랍게도 인생의 가장 귀한 시기는 고난과 아픔과 어려움 속에서도 서로 부둥켜 안고 살아가는 의미를 찾을 때 빛난다. 당신의 현실을 떠나게 하는 어떤 사이버 공간의 오락과 웹서핑에서도 당신은 자유로울 수 있어야 한다.

6. 성적 탐닉과 타락에 대하여

존 파이퍼 목사는 이 시대의 크리스천이 범하는(어디 크리스천 뿐이랴, 모든 사람에게 다 적용된다고 볼 수 있다) 성적 죄악에 대해 다음과 같이 설교한 적이 있다.[11]

"수천 명의 사람들이 자신의 삶 속에 있는 성적인 죄악과 과거의 성적인 실패 때문에 한때 세상에 영향을 끼치겠다는 자신

들의 꿈으로부터 돌아서고 있습니다. 이 세상에 정말로 위대
한 영향력을 끼치려고 꿈꾸었던 각 나라와 도시와 대학과 교회
의 수많은 사람들이 예수 그리스도를 위해 인생을 바치려 했던
그들이 그 꿈을 잃어버렸습니다. 그것은 다름 아닌 성적인 죄
책감이 너무 크기 때문입니다. 그리고 그 죄책감으로 인해서,
자기 자신이 한없이 무가치하게 느껴지는 그 수치심으로 인해
서 그 꿈을 다시 꾸지 못하고 있습니다. 그러한 수치심은 결국
영적 무기력함으로 이어집니다. 그리하여 쭈그러든 삶의 모습
을 갖게 해서 그리스도의 군사들을 그저 평범한 일상으로 돌아
가게 만듭니다. 우리는 현실의 영적 지도자 가운데 그런 케이
스를 많이 보았으며, 또한 우리 자신 역시 유감스럽게도 그런
상황에서 결코 자유롭지 못하다는 것을 자각하고 있어야 합니
다.

이 시대의 젊은 크리스천의 삶에 있어서 최대 비극은 그
들의 자위행위나 성적 호기심이나 인터넷의 훔쳐보기나 잘못
된 호기심들의 문제가 아닙니다. 가장 큰 비극은 사탄이 그 모
든 죄책감을 사용하여 이 땅의 젊은이늘이 한때 꿈꾸었던 원
대한 비전과 꿈을 포기하게 만들고, 무기력하게 일상으로 돌
아가, 그저 자신의 안락함과 안전과 피상적인 기쁨과 즐거움
을 추구하게 만드는 것입니다. 그래서 그들 인생의 막이 끝날
때, 자녀들에게 세상을 추구하면서 얻은 모든 오락과 피둥피
둥 살찐 인생유전만을 남겨 주는 차별없는 삶의 모습만 남깁니
다. 그들의 실패가 너무 컸기에 그들이 예수를 향해 품었던 꿈

이 너무 원대했기에 그 실패 후 그들이 할 수 있는 유일한 것
은 세상적인 성공밖에 없었기 때문입니다."

그렇다. 우리는 우리의 실패에 걸려 넘어진 채 있으면 안 된다. 존 파이퍼가 말하는 요점이 바로 그것이다. 당신의 성적 수치심, 연약한 육체의 한계에 머물러 있지 마라는 것이며 또 그러한 빌미를 허용하지 마라는 뜻이다. 또한 너무나 많은 사람들이 성적인 유혹들로 인해 인생을 낭비하고 있다. 인터넷의 음란물에서, TV 드라마의 애정 행각을 통해서, 미인 대회와 성적 이미지를 파는 광고를 통해서, S자형으로 날씬한 몸매와 성형수술을 부추기는 이 세대의 풍조를 통해서 사람들이 성적인 유혹에 자신을 허비한다. 건강미와는 다른 차원의 섹시미를 추구하고 온갖 유혹에 자신의 시간을 던진다. 크리스천의 삶은 그러한 것에 낭비되어서는 안 된다. 자신의 시간과 정력을 허탄한 것에 낭비하며 근근히 하루하루를 버티다가 주일 예배에 가서 한 줌의 과실에 만족하는 그런 삶의 악순환을 끊어야 한다.

결론은 단순하다. 앞에서 짚어본 것과 같이 크리스천의 구별된 클릭 습관만이 돈과 결합한 성적 타락의 모습을 사이버 공간에서 없앨 수 있다. 사이버 공간에서 자신의 모습을 다른 사람이 설령 모른다 할지라도 하나님은 보고 계신다는 엄연한 현실을 절대로 망각하지 않고 자신의 삶의 열정을 그러한 육적인 허망한 것에 낭비하지 않는 삶을 크리스천이 실천할 때, 사이버공간은 변화한다. 당신의 클릭을 구별하라. 그것만이 사이버 공간에서 하나님 앞에서 당신의 경건의 구별이 된다.

7. 스마트폰에 대하여

　이것은 현재 한국 사회뿐만 아니라 전 세계가 공통적으로 앓고 있는 문제이다. 이 기발하고 멋있으며 예쁜 물건은 사람들의 정신과 시간과 관계성과 심지어 직업까지 빼앗아 간다. - 스마트폰 혁명으로 은행 업무가 줄어들고, 관공서의 업무 역시 줄어들어 인원 감축이 일어나는 현실이니까 말이다. 이미 오래전부터 세상에 존재하던 스마트폰이란 제품을 발상의 전환을 통해 이렇게까지 전 세계적인 트랜드로 만든 사람은 아이폰을 만든 스티브 잡스이다. 그의 악마적인 천재성은 말 그대로 악마적인 무한오락을 사람들에게 제공했다. 삼성이란 기업은 단지 그의 천재성을 따라가는 모방 전략으로 스마트폰 시장의 강자 역할을 할뿐이다. 트랜드를 만들어 내는 힘, 그것은 천재적인 감각과 그를 뒷받침하는 조력자들을 필요로 하는데 스티브 잡스는 그 둘을 다 가졌었다.

　이제 스마트폰은 시대를 가르는 상징과 힘이 되었다. 스마트폰 중흥기의 전과 후, 이 차이는 사람들의 생활 방식 자체를 구분짓는다. 그렇다면 크리스천들은 이 스마트폰 문화에 어떻게 적응해 살 것인가? 한시도 몸에서 떨어지지 않는, 아니 떨어질 수 없는 이 스마트폰이라는 기계가 만들어 내는 문화 속에서 어떻게 균형잡힌 삶을 살 것인가? 이 문제를 진지하게 생각해야 한다. 왜냐하면 스마트폰이 문화적 변혁의 힘을 가지고 사람들의 생활 형태를 바꾸고 있을 뿐 아니라 패러다임의 변화를 요구하기 때문이다.

　당신이 만약 크리스천이라면 생각해 보라. 크리스천의 생활 가운데 기도하고 말씀 묵상하는 시간을 앗아가는 그 어떤 세상적 오락과 쾌락이 있다면 그것은 곧 우상이라고 말할 수 있다. 기도와 말씀 묵상은 하나님이 명하신 경건에 이르는 요소 이전에 크리스천의 필수적인 생명 유지 행위라고 볼 수 있다. 우리는 흔히 기도를 숨을 쉬는 것으로, 성경 읽는 것을 영의 양식을 먹는 것으로 비유한다. 숨쉬고 먹는 것은 생명을 유지하는 최소한의 행동이다. 그런데 크리스천인 그대가 아이폰, 아이팟, 스마트폰과 같은 기기를 사용하면서 자신의 정신과 시간과 열정을 끝없는 인터넷의 서핑 세계로, 동영상과 오락의 세계로, 관계성의 세계로 소비하고 있다면 그래서 심지어 혼자만의 조용한 시간에 하나님을 묵상하고 기도하는 시간조차 빼앗기고 있다면 이것은 명백히 자기 자신의 생명조차 위협하는 우상숭배에 물든 것과 다를 바 없는 행동이다. '오호~ 너무하지 않는가?'라고 반문할지도 모른다. 아니다. 결코 그렇지 않다. 기도와 말씀 묵상은 크리스천의 최소한의 생명 유지 행위이다. 살아 움직이며 경건의 능력이 있는 크리스천이란 이 최소한의 행위에서 더 나아가 더 많은 시간과 열정을 자신이 속한 일에 전력하며 이웃을 돕고 선교하며 생명을 살리는 활동에 매진해야 한다.

그런데 이제 스마트폰은 잠시도 사람들 곁에서 떨어지지 않고 끝없는 사이버 공간으로 사람들을 끌고 간다. 이것은 이전에 결코 존재하지 않던 새로운 세계이다. 시간과 공간에 구애받지 않으면서 전 세계로의 무한 접속이 바로 자신의 손바닥 안에서 이루어진다. 지구 저편 사람이 올린 동영상과 뉴스와 오락과 게임이 끝없이 업데이트된다. 첨단 유행과 트랜드가 자신의 손바닥에 있다. 관공서에 갈 필요도 없으며 은행 일과 학교 공부, 주식 트래이딩, 심지어 투표도 가능하며 회사 업무도 그 어떤 일도 불가능한 것이 없다. 세계의 수억의 컴퓨터 서버와도 연결가능한 이 세계에 모든 사람들이 몰입되어 자신의 남는 시간은 물론이요 자신의 중요한 시간까지 소비한다. 이 글을 읽는 사람들은 지금 잠시 책에서 시선을 떼어 자신의 생활 가운데 스마트폰이 차지하는 영역을 한번쯤 돌아 보길 바란다.

그러면 우리는 어떻게 살 것인가? – 의외로 해답은 간단하다. 단지 별난 결단이 하나 필요할 뿐이다. 그것은 몸에서 떨어뜨려 놓는 것이다. 허~ 이게 무슨 말이냐 하면 금식을 하라는 말이다.

크리스천에게 금식 기도란 일상적인 것이다. 크리스천은 하나님께 나아가기 위해 때때로 시간을 정하고 날을 정해 일정 기간 음식도 먹지 않고 기도하는 습관이 있다. 만약 이 놀라운 문명의 이기에 당신이 길들여져 있다면…, 그렇다. 길들여져 있는 것이다. 우리는 가끔 그 길들여져 있음으로부터 자신을 해방시킬 필요가 있다. 구체적인 제안을 해 보자. 먼저 일주일 가운데 일요일 하루는 온전히 손에서 놓아 둔다. –그럼 전화는 어떻하구요? 전화만 받으라는 의미다. 문자도 받을 필요 없다. 급하면 상대방이 전화를 할 것이다. 또 그렇게 만들어야 한다. 음성 통화! – 우리는 스마트폰으로 하여금 전화 본연의 기능에 충실하게 만들 필요가 있다. 생각해 보라. 이것은 전화기(Phone)이다. 그래서 제발 전화(Phone)로 하어금 전화(phone)가 되게 해 주어라. 스마트폰을 하루 동안 온전히 전화 용도로만 써 보자. 일주일에 단 하루라도 말이다. 그리고는 익숙해진다면 토요일도 그렇게 해 본다. 어떨까? 이 책의 5장에서 밝힌 것처럼 일주일 가운데 어느 정해진 하루 저녁 시간만 스마트폰을 만지지 않아도 개인의 행복감과 업무 성취도가 높아지는 연구 결과에서 보듯이 하루 이틀 머리와 마음을 분주한 스마트폰으로부터 해방시킨다면 더 큰 행복감이 오지 않을까?

　두번째, 하루 가운데 절대로 스마트폰을 만지지 않는 시간을 정하는 것이다. 가령 식사 시간, 가족 모임 시간, 휴식 시간을 정해 놓고 스스로를 단련시킨다. 사람들은 이제 습관적으로 스마트폰을 만진다. 자동차나 지하철을 타고 이동을 할 때도, 친구들과 커피를 마실 때도, 대화를 나누며 놀 때도, 심지어 운동하는 중간에 쉴 때도 끊임없이 스마트폰을 만진다. 이것은 병적인 현상이다. 따라서 스스로 정한 시간에 스마트폰을 자신에게서 멀리하는 훈련을 해 보라. 스마트폰이 나온 후로 사람들은 독서하는 능력을 상실하고 있다고 한다. 우리는 주위에서 책 읽는 사람보다 스마트폰을 들고서 그 작은 화면에 몰두해 있는 사람을 훨씬 많이 본다. 심지어 걸어가는 보도에서도 말이다.

　세번째는 비록 강제적인 방법이지만 스마트폰 차단 앱을 설치하는 것이다. 이것은 자발적인 통제가 잘 되지 않는 청소년들과 아이들을 위한 방법이지만 부득이하게 조절이 되지 않을 때는 마지막 수단으로 필요하다. 어른들도 예외는 아니다. 스스로 조절이 되지 않으면 앱(App)을 받아 설치해 보라. 그리고 자신의 생활을 절제 모드로 바꾸는 것이다. 당신이 만약 크리스천이라면 남다른 삶의 방식을 취해 볼 의지를 발휘하라. 당신이 혹 크리스천이 아니라면 당신 삶의 가치를 위해 스마트폰 사용을 뒤돌라 보라. 무엇을 놓치고 있는지 무엇을 잃고 있는지……. 대답은 쉽게 나올 것이다.

　지금까지 사이버 공간에서의 삶의 방식을 세 가지 범주에서 살펴

보고 또 코이노니아라는 측면에서는 사이버 공간의 대표적인 현상에 대한 바람직한 생활 방식을 제안해 보았다. 하비 콕스가 그의『세속도시』에서 말한 대로 참된 크리스천이란 하나님의 전위부대로 케리그마, 디아코니아, 코이노니아의 기능을 온전히 발휘할 때 자신이 사는 사회에서 역할을 충실히 한다고 볼 수 있다. 당신이 크리스천이라면 지금 사이버 공간이라는 새로운 세계에서 역시 이러한 세 가지의 역할과 기능을 감당하며 세상을 이끌며 살아야 한다. 그때 하나님의 나라는 사이버 공간에서 이루어진다. 당신이 크리스천이 아니라 하더라도 보편적인 윤리와 절대적인 양심으로 사이버 공간의 오류와 폐해를 당신으로부터 시작된 혁신으로 바꿀 수만 있다면 그 또한 바람직하지 않겠는가?

아담(Adam)과 사이버 공간

"모세는 신성(神性)의 신비에 대하여 어떤 지식을 요구하였다. 그러나 이 지식은 금방 주어지지 않았다. 신은 모세의 요구한 바를 알려주는 대신에 …… 그가 수행할 일에 의하여 하나님이 누구이신 것을 알 것이라고 납득시켰다. 다시 말하자면 "하나님이 누구시냐?"라는 질문은 앞으로 이루어질 사건들에 의하여 대답될 것이다." [12]

모세가 시내산에서 부르심을 입었을 때, 그가 들은 하나님의 음성은 지금 이 시대의 크리스천에게도 동일하게 적용된다. 바로 크리스천들이 행하는 일에 의해 하나님은 세상에 알려진다. 하나님의 초자연적인 기적도 물론 있지만 하나님이 즐겨 일하시는 방식은 사람을 통해 대부분 이루어진다. 지금 이 시대의 크리스천에게는 현실적 세상뿐만 아니라 사이버 공간이라는 세계 역시 애굽과 같다. 모세가 보내심을 받은 애굽은 우리에게 펼쳐진 모든 세속도시들 전부를 의미한다. 모세처럼 이 시대의 크리스천에게 하나님에 대한 지식은 예수 그리스도를 통해 이미 주어졌다. 따라서 이제 크리스천은 모세와 같이 포로를 해방시키는 일에 착수해야만 한다. 하나님의 백성을 통해서, 그리고 앞으로 발생하는 사건들에 의해서 하나님의 영광과 통치가 이 땅과 사이버 공간에서 온전히 이루어지도록 크리스천들은 자신의 역할을 감당해야만 한다.[13]

당신이 크리스천이라면 응당 알아야만 하는 사실이 있다. 언젠가 주님이 오실 때, 이 세상의 모든 지식도 사라지고 모든 가치와 기준과 즐거움과 기쁨과 모든 오락의 모습이 사라지고 오직 진실하고 위대한 하나님의 영광만 실재로서 나타나실 것이다. 그때 사람들이 추구하던 세상의 모든 것들은 먼지처럼 흩날려 하나님의 나라 뒷편으로 그림자처럼 사라질 것이다. 세상 사람들이 갈망하고 누리던 돈과 명예와 온갖 즐거움이 한낮 꿈에 불과했다는 것을 사람들은 알게 될 것이다.

사이버 공간이라는 세계에서 크리스천들은 각각 모세로 부름 받았다. 따라서 크리스천이 사이버 공간에서 모세와 같이 보내심을 받은 자로서 참여하고 삶을 영위할 때 하나님은 그 가운데서 자신을 드러내실 것이다. 하나님이 누구신지 그가 어떤 분이신지는 크리스천의 삶의 모습으로 세상사람들에게 증거된다. 따라서 사이버 공간에서 크리스천들은 성경이 말하고 있는 인간에 관해 증거하고 소통함으로써 하나님이 누구신지 알려야 한다. 뿐만 아니라 그 세계에 들어가서 사람들에게 무엇이 진실이며 생명인지, 사람들이 그 속에서 추구하는 삶의 쾌락과 이상이 과연 성경적으로는 어떤 의미인지 밝힐 책무가 있다. 크리스천이라면 그 무엇보다 인생에 주어진 삶의 의미와 질서를 유지하기 위한 책임을 담당한 자로서 살아가야만 하며 또한 사이버 공간에서 사람(Adam)을 인식할 때 그들이 이해하는 언어로 하나님을 이야기해 줄 수 있어야 한다.[14] 이것을 위해 노력할 때 크리스천 개개인의 사이버 공간 생활이 비로소 생명 있는 것이 된다.

이 6부에서는 비록 크리스천의 입장에서 사이버 공간 생활방식을 강조했지만 이것은 비단 크리스천에게 한정된 것이 아니라고 생각한다. 신앙을 가졌건, 가지지 않았건 사이버 공간을 살아가는 방식에서는 별 차이가 없다. 똑같은 성정을 지닌 우리는 이 새로운 그러나 이미 현실화된 사이버 공간에서 올바른 가치관과 생활 자세를 지녀야만 현실과 괴리가 없는 참된 삶을 영위할 수 있다. 그래서 사이버 공간이 공상 영화에서 표현되던 그런 디스토피아적인 세계가 아닌 인간의 삶에 유익을 주는 공간으로 존재하기를 진심으로 바라게 된다.

 **주**

1. 하비 콕스, 『세속도시』, 대한기독교서회, 1999, p147.
2. 《헤럴드경제》, 《뉴스위크》 선정 '인터넷이 죽인 것 14選'", 2010.12.09.
   http://news.heraldcorp.com/view.php?ud=20101209000400&md=20101209111051_D
3. 《조선일보》, "만물상–인터넷 장난글", 2012.08.26.

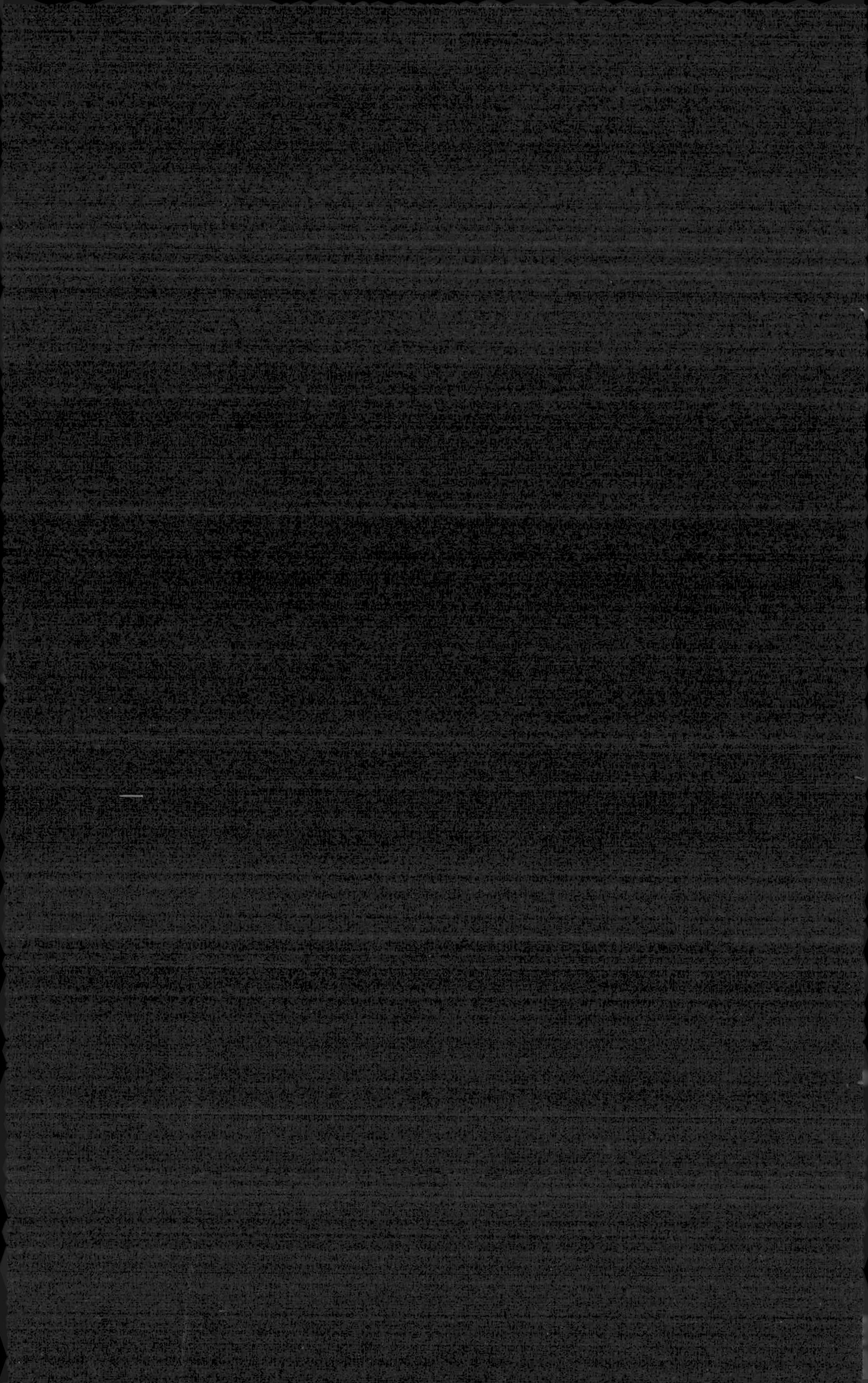